"動けばいい"で済ませるのではなく、
効率的で品質の高いコードを書くために。

モダンスタイルによる
基礎からオブジェクト指向・
実用ライブラリまで

Java本格入門

谷本心
阪木雄一郎
岡田拓也
秋葉誠
村田賢一郎

Acroquest Technology株式会社 監修
アクロクエスト テクノロジー

**現場で必須の
知識もフォロー**
・ビルド
・ドキュメンテーション
・ユニットテスト
・静的解析
・品質レポート作成
・CSV／JSON
・ロギング

誕生から20年を迎え、幅広い分野のプログラミングに欠かせない
Javaの基礎から応用までをしっかり解説。
最新仕様に基づく文法から、オブジェクト指向やデザインパターン、
そしてビルド、ドキュメンテーション、品質への配慮などの話題もきちんとおさえました。

技術評論社

●免責

　本書に記載された内容は、情報の提供のみを目的としています。したがって、本書を用いた運用は、必ずお客様自身の責任と判断によって行ってください。これらの情報の運用の結果について、技術評論社および著者はいかなる責任も負いません。

　本書記載の情報は、2017 年 1 月現在のものを掲載していますので、ご利用時には、変更されている場合もあります。

　また、ソフトウェアはバージョンアップされる場合があり、本書での説明とは機能内容や画面図などが異なってしまうこともありえます。本書ご購入の前に、必ずバージョン番号をご確認ください。

　以上の注意事項をご承諾いただいた上で、本書をご利用願います。これらの注意事項をお読みいただかずに、お問い合わせいただいても、技術評論社および著者は対処しかねます。あらかじめ、ご承知おきください。

●商標、登録商標について

　本文中に記載されている製品の名称は、一般に関係各社の商標または登録商標です。なお、本文中では ™、® などのマークを省略しています。

はじめに

　Javaは、プログラミング言語として誕生してから2015年で20年を迎えた歴史と実績のあるプログラミング言語です。モバイルアプリケーション、ゲーム、Webアプリケーション、Webサービス、エンタープライズアプリケーションなど非常に広い分野で活用されており、あらゆるアプリケーションの基盤となっています。そして、そのような活用に耐えられる高い成熟度を持ちながら、今もなお進化し続けています。

　本書は、ミッションクリティカルシステムの開発にJavaを1999年（17年前）から使い続けているAcroquest Technology株式会社のメンバーが、これまでの開発経験やトラブルシュート経験によるノウハウを元にして、2017年1月現在の最新仕様であるJava 8をふまえながら、Javaの基礎から実践までの知識を体系立てて説明しています。執筆にあたっては、Javaを使ってプログラミングをする際に、保守性、堅牢性、性能、開発効率などをふまえた、より実践的な活用のために必要な内容を説明するよう心がけました。

　「Javaの入門書を読んだ後に、より実践的な使い方を知りたい」という方や、「他言語の経験はあるが、Javaは初めて」という方にとって、本書が実践的なJavaによるプログラミングの基礎力を作るためのお役に立てることを願っています。

目 次

はじめに 3

Chapter 1　Javaの基本を知ろう　〜イントロダクション〜　15

1-1　Javaとは 16
- 1-1-1　Javaの特長 16
- 1-1-2　Javaの３つのエディションと２つの環境 16
- 1-1-3　Java VMの種類 17
- 1-1-4　Javaが実行される流れ 18

1-2　「Hello Java World!」を表示してみよう 19
- 1-2-1　Javaのインストール 19
- 1-2-2　Eclipseのインストール 22
- 1-2-3　「Hello Java World!」プログラムを作成してみよう 25
- 1-2-4　プログラムの実行をする 27

Chapter 2　基本的な書き方を身につける　29

2-1　Javaの基本的な記法 30
- 2-1-1　文とブロック 30
- 2-1-2　コメント 30
- 2-1-3　変数、型、リテラル 31
- 2-1-4　演算子 32
- 2-1-5　制御構文 37

2-2　クラスとメソッド 45
- 2-2-1　クラスの宣言 45
- 2-2-2　メソッドの宣言 45
- 2-2-3　修飾子 46
- 2-2-4　メソッドのオーバーロード 49
- 2-2-5　mainメソッド 49
- 2-2-6　インスタンス 50

4

Contents

2-2-7	thisを用いた記述の注意点	51
2-2-8	コンストラクタ	52

2-3　情報共有のために知っておきたい機能 55

2-3-1	Javadoc	55
2-3-2	アノテーション	56

2-4　名前のつけ方に注意する 58

2-4-1	クラスと変数はキャメルケースで、定数はスネークケースで	58
2-4-2	変数名の後ろに_はつけない	59
2-4-3	変数は名詞、メソッドは動詞で命名する	59
2-4-4	「不吉な匂い」がする名前に気をつける	60

Chapter 3　型を極める　61

3-1　プリミティブ型と参照型 62

3-1-1	Javaは静的型付け言語	62
3-1-2	プリミティブ型	63
3-1-3	参照型	66
3-1-4	ラッパークラス	68
3-1-5	オートボクシングとアンボクシング	70

3-2　クラスの作成 73

3-2-1	クラスを定義する	73
3-2-2	パッケージ	73
3-2-3	アクセス修飾子	75
3-2-4	その他のよく利用する修飾子	77
3-2-5	継承	79
3-2-6	抽象クラス	80
3-2-7	インタフェース	82
3-2-8	匿名クラス	83

3-3　型判定とオブジェクトの等価性 85

3-3-1	instanceof 演算子	85

5

3-3-2	オブジェクトの等価性	86

3-4　型にまつわる問題を予防する　96

3-4-1	列挙型 (enum)	96
3-4-2	ジェネリクス (総称型)	99

Chapter 4　配列とコレクションを極める　105

4-1　配列で複数のデータを扱う　107

4-1-1	配列の基本を理解する	107
4-1-2	配列を初期化する	109
4-1-3	配列への代入と取り出し	111
4-1-4	配列のサイズを変更する	112
4-1-5	Arraysクラスを利用して配列を操作する	113
4-1-6	可変長引数でメソッドを定義する	119

4-2　コレクションフレームワークで複数のデータを扱う　121

4-2-1	配列の限界とコレクションの特徴	121
4-2-2	代表的なコレクションと使い分けの基準	121

4-3　配列に近い方法で複数の要素を扱う　〜Listインタフェース　123

4-3-1	Listインターフェースの基本	123
4-3-2	Listを作成する	124
4-3-3	Listの代表的なメソッド	125
4-3-4	Listをソートする	127
4-3-5	Listを検索する	128
4-3-6	Listのイテレーション	128
4-3-7	Listの3つの実装クラスを理解する	130
4-3-8	Listの実装クラスをどう使い分けるか	133

4-4　キーと値の組み合わせで値を扱う　〜Mapインタフェース　134

4-4-1	Mapを作成する	134
4-4-2	Mapの使い方	135
4-4-3	Mapの3つの実装クラスを理解する	137

Contents

4-4-4	Mapの実装クラスをどう使い分けるか	139

4-5 値の集合を扱う　〜Setインタフェース …………140

4-5-1	Setの初期化	141
4-5-2	Setの使い方	142
4-5-3	Setの3つの実装クラスを理解する	143

4-6 その他のインタフェース …………146

4-6-1	値を追加した順と同じ順に値を取得する　〜Queueインタフェース	146
4-6-2	両端キューを使う　〜Dequeインタフェース	147

Chapter 5　ストリーム処理を使いこなす　〜ラムダ式とStream API〜　149

5-1 Stream APIを利用するための基本 …………150

5-1-1	Stream APIでコレクションの操作はどう変わるか	150
5-1-2	ラムダ式の書き方をマスターする	151
5-1-3	メソッド参照	156

5-2 Streamを作成する …………157

5-2-1	ListやSetからStreamを作成する	157
5-2-2	配列からStreamを作成する	157
5-2-3	MapからStreamを作成する	158
5-2-4	数値範囲からStreamを作成する	159

5-3 Streamに対する「中間操作」 …………161

5-3-1	要素を置き換える中間操作	161
5-3-2	要素を絞り込む中間操作	164
5-3-3	要素を並べ替える中間操作	166

5-4 Streamに対する「終端操作」 …………167

5-4-1	繰り返し処理をおこなう終端操作	167
5-4-2	結果をまとめて取り出す終端操作	167
5-4-3	結果を1つだけ取り出す終端操作	169
5-4-4	集計処理をおこなう終端操作	169

5-5	Stream APIを使うためのポイント	170
5-5-1	王道はmap、filter、collect	170
5-5-2	n回の繰り返しをするIntStream	170
5-5-3	ListやMapに対して効率的に処理をおこなう	172
5-6	Stream APIを使ったListの初期化	175
5-6-1	Streamを用いて列挙した値からListを作成する	175
5-6-2	Streamを用いて値の範囲からListを作成する	175
5-6-3	Streamを用いて配列を作成する	176

Chapter 6　例外を極める
177

6-1	例外の基本	178
6-1-1	例外の3つの種類	178
6-1-2	例外を表す3つのクラス	179
6-1-3	例外処理の3つの構文を使いこなす	181
6-2	例外処理でつまずかないためのポイント	187
6-2-1	エラーコードをreturnしない	187
6-2-2	例外をもみ消さない	187
6-2-3	恐怖のthrows Exception感染	191
6-2-4	どの階層で例外を捕捉して処理するべきか	194
6-2-5	独自例外を作成する	194
6-2-6	例外のトレンド	197

Chapter 7　文字列操作を極める
201

7-1	文字列操作の基本	202
7-1-1	Stringクラスの特徴	202
7-1-2	文字列を結合する3つの方法	203
7-1-3	文字列を分割する	206
7-1-4	複数の文字列を連結する	207

7-1-5	文字列を置換する	208
7-1-6	文字列を検索する	209

7-2 正規表現で文字列を柔軟に指定する 211

7-2-1	文字列が正規表現のパターンに適合するかをチェックする	211
7-2-2	正規表現を用いて文字列を分割する	212
7-2-3	正規表現を用いて文字列を置換する	213
7-2-4	Stringクラスのメソッドで正規表現を使う	213

7-3 文字列のフォーマットと出力 215

7-3-1	文字列を出力する	215
7-3-2	MessageFormatについて	216

7-4 文字コードを変換する 217

7-4-1	Javaはどのような文字コードを利用しているか	217
7-4-2	Javaの文字から任意の文字コードへ変換する	218
7-4-3	任意の文字コードからJavaの文字へ変換する	219
7-4-4	文字化けの原因と対策	219
7-4-5	Stringクラスのinternメソッドで同一の文字列を探すには	221

Chapter 8　ファイル操作を極める　223

8-1 ファイル操作の基本 224

8-1-1	Fileクラスで初期化する	224
8-1-2	Pathクラスで初期化する	226

8-2 ファイルを読み書きする 229

8-2-1	バイナリファイルを読み込む	229
8-2-2	バイナリファイルに書き込む	231
8-2-3	テキストファイルを読み込む	233
8-2-4	テキストファイルに書き込む	235
8-2-5	Stream APIを使ってファイルを読み込む	236

8-3 ファイルを操作する 239

8-3-1	ファイルをコピーする	239

8-3-2	ファイルを削除する	240
8-3-3	ファイルを作成する	242
8-3-4	ディレクトリを作成する	242
8-3-5	一時ファイルを作成する	244

8-4 さまざまなファイルを扱う 247

8-4-1	プロパティファイル	247
8-4-2	CSV ファイル	250
8-4-3	XML	251
8-4-4	JSON	265

Chapter 9 　日付処理を極める　　　267

9-1 DateとCalendarを使い分ける 268

9-1-1	Date クラスを利用する	268
9-1-2	Calendar クラスを利用する	269
9-1-3	Date クラスと Calendar クラスの相互変換をおこなう	272

9-2 Date and Time APIを利用する 274

9-2-1	Date and Time API のメリット	274
9-2-2	日付・時間・日時をそれぞれ別クラスで扱う	275
9-2-3	年月日などを指定してインスタンスを生成できる	275
9-2-4	年月日の各フィールドの値を個別に取得できる	278
9-2-5	年月日の計算ができる	279

9-3 日付クラスと文字列を相互変換する 282

9-3-1	日付クラスを任意の形式で文字列出力する	282
9-3-2	文字列で表現された日付を Date クラスに変換する	283
9-3-3	SimpleDateFormat クラスはスレッドセーフではない	284

9-4 Date and Time APIで日付／時間クラスと文字列を相互変換する 285

9-4-1	日付／時間クラスを任意の形式で文字列出力する	285
9-4-2	文字列で表現された日付を日付／時間クラスに変換する	286
9-4-3	DateTimeFormatter クラスはスレッドセーフ	286

Contents

9-5	和暦に対応する	288
9-5-1	西暦を和暦に変換する	288
9-5-2	和暦を利用した日付の文字列表現と日付クラスとの相互変換	289

Chapter 10　オブジェクト指向をたしなむ　　291

10-1	プリミティブ型の値渡しと参照型の値渡し	292
10-1-1	プリミティブ型と参照型の値の渡し方	292
10-1-2	操作しても値が変わらないイミュータブルなクラス	294
10-1-3	操作すると値が変わるミュータブルなクラス	296
10-1-4	イミュータブルなクラスのメリットとデメリット	297
10-2	可視性を適切に設定してバグの少ないプログラムを作る	299
10-2-1	Javaが使える可視性	299
10-2-2	可視性のグッドプラクティス	300
10-3	オブジェクトのライフサイクルを把握する	303
10-3-1	3種類のライフサイクル	303
10-3-2	ライフサイクルのグッドプラクティス	304
10-4	インタフェースと抽象クラスを活かして設計する	308
10-4-1	ポリモーフィズムを実現するためのしくみ	308
10-4-2	インタフェースと抽象クラスの性質と違い	309
10-4-3	インタフェースのデフォルト実装	313
10-4-4	インタフェースのstaticメソッド	314

Chapter 11　スレッドセーフをたしなむ　　319

11-1	マルチスレッドの基本	320
11-1-1	マルチスレッドとは	320
11-1-2	マルチスレッドにするメリット	321
11-1-3	マルチスレッドで困ること	323
11-1-4	同時に作業する場合に起こる問題	324

| 11-1-5 | マルチスレッドの問題に対応するのが難しい理由 | 328 |

11-2 スレッドセーフを実現する 329

11-2-1	スレッドセーフとは	329
11-2-2	ステートレスにする	337
11-2-3	「メソッド単位」ではなく、必要最低限な「一連の処理」に対して同期化する	341

Chapter 12 デザインパターンをたしなむ 345

12-1 デザインパターンの基本 346

| 12-1-1 | デザインパターンとは | 346 |
| 12-1-2 | デザインパターンを利用するメリットとは | 346 |

12-2 生成に関するパターン 348

12-2-1	AbstractFactoryパターン　～関連する一連のインスタンス群をまとめて生成する	348
12-2-2	Builderパターン　～複合化されたインスタンスの生成過程を隠ぺいする	351
12-2-3	Singletonパターン　～あるクラスについて、インスタンスが単一であることを保証する	354

12-3 構造に関するパターン 356

| 12-3-1 | Adapterパターン　～インタフェースに互換性のないクラスどうしを組み合わせる | 356 |
| 12-3-2 | Compositeパターン　～再帰的な構造の取り扱いを容易にする | 359 |

12-4 振る舞いに関するパターン 363

12-4-1	Commandパターン ～「命令」をインスタンスとして扱うことにより、処理の組み合わせなどを容易にする	363
12-4-2	Strategyパターン　～戦略をかんたんに切り替えられるしくみを提供する	366
12-4-3	Iteratorパターン ～保有するインスタンスの各要素に順番にアクセスする方法を提供する	368
12-4-4	Observerパターン　～あるインスタンスの状態が変化した際に、 そのインスタンス自身が状態の変化を通知するしくみを提供する	370

Chapter 13 周辺ツールで品質を上げる 375

13-1 Mavenでビルドする 376

| 13-1-1 | ビルドとは | 376 |

13-1-2	Mavenの基本的な利用方法	377
13-1-3	Mavenにプラグインを導入する	382

13-2 Javadocでドキュメンテーションコメントを記述する 383

13-2-1	なぜJavadocコメントを書いておくのか	383
13-2-2	Javadocの基本的な記述方法	384
13-2-3	知っておくと便利な記述方法	386
13-2-4	APIドキュメントを作成する	389

13-3 Checkstyleでフォーマットチェックをする 391

13-3-1	Checkstyleとは	391
13-3-2	Eclipseによるフォーマットチェック	392
13-3-3	Mavenによるフォーマットチェック	393

13-4 FindBugsでバグをチェックする 395

13-4-1	Eclipseによるバグチェック	395
13-4-2	Mavenによるバグチェック	397

13-5 JUnitでテストをする 398

13-5-1	なぜ、テスト用プログラムを作って試験をするのか	398
13-5-2	テストコードを実装する	399
13-5-3	テストを実行する	401

13-6 Jenkinsで品質レポートを作成する 403

13-6-1	継続的インテグレーションとJenkins	403
13-6-2	Jenkinsの環境を準備する	403
13-6-3	Jenkinsでビルドを実行する	406
13-6-4	Jenkinsでレポートを生成する	408

Chapter 14　ライブラリで効率を上げる　413

14-1 再利用可能なコンポーネントを集めたApache Commons 414

14-1-1	Commons Lang	414
14-1-2	Commons BeanUtils	417
14-1-3	シャローコピーとディープコピー	418

14-2	CSV で複数のデータを保存する	421
14-2-1	CSVとは	421
14-2-2	Super CSV で CSV 変換を効率的におこなう	421
14-2-3	CSVデータを読み込む	422
14-2-4	CSVデータを書き込む	423

14-3	JSON で構造のあるデータをシンプルにする	424
14-3-1	JSONとは	424
14-3-2	JacksonでJSONを扱う	424
14-3-3	JSONデータを解析する	425
14-3-4	JSONデータを生成する	426

14-4	Logger でアプリケーションのログを保存する	427
14-4-1	ログとレベル	427
14-4-2	SLF4J＋Logbackでロギングをおこなう	427
14-4-3	SLF4J＋Logbackの基本的な使い方	428
14-4-4	ファイルに出力する	430
14-4-5	変数を出力する	431
14-4-6	パッケージごとに出力ログレベルを変更する	432
14-4-7	動的に設定を変更する	432

索引	437

Chapter 1

Javaの基本を知ろう
～イントロダクション～

1-1　Javaとは ────────────────────────── 16

1-2　「Hello Java World!」を表示してみよう ──────────── 19

1-1 Javaとは

1-1-1 Javaの特長

　Javaは、1995年にSun Microsystemsより発表されたプログラミング言語です。次のような特長を持っています。

オブジェクト指向 (「Chapter 10　オブジェクト指向をたしなむ」を参照)

　Javaは、オブジェクト指向を前提としたプログラミング言語です。クラスや継承と呼ばれる仕組みのおかげで、拡張性に優れており、再利用しやすいプログラミングが可能だと言えます。この拡張性や再利用性に優れている特長により、特に、その恩恵を受けることが多い規模が大きなシステムでよく利用されています。

プラットフォーム非依存

　Javaは、Linux、Windows、macOS（Mac OS X）など、複数のOS上で開発や実行が可能です。アプリケーションを開発する環境と運用する環境がOSなども含めて異なる場合がよくあり、言語によってはOSごとにプログラムを修正し、開発環境と運用環境を合わせる必要があります。それに対してJavaでは、OSに依存している部分をJava仮想マシン（Java VM）が吸収する仕組みとなっているため、同じアプリケーションをどのOSでも同じように実行することができます。たとえば、Windowsで開発して、Linuxサーバ上で動作させることもできます。

優れたエコシステム

　Javaは、利用者が多い言語です。そのおかげで、Javaで開発された優れたライブラリ、ミドルウェア（データベース管理システムなど、OSとアプリケーションの間に入るソフトウェア）が多数存在します。それらを組み合わせて使い、効率よくシステムを開発することが可能です（「Chapter 13　周辺ツールで品質を上げる」「Chapter 14　ライブラリで効率を上げる」を参照）。

1-1-2 Javaの3つのエディションと2つの環境

　Javaには、次の3種類（エディション）が存在します。このうち、本書ではJava SEを使用します。

(1) Java SE (Standard Edition)

　Java VMや標準的なAPIなどをまとめた、最も標準的なエディションです。PCやサーバなどで動作

するアプリケーションを開発、実行する場合に利用します。

(2) Java EE (Enterprise Edition)

Webサービスや、サーバ間通信、メール送信など、サーバアプリケーションの開発に必要となる機能が多く含まれています。

(3) Java ME (Micro Edition)

家電製品や携帯電話などの組み込み系デバイス向けアプリケーションを開発するためのエディションです。Java SEに比べて使用できる機能が限定されていますが、必要とされるリソース（CPUやメモリなど）も少なくなっており、組み込み系デバイスなどでも動きやすくなっています。

また、Javaは実行環境（JRE）と開発環境（JDK）の2つに分かれています。

(a) JRE (Java Runtime Environment)

Javaアプリケーションの実行環境です。すでにコンパイルされたJavaアプリケーションのモジュール（JARファイルや、クラスファイルなど）を利用して実行することができます。

(b) JDK (Java Development Kit)

Javaアプリケーションの開発環境です。実行環境に加えて、ソースファイルのコンパイラやデバッガなど、Javaアプリケーションを開発するためのツールが含まれています。

アプリケーションは、JREがあれば動作させることができます。ただし、運用時にデバッグや解析などをおこないたい場合には、JDKに入っているツールが必要となります。そのため、サーバなどの運用環境にインストールする場合でも、JREよりもJDKを選択することもあります（筆者もそうしています）。

▌1-1-3　Java VMの種類

Java VMにもさまざまな種類があります。代表的なものを次の表にまとめました。

名称	特徴
HotSpot	Oracleが提供する、最も広く使用されているJava VM。元々Sun Microsystemsが開発していましたが、Oracleにより買収された際に、Oracleが開発を継続することになりました。
JRockit	Oracleが提供していたJava VM。元々Appeal Virtual Machines、BEA Systemsが開発していましたが、Oracleにより買収された際に、Oracleが開発を継続することになりました。Java SE 8の時点で、Mission Controlなどの主要な機能がHotSpotに統合され、開発は停止されました。
IBM JVM	IBMによって開発されたJava VM。同社のWebSphere製品や、DB2製品の標準VMとして利用されています。
HP-UX JVM	Hewlett-Packardによって開発されたJava VM。同社のHP-UXマシンの標準VMとして利用されています。
Zing	Azul Systemsによって開発されたJava VM。大量のメモリを扱うことに長けているなどの特徴があります。
OpenJDK	オープンソース版のJava SE。Linuxの主要ディストリビューションには標準でインストールされています。

●代表的なJava VM

本書では、Oracle JVM（HotSpot）を使用します。

1-1-4　Javaが実行される流れ

ここで、Javaのプログラムを作成して動作するまでの流れをかんたんに説明します。

（1）Javaのソースコード（プログラム）を作成する。
（2）javacコマンドを実行し、ソースコードをコンパイルして、「クラスファイル」と呼ばれる中間コード（OSに依存しないコード）を生成する。
（3）javaコマンドを実行し、Java VMがクラスファイルに記載されたコードを解釈して処理をおこなう。Java VMはWindows用やLinux用など、それぞれのOSごとに用意されており、OSの違いはここで吸収される。

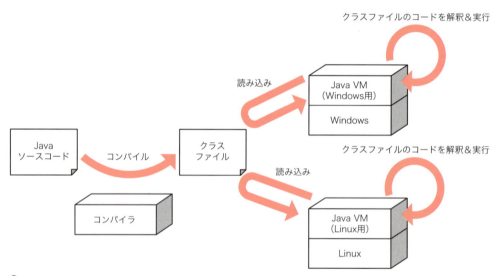

●Javaのプログラムが実行される流れ

　Javaは、プログラム実行時にJava VMが中間コードを解釈しながら実行するため、「C言語など、CPUが理解できる機械語のプログラムを生成して実行する言語よりも処理速度が遅い」と言われていた時代がありました。たしかにJava VMによるオーバーヘッド（処理にかかる負荷）はありますが、一方で「JIT（Just In Time）コンパイラ」と呼ばれる、実行時に最適化をおこなう技術が進歩したおかげで、C言語と比較しても遜色のない速度にまで向上しています。

1-2 「Hello Java World!」を表示してみよう

ここまではJavaの種類や動作の仕組みなどを説明してきましたが、ここで「Hello Java World!」という文字列を表示するかんたんなサンプルを通して、実際にどのような流れでプログラムを作成し、実行させるのかを確認してみましょう。

本書では以下の前提で説明していますが、バージョンが変わっても、インストール手順は大きく変わりませんので、適宜読み替えてください。

・JDK 8 update 121
・Windows 10 (64bit)

1-2-1　Javaのインストール

はじめに、インストールするJDKを以下のサイトからダウンロードします（Javaのダウンロードは無料です）。「Java DOWNLOAD」のアイコンをクリックします。

http://www.oracle.com/technetwork/java/javase/downloads/index.html

●Java SEダウンロードページ

ページに移動後、「Java SE Development Kit 8u121」にて、「Accept License Agreement」をチェックしてください。Java利用にあたっての「License Agreement」は、「Oracle Binary Code License Agreement for Java SE」（http://www.oracle.com/technetwork/java/javase/terms/license/index.html）を参照してください。

●「Accept License Agreement」をチェック

　次に、Windows（64bit）用のインストーラである「jdk-8u121-windows-x64.exe」をダウンロードします。

●Windows（64bit）用インストーラをダウンロード

　ファイルをダウンロードしたら、ファイルをダブルクリックし、インストールを開始します。「Java SE Development Kit 8 Update 121のインストール・ウィザードへようこそ」という画面が表示されたら、「次(N) >」をクリックしてください。

●インストール・ウィザード画面

　インストールするオプション機能、インストール先はデフォルトのままにして、「次(N) >」をクリックしてください。

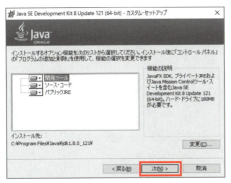

●オプション機能、インストール先の選択画面

「コピー先フォルダ」の画面が表示されたら、インストール先はデフォルトのままにして、「次(N) >」をクリックしてください。

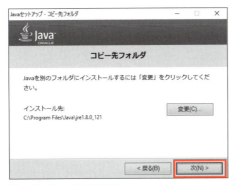

●コピー先フォルダの画面

インストールが完了したことを示す画面が表示されたら、「閉じる(C)」をクリックしてください。

●インストールの完了

これで、次のフォルダにJavaがインストールされます。

```
C:¥Program Files¥Java¥jdk1.8.0_121¥
```

インストーラの処理が完了したら、次の手順で、Javaがインストールされたことを確認してみましょう。

(1) 画面左下のスタートメニューを右クリックし、「コマンドプロンプト」を選択します。
(2) コマンドプロンプトで「java -version」と入力し、Enterキーを押します。

画面のようにJavaのバージョンが表示されたら、正しくインストールができています。

```
java version "1.8.0_121"
Java(TM) SE Runtime Environment (build 1.8.0_121-b13)
Java HotSpot(TM) 64-Bit Server VM (build 25.121-b13, mixed mode)
```

● Javaのバージョンの確認

1-2-2　Eclipseのインストール

　Javaをインストールできたら、次に、実際のプログラムを書く準備を始めましょう。プログラムの実体は、単なるテキストファイルなので、メモ帳などのエディタを使っても書けます。しかし、複数のプログラムファイルの管理や、プログラムの編集の補助、コンパイル処理の自動化などでプログラム作業全般を助けてくれるIDE（Integrated Development Environment：統合開発環境）という便利なアプリケーションを使うと、より効率的に開発ができます。
　ここでは、Java用として代表的なIDEの1つであるEclipseをインストールしてみましょう。以下のサイトにアクセスし、「Eclipse IDE for Java Developers」にある「Windows 64 Bit」をクリックします。

https://eclipse.org/downloads/

● 「Windows 64 Bit」をクリック

ページ移動後、「DOWNLOAD」のアイコンをクリックし、Eclipse IDE for Java Developers の zip ファイルをダウンロードします。

●Eclipse IDE for Java Developers の zip ファイルをダウンロード

　zip ファイルをダウンロードしたら、展開（解凍）し、フォルダの中にある eclipse ディレクトリを C ドライブの直下（C:\eclipse）に置きます。

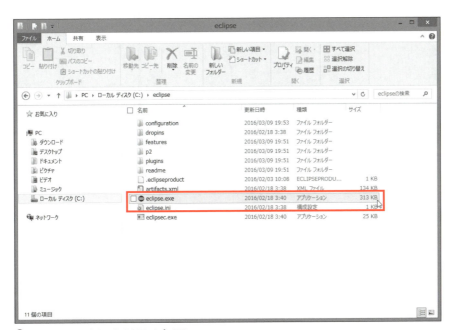

●eclipse ディレクトリを C ドライブの下に

　eclipse フォルダの中にある eclipse.exe をダブルクリックすると、Eclipse が起動します。
　スプラッシュ画面が表示された後、ワークスペースの選択ダイアログ「Select a workspace」が表示されます。ワークスペースは、これから Eclipse で開発する際に作成したファイルを保存する場所です。ご使用の環境に合わせて変更してください。

●ワークスペースの選択画面

　ワークスペースを選択して「OK」ボタンをクリックすると、Eclipseが起動します。起動したら、Welcomeのタブは「×」ボタンをクリックして閉じます。

●Welcomeタブを閉じる

　Welcomeのタブを閉じると、いよいよプログラムを作成する画面になりました。

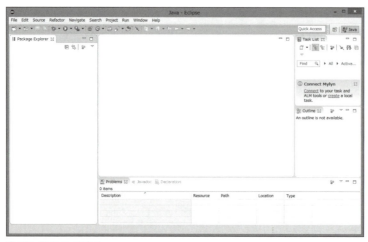

●プログラム作成画面

1-2-3 「Hello Java World!」プログラムを作成してみよう

　ここまでで、プログラムを実行する準備が整いました。それでは、「Hello Java World!」を表示するプログラムを作成しましょう。

　まず、Eclipseのメニュー「File」→「New」→「Java Project」と選択します。

　そして、「Create a Java Project」のダイアログが開いたら、「Project name」フィールドに「Hello Project」と入力し、Finishボタンをクリックします。

● 「Project name」フィールドに「Hello Project」と入力

　画面左上の「Package Explorer」ビューに「Hello Project」が追加されたことを確認してください。

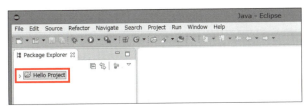

● 「Package Explorer」ビューに「Hello Project」が追加された

　Eclipseでは、このように「プロジェクト」を作成して、Javaのプロジェクトを開発します。

　次に、Javaのソースコードを作成します。「Hello Project」配下の「src」を選択し、右クリック→「New」→「Class」と選択します。

25

「Java Class」のダイアログが開くので、「Name」フィールドに、「HelloWorld」と入力し、Finish
ボタンをクリックしてください。

●「Name」フィールドに、「HelloWorld」と入力

これによって、Javaのソースコードが生成されます。

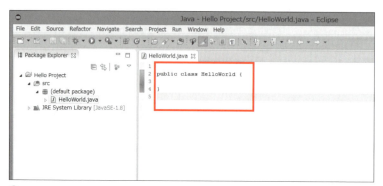

●Javaのソースコードが生成された

生成されたソースコードに「Hello Java World!」を表示する以下のコードを記述します。

```java
public class HelloWorld {
    public static void main(String... args) {
        System.out.println("Hello Java World!");
    }
}
```

● 「Hello Java World!」 を表示するコードを記述

コードを記述したら、画面上部の「Save」アイコンをクリックし、記述したコードを保存してください。

● 「Save」 をクリックしてコードを保存

1-2-4　プログラムの実行をする

最後に、作成したプログラムを実行しましょう。

「Hello Project/src」配下の「HelloWorld.java」を選択し、右クリック→「Run As」→「Java Application」と選択してください。実行結果は、右下の「Console」ビューに表示されます。

あなたの環境でも「Hello Java World!」の文字列が表示されましたか？

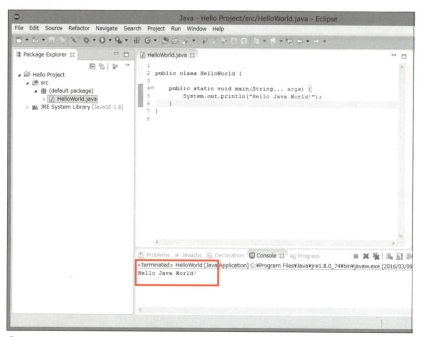

● 「Hello Java World!」が表示された

Chapter 2

基本的な書き方を身につける

2-1	Javaの基本的な記法	30
2-2	クラスとメソッド	45
2-3	情報共有のために知っておきたい機能	55
2-4	名前のつけ方に注意する	58

2-1 Javaの基本的な記法

この章では、本書を読むにあたり必要となるJavaの文法について解説します。すでにJavaを学んだことがある方にとってはおさらいとして、これからJavaを学ぶ方にとっては要所をつかむために活用してください。

2-1-1 文とブロック

Javaのソースコードには「文」と「ブロック」があります。

文は、処理の実行や値の設定などに用いるもので、セミコロン（;）で終わります。

ブロックは、いくつかの文をまとめたもので、波カッコ（{ }）で囲まれます。ブロックには、いくつかのブロックをまとめることもできます。

Javaでは、処理を記述するブロックを「メソッド」と呼びます。メソッドは、すべて「クラス」の中に記述する必要があります。クラスは、メソッドをまとめる入れ物ともいえます。

ここで、「1-2 「Hello Java World!」を表示してみよう」で紹介したかんたんなサンプルプログラムをあらためて見てみましょう。文とブロックからできていることがわかります。1行ずつ見てみましょう。

```
public class HelloWorld {
    public static void main(String... args) {
        System.out.println("Hello Java World!");
    }
}
```

public class HelloWorldから始まる{ }は、HelloWorldという名前の「クラス」（複数の処理をまとめたもの）のブロックです。

public static void main(String... args)で始まる{ }は、mainという名前の「メソッド」（処理を記述する部分）のブロックです。

クラスとメソッドについては、「2-2 クラスとメソッド」でくわしく説明します。

System.out.println("Hello Java World!");の1行は、処理を記述している文です。ここでは、標準出力にメッセージを表示するSystem.out.println()というメソッドを呼び出しています。

2-1-2 コメント

コードを読んだだけではわかりにくい処理の意味や意義、処理をほかのプログラムから利用する時の

注意点などをほかのプログラマに知らせる際には、注釈の文章や説明文などを「コメント」として書くことができます。コメントは、以下のいずれかで表現できます。

・//の後ろに文章を書く
・文章全体を/*と*/で囲む

次のソースコードは、コメントを用いた例です。

```
public class HelloWorld {
    public static void main(String... args) {
        // メッセージを表示します
        System.out.println("Hello Java World!");

        /*
        このような記号で囲めば
        複数行のコメントを記載することもできます
        */
    }
}
```

```
Hello Java World!
```

コメントは処理には影響しないため、出力結果や処理内容はコメントを記述しない場合と同じになります。

2-1-3　変数、型、リテラル

値を保持し、代入や取り出しをおこなうためには「変数」を用います。変数を利用するためには、データの形式を定義した「型」と「名前」をつけて宣言することが必要です。型には、整数値を扱う「int」型や、真偽値を扱う「boolean」型、文字列を扱う「String」型などがあります。

次のソースコードは、型の1つであるintの変数を用いた例です。

```
int numberA; // int 型の numberA という変数を宣言する
numberA = 10; // numberA に 10 を代入する
System.out.println(numberA); // numberA の値を出力する
```

```
10
```

上のコードでnumberAに代入している「10」という数値の表記は、「リテラル」と呼ばれます。リテラルは、変数に代入する値を具体的に表現したものです。

これらの「型」と「リテラル」の詳細や種類については、「Chapter 3　型を極める」にて説明します。

2-1-4　演算子

計算や比較をおこなう際には、「演算子」を利用します。演算子は、演算対象の値や変数の数によって名前が呼び分けられています。

- 演算対象が1つしかない「単項演算子」(値を1増やす「++」など)
- 演算対象が2つある「二項演算子」(和を求める「+」など)
- 演算対象が3つある「三項演算子」(Javaでは、条件判定をする「a？b：c」の形のみ)

演算子について、用途別に紹介します。

(1) 算術演算子

算術演算子は、数値計算をおこなうための演算子です。次のソースコードは、「+」を用いて、数値の和を求める例です。

```java
int numberA = 10;
int numberB = 20;
int numberC = numberA + numberB; // numberA と numberB の和を numberC に代入する
System.out.println(numberC); // numberC の値を出力する
```

```
30
```

numberA（10）とnumberB（20）の和である30が出力されました。

算術演算をおこなう演算子を表にまとめます。「単項演算子」と明記されているもの以外は二項演算子です。

記号	意味
+	2つの数値の和を求める
-	2つの数値の差を求める
*	2つの数値の積を求める
/	2つの数値の商を求める。右辺が0の場合（0で割り算した場合）、ArithmeticException例外がスローされる（例外については「Chapter 6　例外を極める」を参照）
%	左辺の値を右辺で割った余りを求める。右辺が0の場合、ArithmeticException例外がスローされる
-（単項演算子）	正負の符号を反転する
++（単項演算子）	1を加算する（インクリメント）
--（単項演算子）	1を減算する（デクリメント）

●算術演算子

インクリメントとデクリメントは、演算子を記述する位置によって少し挙動が変わります。演算子を左に書く（前置演算という）と、先に計算し、その結果が使われます。一方、演算子を右に書く（後置演算という）と、現在の値が先に使われ、そのあとに計算をします。

```java
int numberA = 1;
int numberB = 1;
System.out.println(++numberA);   // numberA をインクリメントしてから、numberA を表示する
System.out.println(numberA);     // numberA を表示する
System.out.println(numberB++);   // numberB を表示してから、numberB をインクリメントする
System.out.println(numberB);     // numberB を表示する
```

```
2
2
1
2
```

(2) 関係演算子

関係演算子は、2つの項を比較する演算子です。次のソースコードは、関係演算子である「>」を用いて、変数の大小を判定しています。

```java
int numberA = 1;
int numberB = 2;
boolean result = numberA > numberB;   // numberA の方が大きい場合は true、
                                       // そうでない場合は false となる

System.out.println(result);
```

```
false
```

Javaで利用できる関係演算子は、次のとおりです。

記号	意味
==	左辺と右辺が等しければ真
!=	左辺と右辺が異なれば真
>	左辺より右辺が小さければ真
>=	左辺と右辺が等しいか、右辺が小さければ真
<	左辺より右辺が大きければ真
<=	左辺と右辺が等しいか、右辺が大きければ真
instanceof	左辺のオブジェクトが、右辺のクラスのインスタンス（サブクラス含む）であれば真（instanceofについては「Chapter 3　型を極める」を参照）

●関係演算子

(3) 条件演算子

条件演算子は、2つの式のいずれを利用するかを判定するための演算子です。三項演算子のみがあります。

記号	意味
<条件>？式1：式2	条件が真の場合は式1の値を、条件が偽の場合は式2の値を返す

●条件演算子

次のソースコードは、条件演算子を使った例です。

```
int numberA = 10;
int numberB = numberA > 0 ? 1 : -1;    // numberA が 0 より大きい場合は 1、
                                        // そうでない場合は -1 となる

System.out.println(numberB);
```

```
1
```

(4) 論理演算子

論理演算子は、真偽の判定をする論理演算をおこなうための演算子です。次のソースコードは、論理和（OR）を示す演算子である「||」を用いた例です。

```
boolean conditionA = true;
boolean conditionB = false;
boolean result = conditionA || conditionB;    // conditionA か conditionB のいずれかが true
                                               // の場合は true、そうでない場合は false となる

System.out.println(result);
```

```
true
```

論理演算をおこなう演算子は、次のとおりです。

記号	意味
&&	複数の条件がともに真の場合に真
||	複数の条件のいずれかが真の場合に真
!（単項演算子）	真偽を反転する

●論理演算子

(5) ビット演算子

ビット演算子は、数値のビット演算をおこなうことができる演算子です。ビット演算子の一覧を次の表に示します。

記号	意味
&	ビット演算 AND をおこなう
|	ビット演算 OR をおこなう
^	ビット演算 XOR をおこなう
<<	右辺の数だけビットを左シフトし、空いたビットは0埋めする
>>	右辺の数だけビットを右シフトする（算術シフト）。空いたビットは、正負の符号を表すビットで埋める
>>>	右辺の数だけビットを右シフトする（論理シフト）。正負の符号を表すビットも含めてシフトし、空いたビットは0埋めするため、値によっては正負の符号が変わる
~（単項演算子）	ビットを反転する

●ビット演算子

　ビット演算で使う例として、「32ビットの値から、上位16ビット／下位16ビットを取り出す」処理を示します。

　まずは、下位16ビットを取り出す処理です。

```
int number = 0x12345678;
int lower - number & 0x0000ffff;
System.out.printf("lower = %x¥n", lower);
```

```
lower = 5678
```

　ここでおこなっていることは、16進数を2進数にして考えてみるとわかりやすいと思います。
　16進数の「12345678」は、2進数にすると、次のようになります。

00010010001101000101011001111000

　一方で、「0000ffff」は、2進数にすると、次のようになります。

00000000000000001111111111111111

　これをAND演算すると、0になっているビットの値は0になり、1になっているビットが残ります。したがって、2進数では次のようになります。

00000000000000000101011001111000

　これを16進数で表すと、「00005678」となるわけです。なお、プログラムでは頭の0000が省略され、5678と表示されます。
　ビット演算は次のとおりです。読みやすさのため、2進数の部分は4ビットごとに区切りを入れてあります。

35

```
0x12345678 = 0001 0010 0011 0100 0101 0110 0111 1000
0x0000ffff = 0000 0000 0000 0000 1111 1111 1111 1111
-----------------------------------------------------------
(AND)      = 0000 0000 0000 0000 0101 0110 0111 1000
```

次に、上位16ビットを取り出す処理です。

```
int number = 0x12345678;
int higher = number >> 16;
System.out.printf("higher = %x¥n", higher);
```

```
higher = 1234
```

　先ほどと同様に2進数で考えるのですが、今度は「>>」を使っているので、ビットシフトをおこないます。32ビットの数値を16ビット分右にシフトし、空いたビットは正の符号を表す0で埋められるので、結果として上位16ビットが残ります。

　したがって、2進で「00000000000000000001001000110100」となり、これを16進数で表すと「00001234」となるわけです。

　ビット演算は次のとおりです。読みやすさのため、2進数部分は4ビットごとに区切りを入れてあります。

```
0x12345678 = 0001 0010 0011 0100 0101 0110 0111 1000
-----------------------------------------------------------
(>> 16)    = 0000 0000 0000 0000 0001 0010 0011 0100
```

(6) 代入演算子

　代入演算子は、値の代入や、代入と同時に演算をおこなうための演算子です。次に代入演算子の一覧を示します。

記号	意味
=	右辺の値を代入する
+=	右辺の値を加算する
-=	右辺の値を減算する
*=	右辺の値を乗算する
/=	右辺の値を除算する
%=	右辺の値で割った余りを代入する
&=	右辺とのビット演算 AND をおこなう
|=	右辺とのビット演算 OR をおこなう
^=	右辺とのビット演算 XOR をおこなう
<<=	右辺の数だけビットを左シフトし、空いたビットは0埋めする
>>=	右辺の数だけビットを右シフトする（算術シフト）。空いたビットは、正負の符号を表すビットで埋める
>>>=	右辺の数だけビットを右シフトする（論理シフト）。正負の符号を表すビットも含めてシフトし、空いたビットは0埋めするため、値によっては正負の符号が変わる

● 代入演算子

加算をおこなう代入演算子（+=）を用いる例を次に示します。

```
int num = 0;
num += 100;
System.out.println("result=" + num);
```

```
result=100
```

このように、代入演算子の右側に記述した値を、左側に（演算をおこないながら）代入することができます。

(7) 文字列結合に利用する演算子

多くの演算子は数値や真偽値の演算に利用しますが、二項演算子の「+」と代入演算子の「+=」は、文字列の結合に利用することができます。次のソースコードは、文字列の結合をおこなう例です。

```
String message = "Hello" + " Java";    // Hello と Java を結合する
message += " World!";                   // World! を結合して代入する
System.out.println(message);
```

```
Hello Java World!
```

2-1-5　制御構文

条件によって処理を分ける場合（分岐）や、処理の繰り返しをおこなうためには「制御構文」を利用

します。Javaには、次の制御構文があります。

・条件分岐　　　　→　if文、switch文
・繰り返しの処理　　→　for文、while文、do ... while文

それぞれの文について、順番に紹介します。

(1) if文

　条件によって処理を分け、条件に一致した場合にのみおこなう処理を書きたい場合は、if文を使います。

```
if ( 条件 ) {
    // 条件に一致した場合におこなう処理
}
```

　ここでの「条件」には、boolean（真偽値）の変数か、結果がbooleanになる式を書くことができます。この条件式がtrueの場合に限り、ifブロックの中に書かれた処理を実行します。また、elseブロックを書くことで、条件に一致しなかった場合におこなう処理を書くことができます。

　次のソースコードは、ifとelseを組み合わせて、現在の秒数が偶数か奇数かを判定する例です。

```
int second = LocalDateTime.now().getSecond();

if (second % 2 == 0) {
    System.out.println(second + " は偶数です ");
} else {
    System.out.println(second + " は奇数です ");
}
```

```
15 は奇数です
```

　ここで利用しているLocalDateTimeについては、「Chapter 9　日付処理を極める」で紹介します。この処理では、現在の時刻から秒数のみを取り出し、その後if文を用いてその秒数が偶数（2で割ったあまりが0）であるか、奇数であるかを判定しています。

　if文では、else ifブロックを用いることで、最初のifには一致せずに、別の条件に一致した場合の処理を書くことができます。else ifブロックは、複数並べることができます。

　次のソースコードは、現在の日付から月数を取り出し、if文を用いて季節の判定をおこなっています。monthには1から12の値が入るため、「3月から5月は春」「6月から8月は夏」「9月から11月は秋」としたうえで、「それ以外の月（つまり1月、2月、12月）は冬」と判定しています。

```java
int month = LocalDate.now().getMonthValue();

if (3 <= month && month <= 5) {
    System.out.println(month + " 月は春です ");
} else if (6 <= month && month <= 8) {
    System.out.println(month + " 月は夏です ");
} else if (9 <= month && month <= 11) {
    System.out.println(month + " 月は秋です ");
} else {
    System.out.println(month + " 月は冬です ");
}
```

12 月は冬です

(2) switch文

変数の値（または式の計算結果）によって処理を分けるのがswitch文です。次の文法で書くことができます。

```java
switch ( 変数 ) {
    case 値1:
    case 値2:
        // ① 値1か値2に一致した場合におこなう処理
        break;
    case 値3:
        // ② 値3に一致した場合におこなう処理
    case 値4:
        // ③ 値3と値4に一致した場合におこなう処理
        break;
    default:
        // ④ どの条件にも一致しなかった場合におこなう処理
        break;
}
```

switchに用いる変数（または計算結果）には、以下を利用することができます。

・数値
・Unicode文字
・enum型（「Chapter 3　型を極める」でくわしく説明します）
・文字列（Java 7以降）

この変数がcaseの隣に書いた値に一致した場合、それ以降に記載された処理をおこない、breakがあるところまで処理を続けます。上の例では、変数が値1か値2に一致した場合には①の処理をおこない、breakがあるために処理を終わります。変数が値3に一致した場合には②の処理をおこないますが、

ここには break がないため、その次に③の処理も続けておこないます。

　どの条件にも一致しなかった場合には、default に記載された処理をおこないます。この default は、省略することもできます。

　次のソースコードは、enum 型の変数に対する switch 文の例です。月から季節を判定しています。

```java
Month month = LocalDateTime.now().getMonth();

switch (month) {
    case MARCH:
    case APRIL:
    case MAY:
        System.out.println(month + "は春です");
        break;
    case JUNE:
    case JULY:
    case AUGUST:
        System.out.println(month + "は夏です");
        break;
    case SEPTEMBER:
    case OCTOBER:
    case NOVEMBER:
        System.out.println(month + "は秋です");
        break;
    default:
        System.out.println(month + "は冬です");
        break;
}
```

```
MAY は春です
```

　ここでは、現在の日付から月を示す enum 型を取得し、switch 文を用いて処理を振り分けています。先におこなった判定と同様に、「3月から5月は春」「6月から8月は夏」「9月から11月は秋」としたうえで、「それ以外の月（つまり1月、2月、12月）は冬」と判定しています。

(3) for 文／for-each 文

　処理を繰り返しおこなう場合に使うのが、for 文です。次のような文法で書くことができます。

```java
for ( 初期化 ; 繰り返し条件 ; 更新処理 ) {
    // 繰り返しておこなう処理
}
```

　最初に「初期化」を1回だけおこなった後、「繰り返し条件」に一致する間に処理を繰り返しおこないます。そして、処理が終わるたびに「更新処理」をおこないます。

次のソースコードは、数字を1から10まで合計しながら表示するサンプルです。

```java
int sum = 0;
for (int i = 1; i <= 10; i++) {
    sum += i;
    System.out.println(i + " 回目 : " + sum);
}
```

```
1 回目 : 1
2 回目 : 3
3 回目 : 6
4 回目 : 10
5 回目 : 15
6 回目 : 21
7 回目 : 28
8 回目 : 36
9 回目 : 45
10 回目 : 55
```

　最初に変数iを1で初期化しています。そして、iが10以下の場合に、変数sumにiを足して、その数字を表示します。

　この処理が終わった後、iに1を加算して、再びiが10以下かどうかを判定します。そして、このループを10回繰り返したあと、iが11になった時点でiが10以下でなくなるため、処理を終了します。

　このように、for文は決まった回数の処理を繰り返す際に使いやすい文です。ただ「決まった数」といっても、上のサンプルのように「10」という固定の数ではなく、変数を利用することもできます。

　今までは繰り返し条件を指定するfor文の書き方について説明してきましたが、forを使った繰り返し処理にはもう1つの書き方があります。それはfor-each文と呼ばれるもので、配列やコレクション（それぞれ「Chapter 4　配列とコレクションを極める」で説明します）の要素を1つずつ取り出して処理します。for-each文は、次のような文法で書くことができます。

```java
for ( 要素の型 変数 : 配列またはコレクション )※1 {
    // 繰り返しておこなう処理
}
```

　次のソースコードは、配列であるnumbersの要素を1つずつ取得して表示するサンプルです。

```java
int[] numbers = {1, 1, 2, 3, 5, 8, 13, 21};
for (int number : numbers) {
    System.out.println(number);
}
```

※1　厳密にはコレクションに限らず、Iterableインタフェースを実装したオブジェクトであれば記述することができます。Iterableについては、「Chapter 12　デザインパターンをたしなむ」で説明します。

```
1
1
2
3
5
8
13
21
```

　変数numbersに入っている数字（1、1、2、……）が先頭から1つずつ変数numberに入り、その数字を表示します。numbersの最後の数字（21）が取得され、表示されたあと、処理を終了します。

　このように、for-each文は、変数に入っている要素すべてに対して処理をおこなう際に使いやすい書き方です。

(4) while文／do ... while文

　条件に一致する間、繰り返して処理をおこなうときに利用するのがwhile文やdo ... while文です。それぞれ、次のように記述します。

```
while ( 条件 ) {
    // 繰り返しておこなう処理
}

do {
    // 繰り返しておこなう処理
} while ( 条件 );
```

　どちらも、「条件」に一致している間、処理を繰り返します。

　while文とdo ... while文の違いは、「条件判定を繰り返し処理の前におこなうか、後でおこなうか」です。たとえば、条件がfalseの場合、while文では一度も処理をおこないませんが、do ... while文では少なくとも一度は処理を実行します。筆者の経験ではwhile文を使うことが多く、do ... while文はあまり使ったことがありません。while文でもdo ... while文でも記述できる場合は、条件が先にあるwhile文のほうが読みやすいといえます。どうしても最初に1回処理をおこなう必要がある場合に限り、do ... while文を使うといいでしょう。

　次のソースコードは、正しいパスワード「abc」の入力を求める処理をwhile文を用いて記述したサンプルです。

```
Scanner in = new Scanner(System.in);
System.out.println(" パスワードを入力してください ");
String str = in.nextLine();

while (!str.equals("abc")) {
```

```
        System.out.println(" パスワードが違います。正しいパスワードを入力してください ");
        str = in.nextLine();
}

System.out.println("OK!");
```

```
パスワードを入力してください
123 （※キーボードからの入力）
パスワードが違います。正しいパスワードを入力してください
aaa （※キーボードからの入力）
パスワードが違います。正しいパスワードを入力してください
abc （※キーボードからの入力）
OK!
```

　java.util.Scannerは、System.in（標準入力）などからの入力を受け付けるためのクラスです。この Scannerのの nextLine メソッドを用いてキーボードからの入力を受け取り、入力された値が「abc」でない限り何度でも再入力を求めています。

　なお、while 文は、条件に一致しなくなった場合以外にも、break 文を呼び出すことでループから抜け出すことができます。次の流れでよく利用されます。

・**while の条件を「true」にすることで、無限ループにする**
・**if 文で条件判定をおこなって、条件に一致したら break をおこなう**

　次のソースコードは、上のサンプルを if 文と break 文を用いてループから抜け出すよう書き換えたものです。

```
Scanner in = new Scanner(System.in);
System.out.println(" パスワードを入力してください ");
String str = in.nextLine();

while (true) {
    if (str.equals("abc")) {
        break;
    }

    System.out.println(" パスワードが違います。正しいパスワードを入力してください ");
    str = in.nextLine();
}

System.out.println("OK!");
```

```
パスワードを入力してください
123（※キーボードからの入力）
パスワードが違います。正しいパスワードを入力してください
abc（※キーボードからの入力）
OK!
```

　特にループを終了する条件が複雑な場合や、条件が複数ある場合などは、この形で記載すると便利でしょう。

2-2 クラスとメソッド

■ 2-2-1 クラスの宣言

「2-1-1 文とブロック」でかんたんに解説しましたが、クラスとは変数やメソッドをまとめる入れ物です。プログラムを作るときは、構造を把握しやすくするなどの理由からプログラムを分割しますが、その際にはまずクラスの単位での分割を考えます。

その指針として、実際の物や概念の単位でクラスを分割し、それらを連携させるようにします。たとえば、生徒の点数を管理するプログラムを作る場合は、「生徒」という概念をクラス化します。次のソースコードは、生徒を示す「Student」のクラスの例です。このStudentクラスでは、生徒の名前、点数、点数の最大値を保持します。

```
class Student {
    // フィールドを宣言する
    String name;
    int score;
    static final int MAX_SCORE = 100;
}
```

クラスは、classブロック内に、保持させる変数を宣言して作ります。クラスが持つ変数を「フィールド」と呼びます。上の例では、name、score、MAX_SCOREがフィールドです。

MAX_SCOREの宣言でintの前にある「static」や「final」は、「修飾子」と呼びます。修飾子については「2-2-3 修飾子」で説明します。

MAX_SCOREの宣言についている「static final」は、MAX_SCOREを変更されない値として定義していることを示しています。そのような値のことを「定数」といいます。定数については、「Chapter 3 型を極める」でくわしく説明します。

■ 2-2-2 メソッドの宣言

メソッドは、処理を記述するブロックです。メソッドは、次の形式で、クラスの中に宣言します。

● 構文

修飾子 戻り値の型 名前 (引数 1 の型 引数 1 の名前 , 引数 2 の型 引数 2 の名前 , ……)

メソッドは、呼び出すときに値を渡すことができます。この値のことを「引数」と呼びます。たとえば、

45

足し算をするメソッドを考えてみましょう。メソッドに値を渡せなければ、「3と5を足し算するメソッド」「2と6を足し算するメソッド」のように、まったく汎用性がない、利用しにくいメソッドになってしまいます。一方、引数としてメソッドに値を渡せれば、足し算をするメソッドは、2つの任意の整数を引数として受け取り、その2つの整数を利用して足し算をおこなうという、再利用性の高いメソッドにすることができます。

　メソッドの宣言で記述した引数だけが、呼び出す側から指定できます。メソッドの宣言で記述する引数は、型と名前の組で指定します。引数は何個でも記述できますが、引数を渡さないこともできます。次のソースコードは、引数が1つのメソッドと、引数がないメソッドの例です。scoreとnameはともにフィールドです。

```
// 引数を1つ渡すメソッド
void setScore(int newScore) {
    score = newScore;
}

// 引数のないメソッド
void printScore() {
    System.out.println(name + " さんの点数は " + score + " 点です。");
}
```

　メソッドを呼び出した結果、値を呼び出し元に返すことができます。この値のことを「戻り値」と呼びます。さきほどの足し算をするメソッドであれば、足し算した結果が戻り値となります。戻り値としてメソッドから結果を受け取ることで、呼び出し側がメソッドの実行結果を使って次の処理をおこなうことができるようになります。

　戻り値がない場合は、型に「void」を記述します。void以外の型を指定した場合は、メソッド内に必ずreturn文で型の一致する値を返す記述が必要になります。

　次のソースコードは、戻り値を返すメソッドと、戻り値がない（voidの）メソッドの例です。

```
// 整数の戻り値を返すメソッド
int getScore() {
    return score;
}

// 戻り値のないメソッド。return 文は不要
void printScore() {
    System.out.println(name + " さんは " + score + " 点です。");
}
```

2-2-3　修飾子

　これまでにも出てきた「public」「static」のように、クラスやメソッド、フィールドなどに対して効果や制約を与える手段として「修飾子」があります。修飾子の種類を次の表に示します。

修飾子	説明
アクセス修飾子	クラスやメソッド、フィールドなどに対して、どのスコープからのアクセスを許可するかを指定する
abstract修飾子	クラスやインタフェース、メソッドが抽象的な（完全には定義されていない）ものであることを指定する
static修飾子	クラスがインスタンス化されていなくてもメンバーにアクセスできることを指定する
final修飾子	メンバーの上書きを禁止することを指定する（指定する対象によって、禁止される意味合いが異なる）
transient修飾子	オブジェクトのシリアライズ時にシリアライズの対象から除外する
volatile修飾子	マルチスレッドからアクセスされるフィールドがスレッドごとにキャッシュされないようにする
synchronized修飾子	同期処理（同時に1スレッドだけ）が実行できることを指定する
native修飾子	C／C++などJava以外のネイティブなコードを呼び出すことを指定する
strictfp修飾子	浮動小数点数をIEEE 754規格で厳密に処理することを指定する

●修飾子

　アクセス修飾子については、「3-2-3　アクセス修飾子」でくわしく説明します。そのほかのものについてはここでかんたんに説明しますが、ここでは「こういうものがあるのだ」ということを理解する程度で、先に進んでいただいてもかまいません。

(1) abstract修飾子

　abstract修飾子は、そのクラスやメソッドが抽象的であり、中身が完全ではないことを指定します。たとえば、abstractメソッドは、メソッドの宣言部のみで中身が定義されていない場合に指定します。また、abstractクラスは、それ自体ではインスタンス化できないことを意味します。

　abstractメソッドを持つクラスは、必ずabstractクラスでなくてはなりません。また、必ず継承したクラスを作成し、abstractメソッドの中身を定義する必要があります。

　なお、言語仕様上、インタフェースにもabstract修飾子を指定することができますが、インタフェースは必ずabstractメソッドを定義するため、指定する必要がありません（指定しても意味がありません）。

(2) static修飾子

　static修飾子は、そのクラスがインスタンス化されていなくてもアクセスできることを指定します。メソッドまたはフィールドに対して指定することができます。

　static修飾子を付けたメンバー（メソッドやフィールド）は、次の形式でアクセスできます。

```
クラス名.メンバー名
```

(3) final修飾子

　final修飾子は、メンバーの上書きを禁止することを指定します。クラス、メソッド、フィールドに指定することができますが、禁止になる動作はfinal修飾子を指定する対象によって少しずつ異なります。

- フィールドに指定した場合　→　そのフィールドの値の上書きを禁止する
- メソッドに指定した場合　→　サブクラスでのメソッドの上書きを禁止する
- クラスに指定した場合　→　クラスのサブクラス化を禁止する

　メソッドの上書きとは、あるクラスを継承して作ったサブクラスの中で、親となるクラスが持つメソッドをサブクラス側で書き換えることです。これをオーバーライドと言います。メソッドにfinal修飾子を指定することは、このオーバーライドを禁止することを意味します。

　クラスにfinal修飾子を指定すると、指定したクラスを継承してサブクラスを作るのを禁止することを意味します。

(4) transient修飾子

　transient修飾子は、オブジェクトのシリアライズ時に、そのフィールドをシリアライズの対象から除外することを指定します。シリアライズとは、インスタンス化されているJavaのオブジェクトをバイト列に変換することです。

　たとえばデータをファイルに保存したり、ネットワーク間でオブジェクトを送受信したりする際に、オブジェクトに一時的なデータを格納するフィールドを持たせる場合がありますが、そのようなデータはたとえばファイルを保存するときなどでは不要なものになります。そのようなフィールドに対してtransient修飾子を指定することで、不要な一時データをシリアライズしなくて済みようになります。

　transient修飾子は、フィールドに対してのみ指定することができます。

(5) volatile修飾子

　volatile修飾子は、マルチスレッドからアクセスされるフィールドに対して、スレッドごとに値がキャッシュされないようにすることを指定します。フィールドに対してのみ指定することができます。マルチスレッドについては「Chapter 11　スレッドセーフをたしなむ」で説明します。

　ここでは、「マルチスレッドで同じオブジェクトを参照する場合に、ごくわずかなタイミングでスレッドごとに参照する値がずれてしまうことがあり、それをvolatile修飾子で防ぐことができる」とだけ覚えておいてください。

(6) synchronized修飾子

　synchronized修飾子は、対象の処理を同期化するために指定します。メソッドまたはブロックに対して指定することができます。

　指定したメソッドまたはブロックの内部は、同時に1つのスレッドからしかアクセスされないことが保証されます。これにより、マルチスレッドのプログラムで、処理の順番などが期待しない状態になることを防ぎます。

　synchronized修飾子の使い方についても、「Chapter 11　スレッドセーフをたしなむ」で説明します。

(7) native修飾子

native修飾子は、指定したメソッドがネイティブなコード（たとえば、C／C++などで作られたDLLや共有ライブラリなど）を呼び出すことを表します。native修飾子を指定したメソッドは、Javaソースコード上で中身を定義することはできません。

ネイティブなコードを呼び出す処理については本書では扱わないため、詳細は割愛します。

(8) strictfp修飾子

strictfp修飾子は、浮動小数点数をIEEE 754規格で厳密に処理することを指定します。クラス、インタフェース、またはメソッドに対して指定することができます。strictfp修飾子を指定した場合、そのクラス、インターフェース、メソッドの中にあるすべてのdoubleまたはfloatフィールド／変数の浮動小数演算がIEEE 754で規定されたルールに厳密に従っておこなわれるようになります。

floatやdoubleを用いた浮動小数演算をおこなうプログラムで、複数のプラットフォーム間で厳密な移植性を求める場合に指定することがあります。

2-2-4　メソッドのオーバーロード

1つのクラスの中には、同じメソッドを複数定義することはできません。ただし、引数の型や引数の数が異なっていれば、同じ名前のメソッドを定義することができます。このような定義を、メソッドの「オーバーロード」と呼びます。

次のソースコードでは、引数にint値が指定された場合は上のメソッドが呼び出され、引数が指定されなかった場合は下のメソッドが呼び出されて、MAX_SCOREの値を利用して上のメソッドを呼び出します。

```java
// メソッドを宣言する
void printScore(int maxScore) {
    System.out.println(name + "さんは" + maxScore + "点満点中、" + score + "点です。");
}

void printScore() {
    printScore(MAX_SCORE);
}
```

2-2-5　mainメソッド

メソッドには、「mainメソッド」と呼ばれる特別なメソッドがあります。Javaのプログラムを実行した際に呼び出される、プログラムの起点となるメソッドで、Javaプログラムには必ずなくてはならないものです。

mainメソッドは、次のように記述します。

```java
public static void main(String... args) {
    // 処理内容をここに書く
}
```

public staticは、mainメソッドの修飾子です。この指定以外では、プログラム起動時に呼び出すことができません。

String... argsは、引数の宣言です。mainメソッドの場合は、プログラムを呼び出した時のコマンドの引数の値が入ります。引数は、配列、もしくは可変長引数の形式で受け取ることができます。配列と可変長引数については、「Chapter 4　配列とコレクションを極める」でくわしく説明します。

2-2-6　インスタンス

フィールドとメソッドを作成すればクラスができますが、クラスは宣言しただけでは、まだ入れ物の状態です。実際にプログラムで使うには、この入れ物から実際の物を作ってから利用する必要があります。この実際の物のことを、「オブジェクト」あるいは「インスタンス」と呼びます。

インスタンスは、クラスにnewの宣言をつけることで作成できます。

```
Student murata = new Student(); // murata インスタンスを作る
```

また、インスタンスのフィールドにアクセスするためには、インスタンスとフィールドをドット（.）でつなげて記述します。メソッドも同様に、インスタンスとメソッドをドットでつなげて記述することで、呼び出すことができます。

次のソースコードは、インスタンスを作成して、フィールドに値を設定し、メソッドを呼び出す例です。

```
Student murata = new Student();
murata.name = " 村田 ";       // 名前を設定する
murata.printScore();          // インスタンスの printScore メソッドを呼ぶ
```

クラスを利用する側ではこのように記述することで、インスタンスを作成し、操作することができます。

次のソースコードは、StudentSampleクラスを作成してmainメソッドを定義し、その中でStudentクラスのインスタンスを作成して操作する例です。

```
class Student {
    String name;
    int score;
    static final int MAX_SCORE = 100;

    void printScore() {
        System.out.println(name + " さんは " + MAX_SCORE + " 点満点中、↵
" + score + " 点です。");
    }
}
```

```
class StudentSample {
    public static void main(String... args) {
        Student murata = new Student(); // murata インスタンスを作る
```

```
        murata.name = " 村田 "; // 名前を設定する
        murata.score = 80; // 点数を設定する
        murata.printScore(); // インスタンスの printScore メソッドを呼ぶ

        Student okada = new Student(); // 同様に okada インスタンスを作る
        okada.name = " 岡田 ";
        okada.score = 90;
        okada.printScore();
    }
}
```

村田さんは 100 点満点中、80 点です。
岡田さんは 100 点満点中、90 点です。

　クラスはただの入れ物なので、クラスからインスタンスを作る時は何個でも別の物を作れます。この例でも、murataインスタンスのほかに、okadaインスタンスを作って呼び出しています。2つは同じStudentクラスから作られていますが、nameやscoreなどの値が異なった、別々のインスタンスです。

2-2-7　thisを用いた記述の注意点

　前の項では、Studentクラスのインスタンスであるmurataとokadaに対して値を代入したりメソッドを呼び出したりする際に、フィールドやメソッドの前に、インスタンス（murataやokada）とドット（.）を書いていました。一方、StudentクラスのprintScoreメソッドの中では、そのインスタンスのフィールドであるnameやscoreを使っていますが、インスタンスとドット（.）を書いていませんでした。自分自身のインスタンスの中のフィールドやメソッドを使う場合は、特殊なインスタンスとして自分自身を表すthisを書き、ドット（.）でつなげる書き方をします。

　なお、StudentクラスのprintScoreメソッドの中にthisの記述がありませんが、これはthisの記述が省略可能なためです。前の節で例に書いたprintScoreメソッドを（あえて）thisを使って書くと、次のようになります。

```
void printScore() {
    System.out.println(this.name + " さんは " + MAX_SCORE + " 点満点中、"
        + this.score + " 点です。");
}
```

　ただし、このprintScoreメソッドのように、thisを省略しても問題ない場合は、記述をシンプルにするためにも、省略するほうがいいでしょう。

　しかし、状況によっては、thisを省略できない場合があります。それは、フィールドとほかの変数の名前が同じになっている場合です。

　例として、前の節で書いたStudentクラスに、値を取得したり設定したりするメソッド（getName／setNameメソッド、getScore／setScoreメソッド）を追加してみましょう。

```java
class Student {
    String name;
    int score;
    static final int MAX_SCORE = 100;

    String getName() {
        return name;
    }

    void setName(String name) {
        this.name = name;
    }

    int getScore() {
        return score;
    }

    void setScore(int score) {
        this.score = score;
    }

    void printScore() {
        System.out.println(name + " さんは " + MAX_SCORE + " 点満点中、⤵
" + score + " 点です。");
    }
}
```

　setNameメソッドに注目してください。メソッドの引数はnameであり、フィールドと同じ名前になっています。このメソッドの中でnameという名前を使うと、フィールドではなく、引数のほうが使われます。そのため、フィールドを使いたい場合は、明示的にthisを付ける必要があります。

　なお、これらgetName／setNameメソッドのように、1つのフィールドに対する値の取得／設定のみをおこなうシンプルなメソッドをgetter（ゲッター：値を取得するメソッド）／setter（セッター：値を設定するメソッド）と呼びます。setterの引数の名前をフィールドと異なる名前にすればthisを使う必要はありませんが、setterの引数の名前はフィールドと同じ名前にする慣習があります。だれが見ても、そのメソッドがsetterであることがわかるように、慣習に従うのがいいでしょう。

■ 2-2-8　コンストラクタ

　前の例ではインスタンスは作るだけで終わりになっていますが、実際のプログラムでは、インスタンスを作ったタイミングで設定を読み込んだり、フィールドを初期化するなど、さまざまな処理をしたい場合があります。そのような時には、「コンストラクタ」を宣言します。コンストラクタは、インスタンスを生成する時に呼ばれる処理です。

　コンストラクタの書き方はメソッドに似ていますが、次の2点が特徴です。

・メソッド名の部分がクラス名と同じになる

・戻り値の宣言が存在しない

次のソースコードは、コンストラクタでフィールドを初期化する例です。

```java
class Student {
    String name;

    Student(String name) {
        this.name = name;
    }
}
```

コンストラクタでは、通常のメソッドと同じように、オーバーロードができます。つまり、引数の異なるコンストラクタを複数定義することができます。

```java
class Student {
    String name;
    int score;
    static final int MAX_SCORE = 100;

    // 名前と点数を渡すコンストラクタ
    Student(String name, int score) {
        this.name = name;
        this.score = score;
    }

    // 名前だけを渡すコンストラクタ（点数は0にする）
    Student(String name) {
        this(name, 0);
    }

    void printScore() {
        System.out.println(name + "さんは" + MAX_SCORE + "点満点中、↵
" + score + "点です。");
    }
}
```

```java
class StudentSample {
    public static void main(String... args) {
        Student murata = new Student("村田"); // murataインスタンスを作り、
                                              // 名前を設定する
        murata.score = 80; // 点数を設定する
        murata.printScore();

        Student okada = new Student("岡田", 90); // 同様にokadaインスタンスを
                                                 // 作り、名前と点数を設定する
```

```
        okada.printScore();
    }
}
```

村田さんは 100 点満点中、80 点です。
岡田さんは 100 点満点中、90 点です。

　この例のようにコンストラクタを利用した場合でも、前項のように値を設定した場合でも、実行結果は変わりません。異なるのは、値を設定するタイミングだけです。筆者は、次のように使い分けるようにしています。

・**インスタンス生成時点に値が決まって、後から変わらないようなもの**
　　→コンストラクタで指定する

・**値が後から変わるもの**
　　→メソッドやフィールドを通じて値を設定する

　なお、Student(String name) コンストラクタの中に書いてある this(name, 0); は、Student(String name, int score) コンストラクタを呼び出す書き方です。つまり、this.nameに引数のnameが、this.scoreに0が代入されます。

　Student(String name) コンストラクタの中に、直接初期化の処理を書くこともできますが、複数のコンストラクタの中に似たようなコードを毎回書くのは、メンテナンス性が悪くなってしまいます。そのため、コードを共通化できる場合は、最も引数が多いコンストラクタに必要な処理を記述し、引数の少ないコンストラクタでは、this(・・・)を使って別のコンストラクタを呼び出すようにするといいでしょう。今回のStudentクラスでは、引数が最も多いStudent(String Name, int argScore) コンストラクタにフィールドの初期化処理を記述し、引数が少ないStudent(String Name) コンストラクタではthis(・・・)を使っています。

2-3 情報共有のために知っておきたい機能

2-3-1 Javadoc

Javadocは、クラスやメソッドに定義するコメントの一種です。Javadocにクラスの説明やメソッドの引数、戻り値に関する情報などを記載することで、HTML形式のドキュメントを生成することができます。

次のソースコードは、Javadocの例です。

```java
/**
 * 生徒の点数を扱うクラス
 */
class Student {
    /** 名前 */
    String name;

    /** 点数 */
    int score;

    /** 最高点 */
    static final int MAX_SCORE = 100;

    /**
     * 名前と点数を指定してインスタンスを生成します
     * @param argName 名前
     * @param argScore 点数
     */
    Student(String argName, int argScore) {
        name = argName;
        score = argScore;
    }

    /**
     * 名前を指定してインスタンスを生成します
     * @param argName 名前
     */
    Student(String argName) {
        name = argName;
    }

    /**
     * 点数を標準出力に表示します
```

55

```
    */
    void printScore() {
        System.out.println(name + "さんは" + MAX_SCORE + "点満点中、" + score + "点です。");
    }
}
```

　Javadocの詳細な書き方については、「Chapter 13　周辺ツールで品質を上げる」でくわしく説明します。

2-3-2　アノテーション

　アノテーションとは、ソースコード中の要素（クラスやメソッドなど）に対して、情報（メタデータ）を注記できるしくみです。クラスやメソッドに特定の役割や意味を持たせるのに用いることができます。標準APIでは、次のようなアノテーションがあります。

- ・メソッドのオーバーライドを示す@Override
- ・非推奨を示す@Deprecated
- ・警告を出さないようにする@SuppressWarnings

　1つずつ見ていきましょう。@Overrideは、メソッドの前に記述することで、本当にオーバーライドされているかをコンパイラがチェックしてくれます。プログラムのミスによりオーバーライドが成立していない場合、警告を出してくれます。また、「ソースコードを見ただけで、メソッドがオーバーライドしているものであることがわかる」というメリットもあります。

```
public Class Person {
    private String name;

    @Override
    public String toString() {
        return name;
    }
}
```

　@Deprecatedは、クラスやメソッドが非推奨であることを表すために利用します。次の例は、「Personクラスのname属性を取得するためのメソッドとして、元々用意していたget_nameメソッドからgetNameメソッドに変更することになった」ということを表しています。

```
public Class Person {
    private String name;

    @Deprecated
    public String get_name() {
```

```
        return name;
    }

    public String getName() {
        return name;
    }
}
```

　単にget_nameメソッドを削除してしまうと、Personクラスを利用していた箇所でコンパイルエラー
が発生してしまうかもしれません。そこで、get_nameメソッドに@Deprecatedアノテーションを付与
して残すことで、互換性を維持しているのです。また、get_nameメソッドを使っているとコンパイル時
に警告が表示され、Eclipse上ではget_nameメソッドの呼び出しに取り消し線がつくなど、非推奨で
あると利用者が知ることができます。

　@SuppressWarningsアノテーションは、コード中に抑止したい警告の種別を指定することで、コン
パイル時に警告を出さないようにするものです。しかし、警告の内容を無視することになり、本末転倒で
あるため、あまり使うべきではないと筆者は考えています。

　アノテーションが有効に活用できるのは、外部のライブラリやフレームワークを使う時です。たとえば、
「Chapter 13　周辺ツールで品質を上げる」にて解説するJUnitでは、メソッドに「@Test」アノテー
ションを付与することで、テストの対象と見なします。

```
import org.junit.Test;

public class EmployeeServiceTest {
    @Test
    public void updateServiceOK() {
        // テストの内容
    }
}
```

　また、Java EEのフレームワークでは、各クラス、メソッドにアノテーションを付与することで、イン
スタンスの管理や制御をしています。

2-4 名前のつけ方に注意する

プログラミングにおいて、命名のルールを統一することは、可読性、保守性を高めるために非常に重要です。Javaプログラミングにおいて、一般的な命名ルールを紹介します。

2-4-1　クラスと変数はキャメルケースで、定数はスネークケースで

複数の単語からなる複合語の単語の区切りを大文字で記述する形式を「キャメルケース」といいます。キャメルケースの中でも、先頭の文字を小文字にしたものをキャメルケース（例：getPropertyName）と呼び、先頭の文字を大文字にしたものをパスカルケース（例：TextDataBinder）と呼び分けることもあります。

Javaでは、次のルールで記述します。

・クラス名　→　大文字始まりのキャメルケース（パスカルケース）
・変数　　　→　小文字始まりのキャメルケース

一方、定数は、すべて大文字で、単語をアンダースコア（_）で区切る「スネークケース」の形式で記述します（例：DEFAULT_FILE_NAME）。

● NG

```java
public class resultobject {
    public static final int statusOk = 0;

    private int Number;

    private String _name;
}
```

● OK

```java
public class ResultObject {
    public static final int STATUS_OK = 0;

    private int number;

    private String name;
}
```

2-4-2　変数名の後ろに＿はつけない

かつては、フィールド名の後ろに「＿」（アンダースコア）をつけるという文化がありました。フィールドと、メソッドの引数などで同一の文字列が存在した場合に、明確に区別し、誤って利用しないようにするためです。

```
public class Customer {
    private int id_;

    private String name_;
}
```

しかし、EclipseなどのIDE（統合開発環境）を使うことがほぼ当たり前となっている現在は、フィールドとローカル変数は色分けされるため、あまり見まちがえることもありません。さらにフレームワークによっては、フィールドの後ろに「＿」があることで、変数の代入（バインド）に失敗するものもあり、むしろ「＿」をつけるほうが問題になることも増えてきています。

したがって、変数名の後ろに「＿」をつけることは、もはや不要といっていいでしょう。

2-4-3　変数は名詞、メソッドは動詞で命名する

役割を考えると、変数は名詞、メソッドは動詞で命名するのが原則です。

特に命名を誤りやすいのが、booleanです。booleanの変数名にisXxxとつけている場合がありますが、上記の原則に従うと、誤った名前のつけ方です。

たとえば、以下のクラスは、状態が開始しているかどうかを、startedというフィールドで管理しています。これに対して、外部から状態を問い合わせるために用意したメソッドが、isStartedメソッドです。「変数は名詞、メソッドは動詞」という原則に沿っていることがわかりますね。

```
public class Status {
    // これは誤った命名
    // private boolean isStarted = false;

    // 正しい命名はこちら
    private boolean started = false;

    public boolean isStarted() {
        return this.started;
    }

    public void setStarted(boolean started) {
        this.started = started;
    }
}
```

フィールドをisStartedとしているソースコードをよく見かけるのですが、原則から言って、この命名

は誤っています。

2-4-4 「不吉な匂い」がする名前に気をつける

　役割が曖昧であったり、多くの役割を受け持ったりした結果、肥大化してしまったクラスに見られる「不吉な匂いがするクラス名」というものがあります。

　たとえば、手元のソースコードに、次のような名前がついたクラスはないでしょうか?

- ・XxxInfo
- ・XxxData
- ・XxxManager

　これらは、内容が詳細に決まっていなくても、なんとなく役割がわかるため、一見、便利な名前のように思えます。しかし、その分、新たなデータや処理が必要になった場合に、なんでもかんでも詰め込まれることになり、結果的に肥大化することが多い名前でもあります。ソースコードを書いていて、上のような名前が出てきたり、思いついたりした場合には、より役割を端的に表すクラス名がないか、さらに一歩踏み込んで検討してください。

Chapter 3

型を極める

3-1	プリミティブ型と参照型	62
3-2	クラスの作成	73
3-3	型判定とオブジェクトの等価性	85
3-4	型にまつわる問題を予防する	96

3-1 プリミティブ型と参照型

3-1-1 Javaは静的型付け言語

プログラムの中で扱うデータの形式を定義したものを「型」と呼びます。変数の型を明確にすることで、たとえば変数が文字列なのか、数値なのか、あるいはより複雑なデータであるのかが、わかりやすくなります。

プログラミング言語によって、この「型」が決まるタイミングは異なっており、大きく分けて「静的型付け言語」と「動的型付け言語」の2つがあります。「静的型付け言語」は、変数の宣言時に型を明記し、コンパイル時に型の整合性をチェックします。Javaはこの静的型付け言語の1つです。一方で、「動的型付け言語」は、変数の宣言時には型を明確にせず、実行時に型の整合性をチェックします。たとえば、JavaScriptやRubyなどは動的型付け言語です。

静的型付け言語のメリットは、型に関係するバグを減らせることです。たとえば「変数にどのような種類の値を出し入れすべきか」がコーディング時にわかり、もし誤った使い方をしていればコンパイルエラーが発生するため、型に関係する実行時のバグを生みにくくなります。また、IDE（統合開発環境）を使うことで、変数やメソッドの名前が自動補完でき、効率的にプログラミングできることも大きなメリットです。ただし、コーディング時にはすべての変数、メソッドの引数、戻り値に型を指定する必要があり、実行する前にコンパイルもしなくてはいけないため、相応の手間がかかるというデメリットがあります。

動的型付け言語のメリットは、コーディングがシンプルで、自由度が高いことです。型を明記しない分、ソースコードをより少ない行数で書けることが多いです。ただし、変数にどんな型のデータが含まれているかが実行時まで決まらないため、実行時に初めて問題が発生したり、コーディング時にIDEの自動補完の恩恵を受けづらいというデメリットがあります。

Javaの型には、大きく分けて次の2種類の型があります。

・プリミティブ型
・参照型

これらの型について、それぞれ説明します。

3-1-2　プリミティブ型

　プリミティブ型は、真偽値型と数値型、文字型からなる基本的なデータ型です。数値型は、用途によって必要となるデータサイズ、値の範囲、精度が異なるため、複数の種類があります。Javaのプリミティブ型には次のものがあります。

型	説明	サイズ	値の範囲
byte	符号付き整数値	8bit	-128〜127
short	符号付き整数値	16bit	-32768〜32767
int	符号付き整数値	32bit	-2147483648〜2147483647
long	符号付き整数値	64bit	-9223372036854775808〜9223372036854775807
char	Unicode文字	16bit	'¥u0000'〜'¥uffff' ／ 0〜65535
float	IEEE 754[1] 浮動小数点数	32bit（単精度）	2^{-149}〜$(2-2^{-23})*2^{127}$ [2]
double	IEEE 754[1] 浮動小数点数	64bit（倍精度）	2^{-1074}〜$(2-2^{-52})*2^{1023}$ [2]
boolean	真偽値	-	true／falseの2値

● プリミティブ型

　静的型付けによって、型の不整合を検出するところを確認してみましょう。次のコードは、boolean型の変数の値をint型の変数に代入しています。

```
boolean boolA = true;

int intNum = boolA; // int 型の変数に boolean 型の変数の値を代入しているため
                    // コンパイルエラーとなる
```

　Javaのソースコードをコンパイルするjavacコマンド[3] を使ってこのソースをコンパイルしてみると、次のような結果となります。

```
> javac Main.java
Main.java:9: エラー : 不適合な型 : boolean を int に変換できません :
            int intNum = boolA;
                         ^
エラー 1 個
```

　このように、型の不整合がある場合は、コンパイル時にエラーとして報告されます。エラーメッセージから、エラーの内容と、ソースコードのどの行で問題が発生しているのかがわかるため、問題を修正するときの手がかりとなります。また、上の例ではjavacコマンドを用いたコンパイル時に問題を検出しま

※1　浮動小数点数の計算で最も広く採用されている標準規格。
※2　floatもdoubleも、正の値の範囲のみ記載しています。正の値の範囲の符号をマイナスにしたものが、負の値の範囲になります。
※3　本書ではEclipseを利用するため、ここ以外で直接本コマンドを実行することはありません。

したが、IDEを使うことで、ほぼリアルタイムに問題を検出しながらプログラミングをすることができます。

```
Main.java ⊠
 1  package javabook;
 2
 3  public class Main {
 4
 5      public static void main(String... args) {
 6          boolean boolA = true;
 7
 8          int intNum = boolA;
 9      }
10
11  }
12
```
```
🔲 Type mismatch: cannot convert from boolean to int
2 quick fixes available:
  ⇨ Change type of 'intNum' to 'boolean'
  ⇨ Change type of 'boolA' to 'int'
```

● Eclipseではこのように問題箇所が波線で警告される

リテラルによるプリミティブ型変数の宣言

変数を定義する際には、型と変数名を宣言します。初期値を指定するには、代入演算子を使って値を定義します。

次の例は、int型の変数numberAを初期値10で宣言しています。

```
int numberA = 10;
```

「Chapter 2　基本的な書き方を身につける」でも解説しましたが、この値10のように、ソースコードに直接記述された値のことをリテラルと呼びます。プリミティブ型に関するリテラルには、次のようなものがあります。

```
// int 型の整数リテラル (10 進数)
int num1 = 123;
System.out.println(num1); // 123

// int 型の整数リテラル (8 進数)
int num2 = 010; // 先頭に 0 を付ける
System.out.println(num2); // 8

// int 型の整数リテラル (16 進数)
int num3 = 0xa; // 先頭に 0x または 0X を付ける
System.out.println(num3); // 10

// int 型の整数リテラル (2 進数)
int num4 = 0b11; // 先頭に 0b または 0B を付ける
System.out.println(num4); // 3

// long 型の整数リテラル
long longNum = 1L; // 末尾に 1 または L を付ける
```

```java
System.out.println(longNum); // 1

// float 型の浮動小数点リテラル
float floatNum = 3.14f; // 末尾に f または F を付ける
System.out.println(floatNum); // 3.14

float floatNum2 = 3f;
System.out.println(floatNum2); // 3.0

// double 型の浮動小数点リテラル
double doubleNum = 3.14; // 小数点はデフォルトでは double 型となる
System.out.println(doubleNum); // 3.14

double doubleNum2 = 3d; // 末尾に d または D を付ける
System.out.println(doubleNum2); // 3.0

// 真偽リテラル
boolean bool = true; // true または flase
System.out.println(bool); // true

// 文字リテラル
char c = 'A'; // シングルクォート（'）で囲む
System.out.println(c); // A
```

ところで、桁数の多い数値を表記する場合、書類などではカンマ（,）を用いて「12,345,678」のように3桁区切りで表記することが多いと思います。Javaでは、数値を扱うリテラルには次のようにアンダースコア（_）を用いて区切りを表現することができます。この表記方法は、Java 7以降で使えるようになりました。

```java
long amount = 123_456_789L;
System.out.println(amount); // 123456789
```

このアンダースコア（_）は、先頭や末尾に付けるとコンパイルエラーとなるので、注意してください。

ワイドニングとナローイング

Javaは、型に不整合がある場合でも、型同士に互換性があれば自動的に変換をおこないます。たとえば、short型は16bitの整数であり、int型は32bitの整数なので、short型の値をint型の値として扱っても値が変わるような問題は発生しません。つまり、型のデータサイズが大きくなるように変換する場合は互換性が保たれ、新しい型に変換されます。この変換は、ワイドニングと呼ばれます。

```java
short shortNum = 100;

int intNum = shortNum; // ワイドニングによる自動変換（short ➡ int）

System.out.println(intNum); // 100
```

一方で、int型の値をshort型の値として扱うことを考えてみましょう。int型の値がshort型で表せる値の範囲を超えている場合には、int型の値はshort型としては扱えないため、互換性があるとはいえません。つまり、型のデータサイズが小さくなるように変換する場合は互換性がないため、自動的に変換することはできず、コンパイルエラーとなります。

　このような場合でも、型を明示的に指定することで、型を変換（キャストといいます）することができます。この変換は、ナローイングと呼ばれます。ただし、変換後の型の範囲を超える値をナローイングすると、桁あふれが発生して想定しない値になってしまうことに注意してください。

```java
int intNum = 1;
short shortNum = intNum; // コンパイルエラー
System.out.println(shortNum);
```

```java
Main.java ☒
1  package javabook;
2
3  public class Main {
4
5    public static void main(String... args) {
6        int intNum = 1;
7        short shortNum = intNum; // コンパイルエラー
8        System.out.print1
9    }                        Type mismatch: cannot convert from int to short
10                            3 quick fixes available:
11 }                           Add cast to 'short'
12                             Change type of 'shortNum' to 'int'
                               Change type of 'intNum' to 'short'
```

● 型に互換性がなくコンパイルエラーになる

```java
int intNum = 32767 + 1; // short の上限値である 32767 に 1 を加えた値
short shortNum = (short) intNum; // short 型にキャストする（ナローイング）
System.out.println(shortNum); // short の範囲を超えて、-32768 となる
```

3-1-3　参照型

　「Chapter 2　基本的な書き方を身につける」で説明したとおり、変数やメソッドをまとめる入れ物がクラスです。このクラスという入れ物から作った実際のオブジェクトが、インスタンスです。生成されたインスタンスを使用するには、そのインスタンスを特定する情報（住所のようなもの）を知っておく必要があります。その情報を、参照（ポインタ）と呼びます。そして、参照という値を保持する型のことを、参照型と呼びます。

　いくつか例を示します。Javaが標準で提供するクラスの1つに、文字列を扱うStringクラスがあります。Stringクラスは、文字列を値として持ち、文字列を操作するメソッドを備えています。Stringクラスからインスタンスを生成し、文字列の長さを返すlengthメソッドを呼び出してみましょう。

```
String name = new String("Murata"); // String インスタンスの参照を name 変数に保持する[※4]
System.out.println(name.length()); // 6 が出力される
```

nameは、String型の変数です。newキーワードを使うことによって、Stringクラスから、文字列「Murata」を値として持つStringクラスのインスタンスを生成しています。

このとき、nameには、StringクラスのあるインスタンスへのJ参照が値として代入されます。以降、変数nameを利用して、Stringクラスのメソッドを呼び出すことができます。

StringクラスはJavaプログラムの中で頻繁に利用するクラスであり、次のようなコードをよく目にします。

```
System.out.println(name); // Murata が出力される
```

このコードは、一見すると変数nameをそのまま出力しているように見えますが、実際にはStringクラスのインスタンスへの参照を渡しており、値そのものを渡しているわけではありません。System.out.printlnメソッドの中では、Stringクラスから値である文字列を取り出して表示しているため、結果として「Murata」が表示されています。

値や参照の渡し方については、「10-1　プリミティブ型の値渡しと参照型の値渡し」にてくわしく説明します。

文字列リテラル

クラスからインスタンスを生成するにはnewキーワードを使いますが、Stringクラスの場合は文字列リテラルを使ってより簡潔にインスタンスを生成することができます。次のコードは、先ほどのコードと同じ結果になります。

```
String name = "Murata"; // 文字列リテラルはダブルクォートで文字列を囲む
System.out.println(name.length()); // 6 が出力される
```

記述が短くなり、パフォーマンスの悪化を防ぐため、一般的に文字列の宣言には文字列リテラルを利用します。

nullリテラル

参照型に関連するリテラルとして、文字列リテラルのほかに、nullリテラルがあります。nullリテラルは、オブジェクトの参照がない状態を表す、特殊なリテラルです。

参照型にnullが入っている状態ではメソッドを呼ぶことができないため、注意が必要です。オブジェクトのメソッドを呼ぶ際、参照型の変数にnullが入る可能性がある場合は、nullが入っていないかチェッ

[※4]　通常、StringクラスをnewするJ必要はありませんが、ここではクラスとインスタンスの説明をするために、便宜上newしています。

クします。これを、慣例的に「nullチェック」と呼びます。

```
String nullStr = null; // null リテラル
if (nullStr != null) { // null チェック
  System.out.println(nullStr.length());
} else {
  System.out.println("nullStrは null");  // こちらが実行される
}
```

3-1-4　ラッパークラス

　プリミティブ型はオブジェクトではなく、単なる値であり、それ自身はメソッドを持ちません。しかし、プログラムの中では、プリミティブ型の値に対する操作（文字列との相互変換など）が必要になる場面がたくさんあります。

　そこでJavaは、プリミティブ型を内包し、そのプリミティブ型の値を操作する機能を備えた「ラッパークラス」を提供しています。ラッパーとは、「包み込むもの」という意味です。

　以下に、プリミティブ型と対応するラッパークラスをまとめました。

プリミティブ型	ラッパークラス
byte	java.lang.Byte
short	java.lang.Short
int	java.lang.Integer
long	java.lang.Long
char	java.lang.Character
float	java.lang.Float
double	java.lang.Double
boolean	java.lang.Boolean

●プリミティブ型とラッパークラス

　ラッパークラスには、プリミティブ型に関連する便利な定数やメソッドがあります。よく使うものを次の表に紹介します。

定数	説明
SIZE	ビット数
BYTES	バイト数（Java 8）
MAX_VALUE	最大値
MIN_VALUE	最小値

●ラッパークラスの代表的な定数

```
System.out.println("Byte: { SIZE(bit): " + Byte.SIZE
    + ", BYTES: " + Byte.BYTES
    + ", MIN: " + Byte.MIN_VALUE
    + ", MAX: " + Byte.MAX_VALUE
```

```
        + " }");

    System.out.println("Integer: { SIZE(bit): " + Integer.SIZE
        + ", BYTES: " + Integer.BYTES
        + ", MIN: " + Integer.MIN_VALUE
        + ", MAX: " + Integer.MAX_VALUE
        + " }");
```

```
Byte: { SIZE(bit): 8, BYTES: 1, MIN: -128, MAX: 127 }
Integer: { SIZE(bit): 32, BYTES: 4, MIN: -2147483648, MAX: 2147483647 }
```

メソッド	説明
valueOf(プリミティブ型の値)	プリミティブ型からラッパークラスのオブジェクトに変換する
valueOf(String s)	文字列からラッパークラスのオブジェクトに変換する
valueOf(String s, int radix)	基数を指定して文字列からラッパークラスのオブジェクトに変換する
parseXxx[*5](String s)	文字列からプリミティブ型の値に変換する
parseXxx[*5](String s, int radix)	基数を指定して文字列からプリミティブ型の値に変換する
toString(プリミティブ型の値)	プリミティブ型から文字列に変換する
toString(プリミティブ型の値, int radix)	基数を指定してプリミティブ型から文字列に変換する

●ラッパークラスの代表的なメソッド

```
// int -> Integer
Integer num01 = new Integer(10);     // 新たなオブジェクトを生成するので効率が悪い
Integer num02 = Integer.valueOf(10); // キャッシュされたオブジェクトを返す

// Integer -> int
int num03 = num02.intValue();

// String -> Integer
Integer num04 = new Integer("10");      // 新たなオブジェクトを生成するので効率が悪い
Integer num05 = Integer.valueOf("10");  // キャッシュされたオブジェクトを返す
Integer num06 = Integer.valueOf("11", 2); // 基数（radix）を指定。この場合の値は3

// String -> int
int num07 = Integer.parseInt("10");
int num08 = Integer.parseInt("11", 2); // 基数（radix）を指定。この場合の値は3

// int -> String
String num09 = Integer.toString(10);

// Integer -> String
String num10 = num01.toString();
```

※5　Xxxの部分は、ラッパークラスによって異なります。

プリミティブ型からラッパークラスへの変換にはコンストラクタを利用する方法もありますが、valueOf メソッドを使うことをおすすめします。コンストラクタを利用した場合は必ず新たなオブジェクトが生成されますが、valueOfメソッドを利用した場合は、-128から127の範囲であれば事前に生成されたオブジェクトを利用できるため、オブジェクトを生成することがなく、メモリを余計に使わなくて済みます。

　ラッパークラスがプリミティブ型と大きく異なるのが、初期値です。例として、整数について考えてみましょう。クラスのフィールドとして、プリミティブ型のintを宣言した場合、初期値は0です。これに対して、ラッパー型のIntegerを宣言した場合、初期値はnullとなります。

```java
class Sample {
    private int primitive;

    private Integer wrapper;

    @Override
    public String toString() {
        return "primitive:" + primitive + ", wrapper:" + wrapper;
    }
}

Sample sample = new Sample();
System.out.println(sample);
```

```
primitive:0, wrapper:null
```

　このため、0とデータがない状態（空）を区別したい場合は、ラッパー型を用いる必要があることがわかります。たとえば、HTTP通信で取得した値や、設定ファイルから読み込んだ値を保持する場合に、値が取得できないことがあります。ここで、ラッパー型を利用していれば、値が取得できない場合はnull、値が取得できた場合はその値を指定することができます。しかしプリミティブ型を利用していると、値が取得できない場合に0（初期値）となるため、値が指定されていなくて初期値の0となったのか、値として0が指定されていたのかが区別できません。このような違いを表現するためにも、通信やファイルなどから読み込む変数はラッパー型にすることを筆者は心がけています。

　一方、数値計算に利用する変数はプリミティブ型を用いるといいでしょう。nullチェックなどが不要になりますし、大量の計算が必要な場合には、ラッパー型からプリミティブ型への変換にかかる時間も無視できなくなるためです。

■ 3-1-5　オートボクシングとアンボクシング

　プリミティブ型のデータと参照型であるラッパークラスのオブジェクトは、型が異なるため、お互いの演算や代入は基本的にできません。

```
int num = 10;

Integer numInt = 10; // Java 1.4 ではコンパイルエラー
Integer sum = num + Integer.valueOf(10); // Java 1.4 ではコンパイルエラー
```

　しかし、Java 5.0からはプリミティブ型とラッパークラス間の自動変換がおこなわれ、お互いの代入や演算ができるようになりました。プリミティブ型からラッパークラスへの自動変換をオートボクシング、ラッパークラスからプリミティブ型への変換をアンボクシングといいます。

```
int num = 10;

Integer numInt = 10; // コンパイル時に Integer.valueOf(10) に自動変換される
                     // （オートボクシング）
Integer sum = num + numInt // numInt が numInt.intValue() で int に自動変換され
                           // （アンボクシング）、演算結果を再度オートボクシングする
```

　この自動変換には、わざわざ変換処理を書かなくてもいいというメリットがあります。一方で、逆に意図しない変換が発生し、非効率な処理になったり、参照型であるラッパーオブジェクトを誤って==演算子で比較してしまい、意図しない結果になったりするデメリットもあります（オブジェクトの比較については、「3-3-2　オブジェクトの等価性」でくわしく説明します）。

```
Integer num1 = new Integer(3);
Integer num2 = new Integer(3);

System.out.println(num1 == num2); // false（num1 と num2 は別のオブジェクトであるため）
System.out.println(num1.equals(num2)); // true
```

　余談ですが、オートボクシングはラッパー型のvalueOfメソッドを用いておこなわれます。先に説明したとおり、-128〜127の範囲の値には事前に生成されたオブジェクトが利用されるようになっています。そのため、-128〜127の値をオートボクシングしたオブジェクトは常に同一のオブジェクトになりますが、その範囲外の値をオートボクシングした場合には異なるオブジェクトになります。

```
Integer int1 = 127;
Integer int2 = 127;

System.out.println(int1 == int2);
```

```
true
```

```
Integer int1 = 128;
Integer int2 = 128;
```

```
System.out.println(int1 == int2);
```

```
false
```

　このような動作仕様やデメリットを理解しないまま、安易にラッパークラスや自動変換を乱用すると、コードの流れの中でどこがプリミティブ型で、どこがラッパーなのかがわからなくなり、バグの原因となります。そこで、筆者は次のような方針にしています。

・原則としてオートボクシング、アンボクシングは利用せず、明示的に変換をおこなう

・ファイルやデータベース、HTTPリクエストなどを保持する値はラッパークラスを使う

・数値計算に用いる変数は、プリミティブ型とする

・記述量の削減が効果的な場合に限り、オートボクシング、アンボクシングを利用する

3-2 クラスの作成

Javaによるプログラミングでは、Javaが標準で提供するクラスを利用するだけでなく、自分で新たなクラスを定義して利用することができます。ここでは、クラスを自分で作る方法について説明します。

3-2-1 クラスを定義する

クラスを定義するには、classキーワードを使います。クラスには、フィールドとメソッドを定義することができます。次の例では、SampleClassという名前で、nameというフィールド、actionというメソッドを定義しています。

● SampleClass.java

```
public class SampleClass {               // クラス

    private String name = "Sample";      // フィールド

    public String action() {             // メソッド
        return name + "> " + "Action";
    }

}
```

クラスを定義し、実際にプログラムとして動作させるには、newキーワードを使ってクラスからインスタンスを生成し、インスタンスを操作します。

```
SampleClass sample = new SampleClass();

String response = sample.action();

System.out.println(response); // Sample> Action
```

3-2-2 パッケージ

Javaのプログラムでは多数のクラスを定義することになるため、アプリケーションやアプリケーション内部の機能などでクラスを整理する必要があります。そのような場合に、クラスを階層的に整理するために使うのがパッケージです。

パッケージの宣言には package キーワードを使います。パッケージの宣言は、ソースコードの先頭部分でクラスの宣言よりも先に記述します。

```
// Messenger アプリケーションのアカウント機能に関連するクラスを整理するパッケージ
package jp.co.acroquest.messenger.account;

public class AccountController {
}
```

たとえば、Messenger アプリケーションを開発する際のパッケージの構成を考えてみましょう。Messenger アプリケーションには、以下の機能があると仮定します。

- ・ユーザーを管理するアカウント管理機能
- ・ユーザーが所属することができるグループ機能
- ・実際にメッセージをやりとりするためのタイムライン機能

この場合、パッケージ構成の1つの例は次のようになります。

```
jp
`-- co
    `-- acroquest
        `-- messenger // Messenger アプリケーションを示す
            |-- account // アカウント機能
            |       |-- AccountController.java
            |       `-- AccountService.java
            |-- group // グループ機能
            |       |-- GroupController.java
            |       `-- GroupService.java
            `-- timeline // タイムライン機能
                    |-- TimeLineController.java
                    `-- TimeLineService.java
```

このように、パッケージを利用すると、アプリケーションの構成が明確になり、クラスが持つ役割をより明確に表すことができます。

ただし、パッケージの命名については注意が必要です。慣例として、他者が提供するライブラリやフレームワークなどとパッケージ名が重複してしまわないよう、自分が所有しているドメイン名を逆にしたものからパッケージ名を始めるようにしています。上の例では、acroquest.co.jp を逆にした「jp.co.acroquest」というパッケージ名を利用しました。

また、パッケージ名とクラス名を組み合わせた名前（Fully Qualified Class Name ＝ FQCN）が重複したクラスがあると、プログラムが意図しない動作をする場合があります。特に複数の開発者でプログラミングする場合に、この FQCN が重複してしまわないよう、機能やモジュールごとにパッケージ名を分けるといいでしょう。

3-2-3 アクセス修飾子

　プログラム開発では、特に複数のメンバーで開発する場合に、想定外のフィールドの参照やメソッドの呼び出しによってバグが混入することがあります。たとえば、同じクラスの中だけで使われる想定で定義していたフィールドを、別のクラスから参照したり、書き換えてしまうような場合です。それを防ぐには、クラスや変数、メソッドが使用できる範囲（可視性）を適切に定義しておく必要があります。そのような可視性を定義をするためには、クラスやフィールド、メソッドの前に修飾子を指定します。この修飾子のことを「アクセス修飾子」と呼びます。

　たとえば、文字列を表示した回数を数えるクラスを次のように作成したとします。printメソッドが呼ばれたら、countフィールドの値をインクリメントします。

```java
public class PrintCounter {

    public int count = 0;     // print メソッドが呼ばれた回数を保持する

    public void print() {
        count++;
        System.out.println(" 呼ばれた回数 : " + count);
    }

}
```

　PrintCounterクラスのprintメソッドを呼び出すだけであれば、printメソッドが呼ばれた回数を正しく数えられます。しかし、countフィールドの値を外から直接書き換えられてしまった場合はどうなるでしょうか？　もちろん、値はずれてしまいます。

```java
PrintCounter printCounter = new PrintCounter();
printCounter.print();     // 1 が表示される
printCounter.print();     // 2 が表示される
printCounter.print();     // 3 が表示される
printCounter.count = 10;
printCounter.print();     // 11 が表示される
```

　このようなコードを書いてしまうと、「printメソッドが呼ばれた回数を数える」ということができなくなってしまいます。countフィールドの値をPrintCounterクラスとは別のクラスから書き換えないよう注意すれば防げますが、クラスが増えたりフィールドが増えたりすると、誤って上のようなコードを書いてしまうかもしれません。また、複数人でコードを書いていると、ほかの人が意図しないコードを書いてしまうかもしれません。

　このような意図しない使われ方を防ぐために、クラス、フィールド、メソッドにアクセス修飾子を指定することで、可視性を定義します。可視性の詳細は「10-3　オブジェクトのライフサイクルを把握する」で取り上げますが、ここでは基本的な部分を解説しておきます。

75

(1) クラスに指定できる修飾子

クラスには、次のアクセス修飾子を指定できます。

修飾子	説明
public	ほかのあらゆるクラスから参照可能
（指定なし）	同一パッケージ内のクラスから参照可能（パッケージプライベート）

●クラスに指定できるアクセス修飾子

パッケージの階層関係に親／子関係がある場合でも、パッケージプライベートにしたクラスは、ほかのパッケージに属するクラスからは参照できません。

```
package scope;

class PackagePrivate {
  public String say() {
    return "Hello!";
  }
}
```

```
package scope.sub; // scope パッケージのサブパッケージ

import scope.PackagePrivate; // アクセスできないためコンパイルエラー

public class CallParentPublicMethod {
  public void call(){
    PackagePrivate parent = new PackagePrivate();
    System.out.println(parent.say());
  }
}
```

(2) フィールド、メソッドに指定できる修飾子

クラスのフィールド、メソッドには、次のアクセス修飾子を指定できます。

修飾子	説明
public	ほかのあらゆるクラスから参照可能
protected	子クラスおよび同一パッケージ内のクラスから参照可能
（指定なし）	同一パッケージ内のクラスから参照可能（パッケージプライベート）
private	自クラス内部のみアクセス可能（子クラスから参照不可能）

●フィールド、メソッドに指定できるアクセス修飾子

先のソースコードを見るとわかるように、親パッケージのクラスがパッケージプライベートである場合、そのクラスが持つメソッドがpublicであっても、そもそも親クラスをimportできないため、呼び出すことはできません。

3-2-4　その他のよく利用する修飾子

　Javaにはアクセス修飾子以外にも、いくつかの修飾子があります。ここでは、その中でも利用する頻度が高いstatic修飾子とfinal修飾子を紹介します。

(1) static修飾子

　ここまでに、クラスからインスタンスを生成することで、フィールドやメソッドを利用する方法を紹介しました。しかしその方法以外にも、クラスで（すべてのインスタンスで）共通のフィールドを定義したり、インスタンスを生成しなくとも呼び出せるメソッドを定義することもできます。そのようなフィールドやメソッドを定義するために利用するのが、static修飾子です。このstatic修飾子をつけたフィールドやメソッドはクラスメンバと呼び、インスタンスを生成しなくても呼び出すことができます。クラスのフィールドやメソッドにstatic修飾子をつけることで、クラスメンバに指定できます。クラスメンバは、「クラス名.クラスメンバ」という形式で呼び出すことができます。

　具体的なソースコードで確認してみましょう。

● StaticTest.java

```java
public class StaticTest {
  static String staticField = "World"; // クラスフィールド

  static String staticMethod() { // クラスメソッド
    return "yay!";
  }

  String instanceField = "Hello"; // インスタンスフィールド

  String instanceMethod() { // インスタンスメソッド
    return instanceField + " " + staticField + " " + staticMethod();
  }
}
```

● StaticTestMain.java

```java
public class StaticTestMain {
  public static void main(String... args) {
    System.out.println(StaticTest.staticField); // World
    System.out.println(StaticTest.staticMethod()); // yay!

    StaticTest.staticField = "Japan";
    System.out.println(StaticTest.staticField); // Japan

    StaticTest test = new StaticTest();
    System.out.println(test.staticField); // Japan
    System.out.println(test.staticMethod()); // yay!
    System.out.println(test.instanceMethod()); // Hello Japan yay!

    test.staticField = "Murata";
```

```java
      System.out.println(test.instanceMethod()); // Hello Murata yay!

      test.instanceField = "Hi";
      System.out.println(test.instanceMethod()); // Hi Murata yay!

      StaticTest test2 = new StaticTest();

      test2.staticField = "Okada";
      System.out.println(StaticTest.staticField); // Okada
      System.out.println(test.staticField); // Okada
      System.out.println(test2.staticField); // Okada
      System.out.println(test2.instanceMethod()); // Hello Okada yay!

      test2.instanceField = "Yo";
      System.out.println(test2.instanceMethod()); // Yo Okada yay!
      System.out.println(test.instanceMethod()); // Hi Okada yay!
  }
}
```

static修飾子を付けない非staticなフィールドやメソッドは、インスタンスに関連づいています。

クラスメンバであるstaticFieldの値はクラスに関連づいているため、2つの異なるインスタンスであるtest、test2から参照した場合、同じ値が得られます。

クラスフィールドはすべてのインスタンスで共有しているため、インスタンスメソッドからクラスフィールドにアクセスすることは可能です。しかし、逆にクラスメソッドからインスタンスフィールドにアクセスするとコンパイルエラーになります。これは、クラスメソッドから見れば、どのインスタンスのフィールドにアクセスすればいいかが定まらないためです。

(2) final修飾子

final修飾子は、変数を変更不可にするための修飾子です。ローカル変数やフィールドなどの変数を、宣言時とコンストラクタ以外で変更しようとするとコンパイルエラーが発生するため、初期化時に指定した値のまま固定することができます。誤ってインスタンスメソッド内で変更できないようにしたい場合に、このfinal修飾子を指定するといいでしょう。

特にstatic修飾子とfinal修飾子の両方をつけたフィールドのことを、一般に「定数」あるいは「クラス定数」と呼びます。たとえば、ファイル名や固定のメッセージなど、通常は変更しない値を定義するために利用します。

定数の名前は、ひと目で定数とわかるよう、USER_NAMEのように大文字のスネークケースで記述する方式がよく用いられています。

● StaticTest.java

```java
public class StaticTest {
  static final String GREETING_MESSAGE = "Hello"; // クラスフィールドにfinal修飾子を
                                                   // 付けてクラス定数を宣言
```

```java
  static String staticField = "World"; // クラスフィールド

  static String staticMethod() { // クラスメソッド
    return "yay!";
  }

  String instanceFiled = GREETING_MESSAGE; // インスタンスフィールド

  String instanceMethod() { // インスタンスメソッド
    return instanceFiled + " " + staticField + " " + staticMethod();
  }
}
```

● StaticTestMain.java

```java
public class StaticTestMain {
  public static void main(String... args) {
    System.out.println(StaticTest.GREETING_MESSAGE); // Hello
    System.out.println(StaticTest.staticField); // World
    System.out.println(StaticTest.staticMethod()); // yay!

    // StaticTest.GREETING_MESSAGE = "Hello!"; コンパイルエラー

    StaticTest.staticField = "Japan";

    StaticTest test = new StaticTest();
    System.out.println(test.instanceMethod()); // Hello Japan yay!
  }
}
```

3-2-5　継承

　Javaには、クラスを定義する際に、あるクラスを元にして、そのクラスを拡張する形で新たなクラスを定義することができる「継承」というしくみがあります。クラスを継承すると、子クラスは親クラスの機能を利用できます。詳細は「Chapter 10　オブジェクト指向をたしなむ」で取り上げますが、ここではクラスの継承と関連する話題について基本的な事項を押さえておきましょう。

　クラスを継承するには、extendsキーワードを利用します。次のコードのように、SuperClassクラスを親クラス（スーパークラス）とし、SubClassクラスは親クラスをextendsした子クラス（サブクラス）として定義すると、SubClassクラス側でSuperClassクラスのメソッドであるsuperMethodメソッドを使用できるようになります。

```java
public class SuperClass {

  public SuperClass() {
    // 略
  }
```

```
  public void superMethod() {
    // 略
  }
}
```

```
public class SubClass extends SuperClass {

  public SubClass() {
    super(); // 親メソッドのコンストラクタの呼び出し

    // 略
  }

  // superMethod が継承される
}
```

```
SubClass subClass = new SubClass();
subClass.superMethod();  // SuperClass クラスのメソッドを使用できる
```

　なお、上のコードのSubClassコンストラクタの中にあるsuperは、親クラスを指すキーワードです。「super()」と書くことで、親クラスのコンストラクタを呼び出せます。ただし、デフォルトコンストラクタ（引数のないコンストラクタ）は自動で呼び出されるため、通常super()は省略します。

　また、「super.メソッド名」と書くことで、親クラスのメソッドを呼び出せます。オーバーライドしていない（親クラスにしか存在しない）メソッドを呼び出す際は、通常superを省略します。オーバーライドしているメソッドの親メソッドを呼び出したい場合に、superを付けます。

3-2-6　抽象クラス

　抽象クラスは、継承されることを前提としたクラスです。クラスにabstract修飾子を指定することで、抽象クラスを定義できます。抽象クラスは、共通的な機能を実装するなど、クラスのひな形としてよく利用されます。

　抽象クラスには、抽象メソッドという、実装を持たないメソッドを定義することができます。抽象クラスを継承したサブクラス側では、この抽象メソッドを必ず実装します。抽象メソッドは、抽象クラスのほかのメソッドから呼び出すことができるため、処理の一部を抽象メソッドにすることで、「抽象クラス側では処理全体を実装して、継承した子クラスでは処理の一部のみを実装する」という分担ができます。

　抽象メソッドは、引数と戻り値を指定し、abstract修飾子を指定することで定義できます。たとえば、ディレクトリ構造を表現するようなクラスを考えてみましょう。ディレクトリ構造を表現するには、大きくディレクトリとファイルの2種類のアイテムを表現する必要がありますが、この2つは「子のアイテムを持つか、持たないか」以外は大きな差はないため、共通クラスとして表現できます（次のAbstractItemクラス）。

```
public abstract class AbstractItem {  // abstract メソッドを持つクラスには
                                       // abstract の指定が必要

  protected String name;

  public AbstractItem(String name) {
    this.name = name;
  }

  public abstract void print(String parentPath);  // 抽象メソッド。子クラスで実装する
}
```

さらに、ディレクトリの中のファイルを表示するメソッドの実装を考えてみましょう。

まず、AbstractItemクラスにprintメソッドを用意することで、これらのクラスの利用側は、ファイルとディレクトリのどちらを扱っているのかを意識せずにすみます。ただ、実際の処理はファイルとディレクトリで異なります。ファイルは自分自身のファイル名を表示すればよく、ディレクトリはその配下にあるファイルやディレクトリを表示させることになります。そのため、サブクラスであるFileItemクラスとDirectoryItemクラスでそれぞれの実装をします。

AbstractItemクラス自身は具体的なものを表してはいないため、printメソッドは実装せず、abstractとします。

● FileItem クラス

```
public class FileItem extends AbstractItem {

  public FileItem(String name) {
    super(name);
  }

  @Override
  public void print(String parentPath) {  // 親クラスの abstract メソッドをオーバーライドする
    System.out.println(parentPath + File.separator + name);
  }
}
```

● DirectoryItem クラス

```
public class DirectoryItem extends AbstractItem {
  private List<AbstractItem> children;

  public DirectoryItem(String name, List<AbstractItem> children) {
    super(name);
    this.children = children;
  }

  @Override
  public void print(String parentPath) {  // 親クラスの abstract メソッドをオーバーライドする
    for (AbstractItem child : children) {
```

```
        child.print(parentPath + File.separator + name);
      }
    }
  }
```

　抽象メソッド（abstractメソッド）を1つでも持つクラスは、抽象クラスになるので、abstractの指定が必要になります。抽象クラスの性質については、「Chapter 10　オブジェクト指向をたしなむ」も参照してください。

3-2-7　インタフェース

　具体的な実装を切り離して、拡張性を高くするために、Javaにはオブジェクトの振る舞い（メソッド）のみを規定するインタフェースというものがあります。たとえば、「挨拶の文字列を返す」という処理を実行したい場合に、「挨拶の文字列を返す」というメソッドを持つインタフェースを定義し、呼び出す側ではこのインタフェースのメソッドを呼び出すようにしておきます。そうすると、呼び出し元のコードは変更せずに、「固定の挨拶を返す」だけでなく、「挨拶に名前をつけて返す」「挨拶を英語に変換して返す」という処理をするクラスを用意して、目的に応じてオブジェクトを差し替えることができます。

　インタフェースを宣言するには、interfaceキーワードを使います。

```
public interface Foo {
  String say();
}
```

　インタフェースの修飾子は、クラスと同じく、publicと指定なし（パッケージプライベート）があります。インタフェースはほかから使用されるのが前提なこともあり、筆者はpublicにしています。

　インタフェースに定義するメソッドはメソッド宣言のみで、実際の処理は定義できません[6]。インタフェースのメソッドにはpublic abstractのメソッドしか定義できませんが、public修飾子、abstract修飾子ともに省略して記述することができます。

　インタフェースは、implementsキーワードを利用してクラスを宣言し、クラスに実際のメソッドの処理を定義します。

　次の例では、上記のFooインタフェースを実装したDefaultFooクラスを宣言し、Fooインタフェースで宣言されたsayメソッドの処理を実装しています。

```
public class DefaultFoo implements Foo {

  private String message;

  public DefaultFoo(String message) {
    this.message = message;
```

※6　Java 8より、処理内容を定義するdefaultメソッドが追加されました。

```
  }

  @Override
  public String say() {
    return message;
  }
}
```

```
Foo foo = new DefaultFoo("Hello Foo!");

System.out.println(foo.say()); // Hello Foo!
```

　インタフェースにはメソッドだけでなく、定数（public static finalなフィールド）を定義することもできます。次の例では、TASK_TYPE_PRIVATEとTASK_TYPE_WORKという2つの定数を定義しています。

```
public interface TaskHandler {

  public static final int TASK_TYPE_PRIVATE = 0;
  public static final int TASK_TYPE_WORK = 1;

  boolean handle(Task task);
}
```

　定数のpublic static finalも省略可能なため、シンプルに次のように定義できます。

```
public interface TaskHandler {

  int TASK_TYPE_PRIVATE = 0;
  int TASK_TYPE_WORK = 1;

  boolean handle(Task task);
}
```

▎3-2-8　匿名クラス

　匿名クラスとは、その名のとおり、名前がないクラスのことです。名前がないため、クラスの定義とインスタンス化を1つの記述でおこなうことになるのが特徴です。おもに、インタフェースを実装した処理や抽象クラスを継承した処理を局所的に使いたい場合に、匿名クラスを使います。
　匿名クラスは、親クラスをnewする記述に続けて、メソッドやフィールドの定義を記述して使います。次のソースコードは、TaskHandlerを実装する匿名クラスとして定義する例です。

```
public interface TaskHandler {
  boolean handle(Task task);
```

```
}

public class AnonymousClassSample {

  public static void main(String... args) {
    // TaskHandler インタフェースを実装する匿名クラスを定義し、インスタンス化する
    TaskHandler taskHandler = new TaskHandler() {
      public boolean handle(Task task) {
        // task に関する処理
      }
    };
    Task myTask = new Task();
    taskHandler.handle(myTask);
  }

}
```

　上の例で利用したTaskHandlerの実装クラスは、匿名クラスを使わずに、通常の（名前のある）クラスを定義してインスタンスを生成しても同じことができます。ただ、クラスを特定の1か所でのみ使う場合には、名前のあるクラスを定義するよりも、匿名クラスを使ったほうが、かんたんに記述できるというメリットがあります。

　なお、Java 8で導入されたラムダ式は、この匿名クラスと密接な関連があります。ラムダ式については、「Chapter 5　ストリーム処理を使いこなす」を参照してください。

Note　nested class

　クラスの中にはさらにクラスを定義することができ、それらをnested classと呼びます。nested classには、次のようなものがあります。

- ・フィールドとして定義するstaticメンバークラスと非staticメンバークラス
- ・メソッド内に定義する匿名クラスとローカルクラス

　nested classは、一時的に使いたいクラスの定義などで便利に利用できるクラスです。ただし、応用的な使い方となるため、本書では詳細な説明を割愛します。よりくわしく学びたい方には、『Effective Java 第2版』を読むことをおすすめします。

3-3 型判定とオブジェクトの等価性

3-3-1 instanceof演算子

　Javaでは変数の型が明確になっていますが、変数の型と完全に一致するクラスだけでなく、その型を継承したサブクラスでも変数に代入することができます。たとえば、変数をObjectで定義していた場合、その変数にはStringでもIntegerでも代入することができます。

　変数に代入されたオブジェクトの型が、実際に何であるかを判定する方法として、insanceof演算子を利用することができます。instanceof演算子は、左辺のオブジェクトが右辺で指定したクラス（または継承したクラス）であるかどうかを判定します。

```java
public interface BaseService {

  public String say();

}
```

```java
public abstract class AbstractBaseService implements BaseService {

  protected String name;

  public AbstractBaseService(String name) {
    this.name = name;
  }

}
```

```java
public class FooService extends AbstractBaseService {

  public FooService(String name) {
    super(name);
  }

  @Override
  public String say() {
    return "Hello!";
  }

}
```

85

instanceof演算子がどのように型を判定するか確認してみましょう。BaseServiceインタフェース、BaseServiceを実装する抽象クラスであるAbstractBaseServiceクラス、AbstractBaseServiceのサブクラスであるFooServiceでためしてみると、次のようになります。

```
Object obj = new FooService("hello");

System.out.println(obj instanceof FooService); // true
System.out.println(obj instanceof AbstractBaseService); // 親クラスなので true
System.out.println(obj instanceof BaseService); // インタフェースを実装しているので true
System.out.println(obj instanceof Integer); // 継承関係がないので false

if (obj instanceof FooService) {
  FooService service = (FooService) obj; // obj は FooService であるため、キャストが可能
  System.out.println(service.say()); // Hello!
}
```

instanceof演算子によってオブジェクトの型を判定し、キャストすることで目的のクラスのメソッドを呼ぶことができますが、オブジェクト指向の観点ではあまり使うべきではありません。この点についての詳細は、「10-4　インタフェースと抽象クラスを活かして設計する」を参照してください。

3-3-2　オブジェクトの等価性

型判定の次は、オブジェクトが等しいかどうかを判定する方法を紹介します。2つのオブジェクトが等しい（等価である）とはどういうことかを考えた場合に、「オブジェクトが同じである」と「オブジェクトの値が等しい」という2つの段階があります。

まず、オブジェクトが同じであるかどうかを判定するには、==演算子で比較します。これは、たとえオブジェクトの値が同じであっても、オブジェクトが異なっていれば、別のものだと判定します。たとえば、値が12345のIntegerが2つあり、それぞれ異なるオブジェクトである場合には、同じオブジェクトではないため、==演算子はfalseを返します。

一方、オブジェクトの値が同じかどうかを判定したい場合には、オブジェクトのequalsメソッドを利用します。equalsメソッドは比較元のオブジェクトと、引数で渡される比較先のオブジェクトの値が同じ値であるかどうかを判定するメソッドです。たとえば、先ほどの値が12345である2つのIntegerオブジェクトval1とval2がある場合に、val1.equals(val2)はtrueを返します。

自分でクラスを作成した場合には、オブジェクトが等価かどうかを適切に判定をするためにequalsメソッドをオーバーライドして実装する必要があります。equalsメソッドでは、たいていの場合、フィールドの値を1つずつ比較して、値が等しいかどうかを判定します。

```
@Override
public boolean equals(Object obj) {
    // このオブジェクトと引数で渡された obj の内容が等しければ true を返し、
```

```
        // 異なれば false を返す
    }
```

hashCode メソッド

　equalsメソッドを実装した場合に、もう1つ実装しなくてはならないメソッドが、hashCodeメソッド
です。hashCodeメソッドは、自身のオブジェクトの内容を表す数値（ハッシュ値）を返すメソッドです。
ハッシュ値は、オブジェクトの値を一定のルールに従って数値化したものであり、同じ値を持つオブジェ
クトは同じハッシュ値となります。逆に、ハッシュ値が異なる場合は異なるオブジェクトとなります。しか
し、同じハッシュ値だからといって、同じ値を持つオブジェクトであるとは限りません。まとめると、
hashCodeメソッドによるハッシュ値には、次の性質があります。

- **同じオブジェクトのハッシュ値は、必ず同一となる**
- **ハッシュ値が異なる場合には、異なるオブジェクトである**
- **異なるオブジェクトでもハッシュ値が同じになることがある**

```
@Override
public int hashCode() {
    // このオブジェクトの内容を表す数値を返す
}
```

　なぜ、hashCodeメソッドによるハッシュ値が必要になるのでしょうか。「オブジェクトが等価かどうか
はequalsメソッドで判定できる」と上で説明しましたが、equalsメソッドは値を1つずつ検証するため、
計算に時間がかかります。それに比べて、ハッシュ値であれば、一定の計算と、計算結果（int）の比
較のみで済むために、より高速にオブジェクトが等価である、または等価でないことを判定できます。そ
のため、後述するjava.util.HashMapやjava.util.HashSetなどでは、

- **最初にハッシュ値でオブジェクトを比較する**
- **ハッシュ値が等しい場合に限り、equalsメソッドで厳密な判定をおこなう**

という流れでオブジェクトを比較します。
　2つのオブジェクトが等価だと判定するためには、次の2つの条件を満たさなければなりません。この
ルールを守らなかった場合、バグを生む可能性があります。

- **オブジェクトのhashCodeメソッドの値が同一である**
- **equalsメソッドで等価だと判定される**

たとえば、employeeNoとemployeeNameの2つのフィールドを持つEmployeeクラスを作ること
を考えてみます。このクラスのequalsメソッドとしてemployeeNoとemployeeNameの値が等しけれ
ばtrueを返す処理を実装しますが、hashCodeメソッドを実装していないとします。

```java
public class Employee {
    private int employeeNo;
    private String employeeName;

    public Employee(int employeeNo, String employeeName) {
        this.employeeNo = employeeNo;
        this.employeeName = employeeName;
    }

    // setter／getter は省略

    @Override
    public boolean equals(Object obj) {
        if (this == obj) {
            return true;
        }
        if (obj == null) {
            return false;
        }
        if (getClass() != obj.getClass()) {
            return false;
        }
        Employee other = (Employee)obj;
        if (this.employeeNo != other.employeeNo) {
            return false;
        }
        if (employeeName == null) {
            if (other.employeeName != null) {
                return false;
            }
        } else if (!employeeName.equals(other.employeeName)) {
            return false;
        }
        return true;
    }
}
```

このEmployeeオブジェクトをHashSetに入れて、employeeNoとemployeeNameが重複しない
Employeeオブジェクトを管理するとします。HashSetとは、値の集合を扱うクラスで、同じ値を1つ
のみ持つことができるものです（Setの詳細は、「Chapter 4 配列とコレクションを極める」を参照）。

この時、employeeNoとemployeeNameが同じである2つのEmployeeオブジェクトが存在し、
HashSetに順番に入れるとどうなるでしょうか?

HashSetでは、まずオブジェクトが同一かどうかを判定するために、hashCodeメソッドの戻り値を

使います。今回の2つのEmployeeオブジェクトではhashCodeメソッドが実装されていないため、Objectクラスにデフォルトで実装されているhashCodeメソッドの戻り値が使われます。

　ObjectクラスのhashCodeメソッドの戻り値は、オブジェクトが異なれば、異なる値を返します。そのため、HashSet側からは、追加しようとした2つのEmployeeオブジェクトは異なるオブジェクトと認識され、両方ともHashSetに追加されます。これでは、employeeNoとemployeeNameの等しいEmployeeオブジェクトがHashSetの中に複数存在してしまうことになり、意図に反します。

　次のコードでは、employeeNoが1でemployeeNameが"山田　太郎"のオブジェクトを2つ、HashSet型の変数employeesに入れています。HashSetの特徴から、employeesに入っている要素の数は1つになるのが妥当ですが、実行結果は2になります。

```
Employee employee1 = new Employee(1, " 山田 太郎 ");
Employee employee2 = new Employee(1, " 山田 太郎 ");
Set<Employee> employees = new HashSet<>();
employees.add(employee1);
employees.add(employee2);
System.out.println(employees.size());   // employees に入っているオブジェクトの数を表示する
```

2

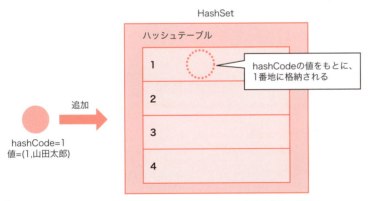

●employee1（employeeNo=1、employeeName=山田太郎）の追加

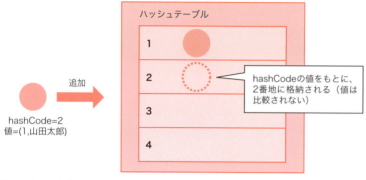

●employee2（employeeNo=1、employeeName=山田太郎）の追加

　この問題を解決するために、hashCodeメソッドを実装し、オブジェクトが同じ場合はhashCodeメソッドも同じ値を返すように修正します。こうすると、追加された2つのオブジェクトのhashCode値が同じであるため、HashSet側は同じオブジェクトだと認識できて、片方のオブジェクトのみを保持するようにできます。

```
public class Employee {
    private int employeeNo;
    private String employeeName;

    // setter／getter／equals は省略

    @Override
    public int hashCode() {      // hashCode メソッドの実装方法については、後で説明します
        final int prime = 31;
        int result = 1;
        result = prime * result + employeeNo;
        result = prime * result + ((employeeName == null) ? 0 : employeeName.hashCode());
        return result;
    }
}
```

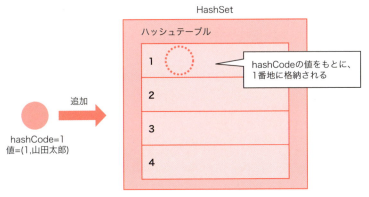

●employee1 (employeeNo=1、employeeName=山田太郎) の追加 (hashCodeメソッド実装後)

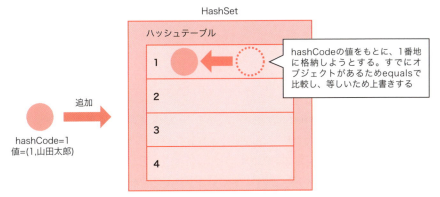

●employee2 (employeeNo=1、employeeName=山田太郎) の追加 (hashCodeメソッド実装後)

equalsメソッド、hashCodeメソッドを実装する

例として、(x, y) 点の座標を表すPointクラスを作成してみましょう。

```java
public class Point {
  private final int x;
  private final int y;

  public Point(int x, int y) {
    this.x = x;
    this.y = y;
  }

  public int getX() {
    return x;
  }

  public int getY() {
    return y;
```

```
    }
}
```

```
Point point1 = new Point(3, 2);
Point point2 = new Point(3, 2);

System.out.println(point1); // Point@78308db1
System.out.println(point2); // Point@27c170f0

System.out.println(point1.hashCode()); // 2016447921（0x78308db1 の 10 進数表現）
System.out.println(point2.hashCode()); // 666988784（0x27c170f0 の 10 進数表現）

System.out.println(point1.equals(point2)); // false
```

```
Point@78308db1
Point@27c170f0
2016447921
666988784
false
```

　Pointクラスのオブジェクトであるpoint1とpoint2は、どちらも座標（3，2）を表すオブジェクトですが、PointクラスにてhashCodeメソッド、equalsメソッドをオーバーライドせず、Objectクラスのデフォルト実装だと、同じオブジェクトとして判定されません。

　そこで、point1、point2、2つのオブジェクトが等しいオブジェクトだと正しく判定されるようにhashCodeメソッドとequlasメソッドを実装してみましょう。難しいことは考える必要がなく、EclipseなどのIDEを利用することで、自動で生成できます。

```
@Override
public int hashCode() {
  final int prime = 31;
  int result = 1;
  result = prime * result + x;
  result = prime * result + y;
  return result;
}

@Override
public boolean equals(Object obj) {
  if (this == obj)
    return true;
  if (obj == null)
    return false;
  if (getClass() != obj.getClass())
    return false;
  Point other = (Point) obj;
```

```java
    if (x != other.x)
      return false;
    if (y != other.y)
      return false;
    return true;
  }
```

```java
Point point1 = new Point(3, 2);
Point point2 = new Point(3, 2);

System.out.println(point1); // Point@420
System.out.println(point2); // Point@420

System.out.println(point1.hashCode()); // 1056（0x420 の 10 進数表現）
System.out.println(point2.hashCode()); // 1056（0x420 の 10 進数表現）

System.out.println(point1.equals(point2)); // true
```

```
Point@420
Point@420
1056
1056
true
```

　point1、point2 が同じオブジェクトとして判定されるようになりました。クラスのフィールドを追加、変更した際には、IDE の機能を利用して、hashCode メソッドと equals メソッドを自動生成するようにしましょう。

Objects.hash メソッド

　Java 7 からは、Objects.hash メソッドを使うことで、かんたんに hashCode を生成できます。自分で hashCode メソッドをオーバーライドする必要がある場合には、利用すると便利です。

```java
@Override
public int hashCode() {
  return Objects.hash(this.x, this.y);
}
```

toString メソッド

　オブジェクトの等価性から話はそれますが、自分でクラスを定義した際に、Object クラスの toString メソッドもオーバーライドしておくといいでしょう。toString メソッドをオーバーライドしない場合、先ほどの Point クラスでの例で見たとおり、Object クラスの toString メソッドが呼び出されて hashCode の値が文字列として返ります。

```
    Point point1 = new Point(3, 2);
    System.out.println(point1); // Point@78308db1
```

　これでは、デバッグ時にtoStringメソッドを呼んで内容を出力させても、どのようなオブジェクトなのかわかりません。

　そこで、toStringメソッドをオーバーライドし、オブジェクトの値がわかるようにします。IDEにはクラスのフィールドをもとにしてtoStringメソッドを自動生成する機能があるので、それを使えばかんたんです。

```
@Override
public String toString() {
  return "Point [x=" + x + ", y=" + y + "]";
}
```

```
    Point point1 = new Point(3, 2);
    System.out.println(point1); // Point [x=3, y=2]
```

　Eclipseにおけるto Stringの自動生成では、上記の+によって文字列を結合する方法以外にも、次のような実装方法を選択できます。

・StringBuilderを使う方法
・StringBuilderをメソッドチェイン形式で利用する方法

　メソッドチェイン形式とは、メソッドを呼び出した後ろに、同じインスタンスのメソッド呼び出しを連続して記述する形式のことです。メソッドが自分自身のオブジェクトを返すように作られていれば、メソッドチェイン形式で記述することができます。StringBuilderクラスのappendメソッドの戻り値はStringBuilderオブジェクトとなっており、メソッドチェイン形式でappendメソッドを呼び出すことができます。

● StringBuliderを使う方法

```
@Override
public String toString() {
  StringBuilder builder = new StringBuilder();
  builder.append("Point [x=");
  builder.append(x);
  builder.append(", y=");
  builder.append(y);
  builder.append("]");
  return builder.toString();
}
```

● StringBuliderをメソッドチェイン形式で利用する方法

```java
@Override
public String toString() {
  StringBuilder builder = new StringBuilder();
  builder.append("Point [x=").append(x).append(", y=").append(y).append("]");
  return builder.toString();
}
```

　また、Javaの標準ではありませんが、Apache CommonsのCommons Langライブラリを使用すると、次のようにシンプルに記述できます。

```java
@Override
public String toString() {
  return ToStringBuilder.reflectionToString(this);
}
```

　ライブラリについては、「Chapter 14　ライブラリで効率を上げる」を参照してください。

3-4 型にまつわる問題を予防する

3-4-1 列挙型 (enum)

「3-2 クラスの作成」で、public static finalによる定数が登場しましたが、public static finalによる定数には「型安全ではない」という問題があります。型安全とは、変数に型を割りつけることで、不正な動作を防ぐことです。

たとえば、String型の定数として、次の3つを定義したとします。

```
public static final String COLOR_BLUE = "blue";
public static final String COLOR_YELLOW = "yellow";
public static final String COLOR_RED = "red";
```

そして、この定数を利用することを想定したprocessColorメソッドを定義し、引数にcolorを定義したとします。

```
public void processColor(String color) {
    // 引数を利用した処理
}
```

ここでprocessColorメソッドにはCOLOR_BLUE、COLOR_YELLOW、COLOR_REDのいずれかが渡される想定ですが、もし開発者がその想定を十分に把握していなかったり、コーディングミスをしてしまい、colorの値として"green"を渡してしまうかもしれません。そうすれば、想定とは異なる動作となってしまうでしょう。これが、型安全ではない状態です。

また、Javaではコンパイルの際に、定数を利用しているクラス（利用クラスと呼びます）の定数に、定数を定義しているクラス（定数クラスと呼びます）の定数の値そのものが展開されます。そのため、定数クラス側で定数の値を変更してコンパイルしても、利用クラス側の定数の値は書き換わりません。定数クラス側をコンパイルした場合には、利用クラスも一緒にコンパイルする必要があります。

たとえば、次のようなクラスを定義したとします。

● 定数クラス側の定義

```
public static final String SELECTED_COLOR = "blue";
```

● 利用クラス側の定義

```
public String color = SELECTED_COLOR;
```

このクラスをコンパイルすると、利用クラス側では次のソースコードと同じ状態になります。

```
public String color = "blue";
```

そして、この状態で定義クラス側の定義をSELECTED_COLORを"red"と変更してコンパイルしても、利用クラス側は"blue"のままとなってしまうのです。利用クラス側も同時にコンパイルすれば、値は"red"に変わります。

このような問題を解決するために、Java 5.0から導入されたのがenum型（列挙型）です。enum型とは、いくつかの定数の集まりを定義する型で、クラスの特殊な形式です。

enumの宣言は、非常にかんたんなんです。

```
public enum TaskType {
  PRIVATE, WORK
};
```

enumの定数は、これまでの定数と同様、大文字で定義します。

上記のenum型のTaskType enumを使って、タスクを表現するTaskクラスを作ってみましょう。

```
public class Task {

  private String id;

  private TaskType type; // enum型のTaskType として宣言する

  private String body;

  public Task(TaskType type, String body) {
    this.id = UUID.randomUUID().toString();
    this.type = type;
    this.body = body;
  }

  public String getId() {
    return id;
  }

  public TaskType getType() {
    return type;
  }

  public void setType(TaskType type) {
    this.type = type;
```

97

```
  }

  public String getBody() {
    return body;
  }

  public void setBody(String body) {
    this.body = body;
  }
}
```

　Taskクラスを利用する側のコードは、次のようになります。このように、enum型はswitch文にも利用できます。

```
Task task = new Task(TaskType.PRIVATE, "buy milk");
TaskType type = task.getType();

System.out.println(TaskType.PRIVATE.equals(type)); // true

switch (type) {
  case PRIVATE: // TaskType. がつかないことに注意
                // TaskType. をつけるとコンパイルエラーになる
    System.out.println("Task[type = " + type + "]"); // 文字列として出力可能
    break;
  case WORK:
    System.out.println("Task[type = " + type + "]");
    break;
}
```

　enum型はクラスの一種であるため、別のenumの値は代入できず、型安全が保証されます。この例でいえば、TaskType側のフィールドには、TaskType enumで宣言された値以外のものを設定できません。

　また、値を文字列として出力する場合、int型の定数ならばint値がそのまま文字列として出力されますが、enum型ならば名称（定数名）が出力され、その意味がすぐにわかります。また、enumの値は定数値と違って利用する側のクラスには値が展開されないため、TaskType enumを変更する場合でも、利用する側のクラスをコンパイルしなおす必要はありません。

　enum型は、実際にはjava.lang.Enumクラスを継承したクラスなので、フィールドやメソッドを定義することができます。そのため、定数の名前だけでなく、任意の値を関連付けて保持することができます。関連付ける値はコンストラクタに引数で渡す形になりますが、enum型ではコンストラクタをprivateにする必要があります。

　例として、HTTPのステータスコードを表現するHttpStatusを作ってみましょう。HTTPのステータスコードは、次のように3桁の数値で表されます。

- ・OK（成功）　　　　　　　　　　　　　　　　　　→　200
- ・NOT FOUND（ページが見つからない）　　　　　　→　404
- ・INTERNAL SERVER ERROR（サーバ内部でエラー発生）　→　500

次のようなコードにすれば、名称と3桁の数値を関連付けて持つことができます。

```java
public enum HttpStatus {
  OK(200), NOT_FOUND(404), INTERNAL_SERVER_ERROR(500);

  private final int value;

  private HttpStatus(int value) { // enum のコンストラクタは private
    this.value = value;
  }

  public int getValue() {
    return value;
  }
}
```

```java
HttpStatus hs = HttpStatus.OK;
System.out.println("HttpStatus = " + hs + "[" + hs.getValue() + "]"); // HttpStatus
                                                                      // = OK[200]
```

3-4-2　ジェネリクス（総称型）

　複数のオブジェクトを格納できるクラスとして、ArrayListクラスがあります。ArrayListにオブジェクトを追加して取り出す処理を考えてみましょう。

　ArrayListクラスはListインタフェースを実装しており、addメソッドでオブジェクトを追加、getメソッドでオブジェクトを取得します。getメソッドの引数には、取得するオブジェクトのインデックス（0は先頭を表す）を指定します。

```java
List list = new ArrayList();

list.add("Java");

String element = (String)list.get(0); // キャストが必要

System.out.println(element); // Java
```

　addメソッドによりObjectクラスのオブジェクトを登録できますが、getメソッドで取得する際には利用する型にキャストする必要があります。

　また、ArrayListにStringのオブジェクトしか追加しないつもりであっても、実際にはほかの型のオブジェクトを追加できてしまいます。そのため、オブジェクトを取得する際にStringだと思ってキャストし

99

たら、じつはStringではなく、予期しない動作になってしまう危険性があります[※7]。

　このような問題を解決するために、Java 5.0からジェネリクス（総称型）が導入されました。ジェネリクスとは、特定の型にひもづけられる抽象的な型のことであり、汎用的な処理を記述する際によく使用します。

　たとえば、上記のコードは、ジェネリクスを使うと次のようになります。

```
List<String> list = new ArrayList<String>(); // Java 5.0、Java 6 での書き方
// List<String> list = new ArrayList<>(); Java 7 以降ならダイヤモンドオペレータが使用可能

list.add("Java");
// list.add(true); ジェネリクスにより要素の型が String で固定されるため、コンパイルエラー

String element = list.get(0); // キャストが不要

System.out.println(element); // Java
```

　ジェネリクスにより、要素に対する型をStringクラスで固定するため、このArrayListにはStringクラスのオブジェクトしか追加できません。さらに、要素を取得する際にはキャストが不要になります。

　Java 7からはさらにダイヤモンドオペレータが使用可能となり、より簡略化した書き方ができます。

ジェネリクスを使ったクラスの作成

　それでは次は、ジェネリクスを使ったクラスを作成してみましょう。作成するクラスの例として、スタックというデータ構造を実現するクラスを作成します。スタックとは、次のようなデータ構造になります。pushでデータを末尾に追加し、popで末尾からデータを取得します。

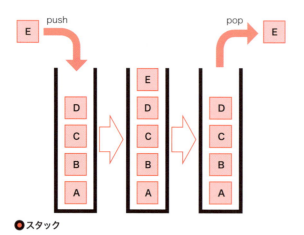

●スタック

　まずは、要素をStringクラスとするスタックを作成します。pushメソッドで末尾に要素を追加し、

※7　ClassCastExceptionが発生してしまいます。

popメソッドで末尾から要素を取り出します。

```java
public class StringStack {
  private List<String> taskList;

  public StringStack() {
    taskList = new ArrayList<>();
  }

  public boolean push(String task) {
    return taskList.add(task);
  }

  public String pop() {
    if (taskList.isEmpty()) {
      return null;  // 要素が1つも登録されていない場合は null を返す
    }

    return taskList.remove(taskList.size() - 1);
  }
}
```

●**StringStackを利用する例**

```java
StringStack strStack = new StringStack();

String strElement = strStack.pop();

// strElement.equals("Java"); NullPointerException!!!

strStack.push("Scala");
strStack.push("Groovy");
strStack.push("Java");

strElement = strStack.pop();

if (strElement != null) {
  System.out.println(strElement); // Java
}
```

　要素が1つも登録されていない場合はnullを返すため、利用時にはnullチェックが必要になります。

　それではジェネリクスを利用して、任意の型を追加可能なスタックであるGenericStackクラスを作成してみましょう。先ほどのStringStackクラスでは、taskListフィールドの要素の型やpushメソッドの引数、popメソッドの戻り値の型がStringでしたが、任意の型にするために、これらを仮の型であるEという文字で表現することにします（文字はEでなくてもかまいません）。この仮の型であるEを、仮型パラメータと呼びます。

　ジェネリクスを定義するには、仮型パラメータEを用いて、GenericStack<E>のように、パラメータ化された型として定義します。

101

```java
public class GenericStack<E> {

  private List<E> taskList;

  public GenericStack() {
    taskList = new ArrayList<>();
  }

  public boolean push(E task) {
    return taskList.add(task);
  }

  public E pop() {
    if (taskList.isEmpty()) {
      return null;
    }

    return taskList.remove(taskList.size() - 1);
  }
}
```

● **GenericStackを利用する例**

```java
GenericStack<String> genStack = new GenericStack<>();

// genStack.push(true); 型が String ではないのでコンパイルエラー
genStack.push("Scala");
genStack.push("Groovy");
genStack.push("Java");

String genElement = genStack.pop(); // キャストが不要

if (genElement != null) {
  System.out.println(genElement); // Java
}

GenericStack<Integer> genStack2 = new GenericStack<>();

genStack2.push(100);
genStack2.push(200);

Integer genElement2 = genStack2.pop(); // キャストが不要

if (genElement2 != null) {
  System.out.println(genElement2); // 200
}
```

　ジェネリクスは、クラスに対してではなく、メソッドのみに定義することもできます。その場合、メソッドの戻り値の前に、仮型パラメータを指定します。

```java
public class GenericStackUtil {

  public static <T> GenericStack<T> as(List<T> list) {
    GenericStack<T> stack = new GenericStack<>();
    list.forEach(stack::push);     // この書き方の詳細は「5-1-3　メソッド参照」を参照
    return stack;
  }
}
```

● **GenericStackUtilを利用する例**

```java
List<String> strList = new ArrayList<>();
strList.add("Java");
strList.add("Groovy");
GenericStack<String> gstack = GenericStackUtil.as(strList);
```

　仮型パラメータに制限を加えることで、指定可能な型を絞り込むことができます。たとえば、extends は、型パラメータEが指定するクラス（Number）の子クラスであるという制限を作ります。これにより、仮型パラメータで宣言された変数に対して、extendsで絞り込んだクラスのメソッドを呼ぶことができます。

　次の例は、pushメソッドの実行時に、追加された値の整数値を画面に表示するコードです。仮型パラメータEは、Numberクラスまたはそのサブクラスであることが制限されているため、仮型パラメータEで宣言されたtask変数に対して、NumberクラスのメソッドであるintValueメソッドを呼ぶことができます。

```java
public class NumberStack<E extends Number> {    // E は Number クラスまたはそのサブクラス
                                                // であることを制限
  private List<E> taskList;

  public NumberStack() {
    taskList = new ArrayList<>();
  }

  public boolean push(E task) {
    System.out.println("Added " + task.intValue() + " (integer)");
    return taskList.add(task);
  }

  public E pop() {
    if (taskList.isEmpty()) {
      return null;
    }

    return taskList.remove(taskList.size() - 1);
  }
}
```

103

●NumberStackを利用する例

```
NumberStack<Integer> intStack = new NumberStack<>(); // Integer クラスは Number クラス
                                                     //   の子クラス
NumberStack<Long> longStack = new NumberStack<>(); // Long クラスは Number クラスの子クラス
// NumberStack<String> numberStack = new NumberStack<>();
// String は Number クラスの子クラスではないためコンパイルエラー

intStack.push(100); // Added 100 (integer)
intStack.push(200); // Added 200 (integer)

Integer numElement = intStack.pop();

if (numElement != null) {
  System.out.println(numElement); // 200
}
```

　extends以外にも、自クラスまたは親クラスに制限するsuper、不定を表す？などが使えます。

　ジェネリクスは、Javaの中でも奥が深い機能です。『Effective Java 第2版』では、自分でジェネリクスを用いたクラスを作成するヒントなどが掲載されているため、そちらも参考にしてください。

Chapter 4

配列とコレクションを極める

4-1	配列で複数のデータを扱う	107
4-2	コレクションフレームワークで複数のデータを扱う	121
4-3	配列に近い方法で複数の要素を扱う　～Listインタフェース	123
4-4	キーと値の組み合わせで値を扱う　～Mapインタフェース	134
4-5	値の集合を扱う　～Setインタフェース	140
4-6	その他のインタフェース	146

データを保持するしくみとして、Javaには「変数」があることは「Chapter 2　基本的な書き方を身につける」で説明しました。扱う変数が少ない場合は大きな問題が出てきませんが、たくさんある場合、個別に変数を扱うのは効率的ではありません。

そのような複数のデータをまとめて扱うためのしくみとして、Javaには「配列」と「コレクション」があります。Javaの配列やコレクションを知っていたり、使った経験があったりしても、「性能の良いコレクションを選ぶことができるか」「効率的な記述ができるか」となると、話は別です。本章では、ついつい知ったかぶりしてしまうJavaの配列とコレクションについて、基本的な書き方から、コレクションごとの性能の違い、そして意外と見落としがちな効率的な記述方法などを紹介します。

4-1 配列で複数のデータを扱う

4-1-1 配列の基本を理解する

　同じ型の値を複数扱うことができる機能が配列です。インデックスと呼ばれる、[ ]に括られた0から始まる整数を使って、配列の長さや順番を表すことができます。Javaでは後述するコレクションの機能が充実しているため、配列よりもコレクションを利用することのほうが多いかもしれませんが、基本として押さえておいてください。

　まずは、配列を利用したシンプルなコードを見てみましょう。

```java
int[] array = new int[10]; // ①配列の宣言
array[0] = 1; // ②配列への値の代入
array[1] = 1;
array[2] = 2;
array[3] = 3;
array[4] = 5;
System.out.println(array[0]); // ③配列から値の取り出し
System.out.println(array[4]);
```

```
1
5
```

　それぞれの処理をくわしく見てみましょう。

　①は、長さが10個の配列を宣言しています。左辺でint[]と記述することで、arrayという変数を、intの配列として宣言しています。そして右辺では、new int[10]と記述することで、10個の長さを持つintの配列を生成しています。

　②は、配列の要素への代入です。①で宣言した配列にインデックスをつけて、配列の何番目の要素に値を代入するかを指定します。インデックスは0から始まるため、array[0]は最初の要素を表しています。つまりこの行は、arrayという配列の最初の要素に、数字の「1」を代入していることになります。

　③は、配列から値を取り出して、標準出力に出力しています。値を取り出す際にも、②と同様にインデックスを利用して、配列の何番目の要素から値を取り出すかを指定します。

　さて、ここで利用した例では、ただ値を代入しているだけであるため、配列でない変数を使った場合の記述と変わりがありません。配列が便利になるのは、for文などのループで処理をする時です。

　たとえば、フィボナッチ数列を10番目まで計算をするようなソースコードを考えてみましょう。フィボ

ナッチ数列とは、以下のように、最初の数を0、次の数を1として、それ以降の数を前2つの数を足したもの、として計算できる数列です（詳細はNoteを参照）。

$F0 = 0$
$F1 = 1$
$Fn = Fn-2 + Fn-1 (n \geqq 2)$

　まずは配列を使わず、変数だけでフィボナッチ数列を計算します。

```java
int fib0 = 0;
int fib1 = 1;
int fib2 = fib0 + fib1;
int fib3 = fib1 + fib2;
int fib4 = fib2 + fib3;
...
int fib10 = fib8 + fib9;

System.out.println(fib1);
System.out.println(fib2);
System.out.println(fib3);
...
System.out.println(fib10);
```

　続けて、配列を使った場合のソースコードを見てみましょう。

```java
int[] array = new int[11];
for (int i = 0; i < 11; i++) {
    if (i == 0) {
        array[i] = 0;
    } else if (i == 1) {
        array[i] = 1;
    } else {
        array[i] = array[i - 1] + array[i - 2];
    }
}

for (int value : array) {
    System.out.println(value);
}
```

```
0
1
1
2
3
```

```
5
8
13
21
34
55
```

　もし配列がなければ、値の数だけ変数を宣言する必要があり、同じ処理を何度もソースコードに記述しなければなりません。2〜3個ぐらいであれば変数のままでもいいかもしれませんが、数が増えるに従って、変数のまま処理することは難しくなります。ここで配列を使うことで、宣言する変数は1つだけですむようになり、for文を使ったループ処理を使って計算できるようになりました。

　配列は、このように複数の値を保持したり、同じ処理を繰り返して計算をする際などに役立ちます。

Note　フィボナッチ数列とは

　フィボナッチ数列とは、最初の数を0、次の数を1として、それ以降の数を前2つの数を足したもの、として計算できる数列です。変数やループ処理を表すプログラミングの例として都合がいいため、よく利用されています。また、フィボナッチ数列は、隣同士の数の比率が黄金比に収束することや、自然界にフィボナッチ数列で表現できるものが多いことから、数学の世界でよく愛されています。

4-1-2　配列を初期化する

　配列を作成するためには、はじめに配列を初期化する必要があります。配列は要素数が固定されたデータ構造であるため、初期化をする際には大きさを指定する必要があります。

　配列の初期化には、大きく分けて3つの書式があります。次のソースコードは、3つの方法で配列の初期化をおこない、その長さをlengthで取得するものです。

```java
int[] array1 = new int[10]; // ①大きさだけを指定

int[] array2 = { 1, 2, 3, 4, 5 }; // ②初期値を指定

int[] array3 = new int[] { 10, 9, 8, 7, 6 };  // ③初期値と型を指定

System.out.println(array1.length); // length で長さを取得できる
System.out.println(array2.length);
System.out.println(array3.length);
```

```
10
5
5
```

　①は、冒頭のサンプルで紹介したものと同じ、長さを指定した初期化です。この方法では、引数で指

定した長さ（上の例では10）の配列が宣言され、各要素の値は型ごとの初期値になります。たとえば、intやdoubleなどのプリミティブ型の配列を初期化した場合、値はすべて「0」（小数点ありのfloatやdoubleでは0.0）の配列になり、StringやIntegerなどのオブジェクトでは値がすべて「null」の配列になります。代入する値が決まっていない場合には、この文法を用いて初期化をするといいでしょう。

なお、配列の宣言に使う[]は、型につけることも、変数につけることもできます。つまり、int[] arrayとint array[]のいずれでも書くことができます。しかし「int配列である」ということが明確にわかるように、前者のint[] arrayという書き方をおすすめします。

②は、初期値を指定した文法です。この方法で初期化すると、各要素の値は右辺で指定した値となり、配列のサイズは要素数と同じ（上の例では5）になります。初期値が決まった配列を使いたい場合には、この文法を用いた初期化が有効です。

③は、②に加え、配列の型を指定したものです。②に比べて冗長なだけに見えますが、この文法は配列を初期化する場合だけでなく、宣言済みの配列に新しい配列を生成して代入する場合にも使えます。

次のソースコードでは、②と③の方法を用いて、宣言済みの配列に新しい配列を代入しています。

```
int[] array4;

array4 = new int[] { 1, 2, 3, 4, 5 };  // ④ 値を指定して代入
array4 = { 1, 2, 3, 4, 5 };  // ⑤ これはコンパイルエラー
```

④のように型を指定して配列を初期化した場合は問題なく値を代入できますが、⑤のように型の指定を省略した場合には、コンパイルエラーが発生してしまいます。⑤のように型を省略した書き方は、配列の初期化時にしかできないためです。特に配列を引数としているメソッドを呼び出す際には、④と同じように型を指定する必要がある点に注意してください。

配列を引数とする処理を呼び出す場合、次のようになります。

```
void log(String message, String[] args) {
        // 省略
}

log(" ユーザを登録しました ", new String[]{"userName", "Ken"}); // 問題なく実行できる
log(" ユーザを登録しました ", {"userName", "Ken"}); // コンパイルエラー
```

ここまでで、いくつかの初期化方法を紹介してきましたが、どのような用途で、どの初期化方法を選ぶといいかを、以下に整理します。

(1) 宣言時に内容が決まっていない　→　newで要素数のみ指定する

【例】int[] array = new int[10];

(2) 宣言時に内容が決まっている　→　値の一覧を列挙する

【例】int[] array = {1, 1, 2, 3, 5};

(3) 宣言後に内容が決まる、もしくは引数として利用する

→ **new**の宣言をつけて値の一覧を列挙する

【例】array = new int[] {1, 1, 2, 3, 5};

　筆者の経験としては、（1）のように配列の代入する値が宣言時に決まっていない場合には、後述するコレクションを利用することのほうが多いです。配列を宣言する際には、初期化時に値を決める（2）や（3）の書き方を覚えておくといいでしょう。

4-1-3　配列への代入と取り出し

　続いて、配列へ値を代入する方法と、取り出す方法について紹介します。配列の各要素の値は、インデックスを利用して代入したり、取り出したりすることができます。

　配列のインデックスは「0」から始まることに注意してください。そのため、最後の要素のインデックスは「配列の長さ-1」となります。

　次のソースコードでは、インデックスを利用して値の上書きと取得をおこなっています。

```java
int[] array = { 1, 1, 2, 3, 5, 9, 13 };

array[5] = 8; // ① 配列の 5 番目（元の値は 9）を 8 に上書き
int value = array[6]; // ② 配列の 6 番目を取得

System.out.println(array[5]);
System.out.println(value);
```

```
8
13
```

　①は、配列の要素に上書きをしています。挿入ではなく、上書きになる点に留意してください。

　②は、配列の要素を取得しています。

　配列の長さを超えたインデックスを指定して値を取得しようとした場合には、ArrayIndexOutOfBoundsExceptionという実行時例外（予期せぬ動作、詳細は「Chapter 6　例外を極める」を参照）が発生します。次のソースコードでは、配列の長さを超える要素に値を代入しています。

```java
int[] array = { 1, 1, 2, 3, 5, 8, 13 }; // 長さ 7 の配列
array[7] = 21; // ArrayIndexOutOfBoundsException が発生
```

```
Exception in thread "main" java.lang.ArrayIndexOutOfBoundsException: 7
```

　0から数えた7番目（1から数えるなら8番目）の要素に代入しようとしていますが、配列の長さを超

えているため、例外が発生しています。エラーメッセージの末尾にある「7」は、7番目の要素にアクセスしようとしたことを示しています。

　次のソースコードのように、配列の長さを超えたインデックスで値を代入した場合にも、同様に例外（ArrayIndexOutOfBoundsException）が発生します。

```
int[] array = new int[7]; // 長さ 7 の配列
int value = array[7]; // ArrayIndexOutOfBoundsException が発生
```

```
Exception in thread "main" java.lang.ArrayIndexOutOfBoundsException: 7
```

　さらに、インデックスにマイナスの値を利用した場合にも、やはりArrayIndexOutOfBoundsExceptionが発生します。次のソースコードでは、-1番目の要素を取得しようとしています。

```
int[] array = { 1, 1, 2, 3, 5, 8, 13 };
int value = array[-1]; // ArrayIndexOutOfBoundsException が発生
```

```
Exception in thread "main" java.lang.ArrayIndexOutOfBoundsException: -1
```

　言語によっては-1で配列の末尾の値が取得できるものもありますが、Javaでは例外となる点に注意してください。

4-1-4　配列のサイズを変更する

　配列は、一度作成してしまうと要素数を変更することができません。そのため、すでに作成した配列の要素数を変更したい場合には、新しい配列を作成したうえで、古い配列から新しい配列に必要な情報をコピーする必要があります。

　配列をコピーする手段として、Java 5.0まではSystemクラスのarraycopyメソッドを、Java 6以降ではArraysクラスのcopyOfメソッドを利用します。

```
int[] array = { 1, 1, 2, 3, 5, 8, 13 };

int[] newArray1 = new int[array.length + 3];
System.arraycopy(array, 0, newArray1, 0, array.length); // ① Java 5.0 までの配列コピー方法

int[] newArray2 = Arrays.copyOf(array, array.length + 3); // ② Java 6 以降の配列コピー方法

newArray1[7] = 21;
newArray1[8] = 34;
newArray1[9] = 55;
newArray1[10] = 89; // ArrayIndexOutOfBoundsException が発生
```

①では、Systemクラスのarraycopyで配列をコピーしています。引数は、次のようになっています。この例では、元の配列をすべてコピーするため、元の配列の「0」番目から、すべての要素数である「array.length」を、コピー先の配列の「0」番目にコピーしています。

引数の順番	処理の内容
1	コピー元の配列
2	コピー元の配列の何番目からコピーするか
3	コピー先の配列
4	コピー先の配列の何番目にコピーするか
5	コピーする配列の要素数

●Systemクラスのarraycopyメソッドの引数

②で利用しているArraysクラスのcopyOfメソッドは、配列の複製を作ることに特化したメソッドです。引数に元の配列オブジェクトと新しく作る配列の長さを指定し、指定した長さの新しい配列を作成して、元の配列から新しい配列に要素をコピーします。

ArraysクラスのcopyOfメソッドは、内部でSystemクラスのarraycopyメソッドを実行しているため、性能にはほとんど差がありません。そのため、どちらを利用しても実効上はあまり差がないのですが、使えるのであればArraysクラスを利用したほうが、ソースコードが読みやすくなります。

しかし、ここまで見てきたように、配列の要素数を増やすために配列のコピーなどの処理を記述しなければならないのは面倒ですし、ソースコードの記述量も多くなってしまいます。そのため、要素数が決まっていない場合には、配列ではなく、後述するArrayListクラスなどコレクションのクラスを利用するほうが適切です。配列は、あくまでも要素数や内容が決まっていて、かんたんに書きたい場合や、プリミティブ値の配列を作成したい時だけの限定的な利用に留めるべきでしょう。

4-1-5　Arraysクラスを利用して配列を操作する

Javaには配列のソート（並び替え）や検索など、よく利用する処理をまとめたjava.util.Arraysクラスが用意されています。Arraysクラスを利用することで、ソートなども効率的におこなうことができます。ここでは、このArraysクラスを利用して配列を操作する方法を紹介します。

配列の文字列変換

まずは、配列の要素を文字列に変換するメソッドを紹介します。配列の要素一覧を標準出力に表示したい場合、単純にSystem.out.printlnメソッドの引数に配列を渡してしまうと、配列の型やハッシュ値（「Chapter 3　型を極める」を参照）が表示されてしまいます。Java 5.0にてArraysクラスに追加されたtoStringメソッドを利用すると、配列の要素の一覧を文字列に変換できるため、これを利用しましょう。

```
int[] array = { 1, 1, 2, 3, 5, 8, 13 };
System.out.println(array);
System.out.println(Arrays.toString(array));
```

この処理を実行すると、次のような出力が得られます。

```
[I@1bb60c3
[1, 1, 2, 3, 5, 8, 13]
```

1行目の [I@1bb60c3の部分は、それぞれ以下を示しています。

・[→ 配列
・I → int型
・@以降の文字列 → ハッシュ値

これを見ても、int配列であることしかわかりません。それに比べて、ArraysクラスのtoStringメソッドを用いた場合には、配列の中身がすべて出力されます。配列の中身がすべて出力されていると、ソースコードをデバッグするときなどに、配列がどのような中身であったかをプログラムを動かしながら調べなくても一目瞭然に知ることができ、効率よく作業することができます。

配列のソート

配列を並び替えるソート処理は、Arraysクラスのsortメソッドでおこなえます。sortメソッドは、自分で記述するよりも効率の良いアルゴリズムでソートをおこなってくれます。

```
int[] array = { 3, 1, 13, 2, 8, 5, 1 };
Arrays.sort(array);
System.out.println(Arrays.toString(array));
```

```
[1, 1, 2, 3, 5, 8, 13]
```

Arraysクラスのsortメソッドによるソートの並び順は、並び替えの対象によって変わります。

・プリミティブ型 → 値の昇順で並び替え
・オブジェクト → ComparableインタフェースのcompareToメソッドを用いて並び替え

オブジェクトの場合、並び替えの対象になるクラスがComparableインタフェースの実装クラスでないとClassCastExceptionが発生することに注意してください。

Comparableインタフェースを実装したクラスでない場合や、並び順を指定したい場合には、第2引数にjava.util.Comparatorインタフェースを実装したクラスを渡すことで、独自ルールに従った並び替えをおこなうことができます。次のソースコードは、第2引数にComparatorインタフェースの実装クラスを渡して、数値を降順に並べたサンプルです。

114

```
Integer[] array = { 3, 1, 13, 2, 8, 5, 1 };
Comparator<Integer> c = new Comparator<Integer>() {
    @Override
    public int compare(Integer o1, Integer o2) {
        return o2.compareTo(o1);
    }
};

Arrays.sort(array, c);
System.out.println(Arrays.toString(array));
```

```
[13, 8, 5, 3, 2, 1, 1]
```

compareメソッドの戻り値によって、並び替えの挙動が変わります。

・戻り値が0以上の場合　　　　　　→　第1引数→第2引数の順に並び替え
・戻り値が0未満の数値を返した場合　→　第2引数→第1引数の順に並び替え

　ただ、これぐらいのソートでは、Comparatorの効果があまりよくわからないかもしれません。そこで、もう少しだけ複雑な例を見てみましょう。次のソースコードの例では、生徒（Student）の配列を点数（score）の降順で並び替えて、最後に標準出力に表示しています。

⦿ **Studentクラス**

```
class Student {
    private String name;
    private int score;

    public Student(String name, int score) {
        this.name = name;
        this.score = score;
    }

    public String getName() {
        return name;
    }

    public int getScore() {
        return score;
    }
}
```

⦿ **Studentオブジェクトの配列を点数でソート**

```
Student[] students = {
    new Student("Ken", 100),
```

```
    new Student("Shin", 60),
    new Student("Takuya", 80)
};

Comparator<Student> comparator = new Comparator<Student>() {
    @Override
    public int compare(Student o1, Student o2) {
        return Integer.compare(o2.getScore(), o1.getScore());
    }
};

Arrays.sort(students, comparator);
for (Student student : students) {
    System.out.println(student.getName() + ":" + student.getScore());
}
```

```
Ken:100
Takuya:80
Shin:60
```

　このように、Comparatorを使ってソート条件を明確にすることで、自作のStudentオブジェクトの
ソートができました。

Note | **Comparatorか、Comparableか?**

　上の例ではComparatorを利用してソートをおこないましたが、ソートをおこなうもう1つの方法
として、ソート対象となるクラス自身をComparableインタフェースの実装クラスとして定義して、
compareToメソッドを実装する方法があります。

　以下に、StudentクラスをComparableインタフェースの実装とした場合の例を示します。

```
class Student implements Comparable<Student> {
    private String name;
    private int score;

    public Student(String name, int score) {
        this.name = name;
        this.score = score;
    }

    public int getScore() {
        return score;
    }

    // 略

    @Override
    public int compareTo(Student o) {
```

```
            return Integer.compare(o.getScore(), getScore());
    }
}
```

　この方法を使えば、ArraysクラスのsortメソッドにてComparatorを指定せずにソートすることが
できます。

　しかし、Comparableは1種類のソートしかできないため、複数の種類のソートを切り替えること
ができません。上の例では点数の降順でソートしていますが、たとえば名前の昇順、点数の昇順な
ど別のソートをしたい場合には、やはりComparatorが必要となってしまいます。

　また、Comparableによるソートは、そのクラス自身が持つデフォルトの並び順によるソートなの
ですから、最も自然な並び方であるべきです。たとえば数字なら昇順、文字列ならASCIIコードの
昇順に並ぶことが期待されるでしょう。その点で、Student、つまり「生徒」を並べることを想像し
た場合、たとえば「出席番号の昇順」「名前の昇順」などが基本的な並べ方であり、「点数の降順」
などは特殊な並び方であるということになります。

　つまり、次のような使い分けができます。

　・Comparableによるソート　→　そのクラス自身の最も自然な並び方によるデフォルトソート
　　　　　　　　　　　　　　　　　として利用する
　・Comparatorによるソート　→　業務的に必要な並び方によるソートとして利用する

　筆者の場合Comparableを利用することはあまりなく、ほとんどの場合でComparatorを利用し
ています。

配列の検索

　配列の中から目的の数を見つけたい場合には、配列の検索をおこなう必要があります。検索には、
ArraysクラスのbinarySearchメソッドを利用することができます。binarySearchメソッドはその名前
のとおり、バイナリサーチ（2分探索）をおこなって、目的の値を検索します。バイナリサーチは、図に
示すように、配列の中央の値を見て、期待する値より大きかった場合には中央より左側を探索し、小さ
かった場合には右側を探索することを繰り返して目的の値を見つけます。そのため、対象の配列がソー
トされていなければ、正常に検索することができないことに注意してください。ソート済みの配列に対し
ては検索する回数が少ないため、たいていはfor文を使ったかんたんな検索（線形検索）よりも速く検
索対象を見つけることができます。

　binarySearchメソッドは、検索対象が見つかった場合には配列のインデックスを返し、見つからな
かった場合には0より小さい値を返します。

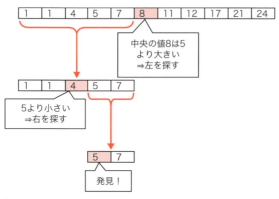

●バイナリサーチ

```
int[] array = { 1, 1, 4, 5, 7, 8, 11, 12, 17, 21, 24 };
int found = Arrays.binarySearch(array, 5);  // ①「5」という数字を検索
System.out.println(found);

int notFound = Arrays.binarySearch(array, 6);  // ②「6」という数字を検索
System.out.println(notFound);
```

```
3
-5
```

　①で見つかった「8」は、arrayの（0番目から数えて）3番目の要素なので「3」を返しています。また、②では「6」が見つからなかったため、マイナスの値が返っています。

　なお、この見つからなかったときの戻り値ですが、「もしその要素が入るとすれば何番目となるか」という数値にマイナス符号をつけ、さらに1を引いた数になっています。もし「6」が入るなら4番目なので、-4から1を引いた「-5」が返っているのです。

　上で「binarySearchをおこなうためには事前に配列の要素をソートしておく必要がある」と説明しましたが、もしソートしなければどのようになるのでしょうか。仕様としては「不定の値が返る」となっており、どのような値が返るかは明確ではありません。

```
int[] array = { 3, 1, 13, 2, 8, 5, 1 };
int value = Arrays.binarySearch(array, 8);
System.out.println(value);
```

```
-8
```

　「8」という数字は、4番目にある要素なので、本来であれば「4」という値が返ってほしいところですが、事前にソートをしていないために見つかりませんでした。

もしも順不同である配列に対して検索をしたい場合には、次の2つの方法があります。

(1) 事前にArraysクラスのsortメソッドを用いてソートする
(2) Arraysクラスのbinary Searchメソッドは利用せずに線形検索などをおこなう

ソートの処理にも時間がかかりますから、場合に応じて以下のように処理したほうが、よりパフォーマンスが良くなるでしょう。

・**同じデータに対して何度も検索をする場合**
    →（1）のように事前にソートしてから検索する

・**一度だけしか検索をしない場合**
    →（2）のようにソートをせずに検索だけしてしまう

4-1-6　可変長引数でメソッドを定義する

これまでは配列の特徴を説明してきましたが、ここでは少し視点を変えて、メソッドの引数に配列を指定する場合の書き方について見てみましょう。

「4-1-2　配列を初期化する」の例では、引数に配列を渡すlogメソッドを記載しました。logメソッドの中身は次のように、引数の値を出力するようになっているとします。

● 配列を引数に持つメソッド

```java
void log(String message, String[] args) {
    System.out.println(message);
    System.out.println("パラメータ：");
    for (String arg : args) {
        System.out.println(arg);
    }
}
```

args配列に入る要素の数は可変で、要素の数にかかわらず、すべての値を表示できるようになっています。しかし、このメソッドを呼び出す側は、引数argsのところは配列を渡す必要があり、毎回配列をnewする記述が冗長になります。

● argsの部分は常にnew String[]しなければならない

```java
log("ユーザを登録しました", new String[]{"userName", "Ken"});
log("エラーが発生しました", new String[]{"Cannot load file"});
log("処理を終了しました", new String[0]);
```

この冗長な記述をなくすために、可変長引数を使ってメソッドを定義することができます。可変長引数

119

は、型の後ろに「...」（ドットを3つ）つけて定義します。可変長引数を使うことにより、メソッドを呼び出す側は、いちいち配列をnewする必要がなくなります。

● **可変長引数によるメソッド定義**

```java
void log(String message, String... args) {
    System.out.println(message);
    System.out.println("パラメータ：");
    for (String arg : args) {
        System.out.println(arg);
    }
}
```

● **可変長引数のメソッド呼び出し**

```java
log("ユーザを登録しました", "userName", "Ken");
log("エラーが発生しました", "Cannot load file");
log("処理を終了しました");
```

　メソッドの呼び出しがシンプルになりましたね。メソッドの定義側も、引数を配列にしていたときと何ら変更はありません。これは、コンパイル時に可変長引数が配列に変換されるためです。

　先ほどの可変長引数のメソッド呼び出しは、コンパイル時に次のように変換されます。

```java
log("ユーザを登録しました", new String[]{"userName", "Ken"});
log("エラーが発生しました", new String[]{"Cannot load file"});
log("処理を終了しました", new String[0]);
```

4-2 コレクションフレームワークで複数のデータを扱う

4-2-1　配列の限界とコレクションの特徴

　ここまで、複数のデータを扱うためのしくみとして、配列を紹介しました。しかし、配列は長さが決まっているために要素の追加や削除がしづらいなど、扱いやすさに問題がありました。そこでJavaでは、複数のデータをもっと扱いやすいしくみとして、「コレクション」が用意されています。これらのコレクションやイテレータ、またコレクションを扱うためのユーティリティなどの集まりを、コレクションフレームワークと呼びます。

　コレクションは、配列と違い、最初にサイズの上限を決める必要がなく、任意の数のデータを格納できます。また、コレクションフレームワークにはたくさんのインタフェースや実装が用意されており、それぞれ異なったアルゴリズムでデータを管理します。たとえば、配列と同じように複数のデータを扱うことができるListインタフェースや、キーと値を分けてデータを保持するMapインタフェースなどがあります。これらを用途に合わせて使い分ける必要がありますが、逆にいえば、用途に適さないコレクションを利用してしまうことで、パフォーマンスが低下したり、意図しないデータを取得したりするなどの問題が起きてしまいます。

　そのような問題を起こさないよう、コレクションのインタフェースや実装のしくみを正しく理解しましょう。

4-2-2　代表的なコレクションと使い分けの基準

　代表的なコレクションを表でまとめます。

名称	概要
配列	複数の要素を扱うしくみ。シンプルだが柔軟性に欠ける
java.util.List	配列と同様に複数の要素を扱うことができ、インデックスを指定して値の取得や設定ができる
java.util.Set	Listと似ているが、要素が重複した場合は登録しないため、重複のない複数の要素を扱うことができる。順序性がないため、インデックスを指定して値を取得・設定することができない
java.util.Map	キーと値を利用して要素を扱うことができる。ほかの言語では連想配列やディクショナリと呼ばれることがある。Setと同様、順序性がない

●代表的なコレクションと配列

　コレクションを利用する際には、目的によって適切なものを選択する必要があります。

121

・配列のようにインデックスを指定して値の取得や設定をしたい場合

　　→Listインタフェース

・要素に値の重複がない場合／検索・ソートを高速におこないたい場合

　　→Setインタフェース

・キーと値を分けて要素を扱いたい場合

　　→Mapインタフェース

　このように考えることで、コレクションのインタフェースを決めることができます。しかし、これで終わりではなく、インタフェースを決めた後は、どの実装を選ぶかを検討する必要があります。実装の選び方については各インタフェースの節で説明しますので、そちらを参照してください。

　まずは、それぞれのコレクションの使い方から説明しましょう。

4-3 配列に近い方法で複数の要素を扱う　～Listインタフェース

4-3-1　Listインターフェースの基本

　配列に近い方法で複数の要素を扱うことができるのがListインタフェースです。Listインターフェースには、次のようなメソッドが用意されています。

- 要素を追加するaddメソッド
- 要素を上書きするsetメソッド
- インデックスを指定して要素を取得するgetメソッド

扱いやすいため、コレクションフレームワークの中でも最も利用される機会の多いインタフェースです。Listインタフェースの代表的なメソッドを、分類ごとに示します。

メソッド名	役割	説明
add	要素の追加	引数に指定した要素をリストに追加する
addAll	すべてのコレクション要素の追加	引数に指定したコレクション内のすべての要素をリストに追加する
set	要素の上書き	引数で指定した位置にある要素を、引数に指定した要素で上書きする
remove	要素の削除	引数で指定した位置にある要素、あるいは引数で指定した要素をリストから削除する
removeAll	一致する要素の削除	引数で指定したコレクションに含まれる要素をリストから削除する
retainAll	一致しない要素の削除	引数で指定したコレクションと一致する要素だけをリストに残して、ほかの要素を削除する
clear	すべての要素の削除	すべての要素をリストから削除する

●Listインターフェースでの要素の追加、変更、削除

メソッド名	役割	説明
get	要素の取得	引数で指定した位置にある要素をリストから取得する
size	要素数の取得	リスト内にある要素の数を取得する
isEmpty	空の判定	リストに要素がないことを判定する
subList	範囲内の要素の取得	引数で指定した開始位置と終了位置の間にある要素を取得する
toArray	配列への変換	リスト内のすべての要素を配列として取得する

●Listインターフェースでの要素の取得、変換

123

メソッド名	役割	説明
contains	要素の検索	引数で指定した要素がリストに含まれているかどうかを判定する
containsAll	すべての要素の検索	引数で指定したコレクション内のすべての要素がリストに含まれているかどうかを判定する
indexOf	最初の要素の位置検索	引数で指定した要素がリスト内で最初に見つかった位置を取得する
lastIndexOf	最後の要素の位置検索	引数で指定した要素がリスト内で最後に見つかった位置を取得する

●Listインターフェースでの要素の検索

メソッド名	役割	説明
iterator	イテレータの取得	リストの繰り返し処理を適切におこなうためのイテレータを取得する
listIterator	リストイテレータの取得	前方処理や追加、変更処理などをおこなえるイテレータを取得する

●Listインターフェースでの繰り返し処理など

　Listインタフェースには、いくつかの実装クラスが提供されています。その中から、代表的なものを紹介します。

実装クラス名	説明
ArrayList	最も代表的なListの実装クラス。内部で配列を持っており、ループ処理などを高速にできる
LinkedList	前後への参照を持つことで順序を保持するクラス。リストの途中への要素の追加・削除を高速にできる
CopyOnWriteArrayList	ArrayListをスレッドセーフ化（「Chapter 11　スレッドセーフをたしなむ」を参照）したクラス

●Listインターフェースの代表的な実装クラス

　これらの実装クラスの詳細については後述します。

　まずは、Listインタフェースの使い方を見ていきましょう。

4-3-2　Listを作成する

　Listを作成するためには、はじめに初期化をする必要があります。具体的には、Listに追加する要素の型を指定し、Listインタフェースの実装クラスをnewすることで初期化します。

　Listはいくつかの方法で作成することができます。要素が空のListを作成する場合は、Listインタフェースの実装クラスを引数なしでnewします。次のコードでは、要素が空のArrayListオブジェクトを生成しています。

```
List<Integer> list = new ArrayList<>();
```

　また、要素の値を列挙してListを作成したい場合には、次のように、newで作成したListに、addメソッドで要素を追加することがきます。

```
List<Integer> list = new ArrayList<>();
list.add(1);
list.add(62);
```

```java
list.add(31);
list.add(1);
list.add(54);
list.add(31);
```

これをもう少しかんたんに書きたい場合には、作成済みの配列をもとにしてListを作成することもできます。次の例では、ArraysクラスのasListメソッドを利用してListを作成しています。

```java
List<Integer> integerList = Arrays.asList(1, 62, 31, 1, 54, 31);
```

ただし、asListメソッドを使用してListを作成した場合、作成したListに対して要素の追加・変更・削除をすることができません。ArraysクラスのasListメソッドで作成したクラスは、通常のArrayListとは少し異なった、読み取り専用のList実装となっているためです。

要素を列挙して作成したListの内容を変更したい場合は、次のようにListクラスをnewする際の引数として渡します。

```java
List<Integer> integerList = new ArrayList<>(Arrays.asList(1, 62, 31, 1, 54, 31));
```

4-3-3　Listの代表的なメソッド

Listインタフェースの代表的なメソッドについて、ArrayListクラスを利用して説明します。次のソースコードは、値の追加や取得、削除という一連の処理をおこなっています。

```java
List<String> names = new ArrayList<>();

names.add("Ken");        // ①値の追加
names.add("Shin");
names.add("Takuya");
System.out.println("①リストの中身：" + names.toString());

names.add(2, "Satoshi");      // ②値の挿入
System.out.println("②リストの中身：" + names.toString());

names.set(0, "Makoto");       // ③値の置換
System.out.println("③リストの中身：" + names.toString());

String thirdName = names.get(2);      // ④値の取得
System.out.println("④2番目の要素：" + thirdName);

names.remove(1);      // ⑤値の削除
System.out.println("⑤リストの中身：" + names.toString());

int size = names.size();      // ⑥要素数の取得
System.out.println("⑥要素の数：" + size);
```

```java
int takuyaIndex = names.indexOf("Takuya");      // ⑦値の検索
System.out.println(" ⑦ Takuya の位置：" + takuyaIndex);

boolean exists = names.contains("Shin");      // ⑧値が含まれているかの判定
System.out.println(" ⑧ Shin が含まれているか：" + exists);
```

```
①リストの中身：[Ken, Shin, Takuya]
②リストの中身：[Ken, Shin, Satoshi, Takuya]
③リストの中身：[Makoto, Shin, Satoshi, Takuya]
④ 2 番目の要素：Satoshi
⑤リストの中身：[Makoto, Satoshi, Takuya]
⑥要素の数：3
⑦ Takuya の位置：2
⑧ Shin が含まれているか：false
```

それぞれのメソッドの使い方について、順を追って見ていきましょう。

①値の追加

　値の追加は、addメソッドでおこないます。引数を1つのみでaddメソッドを呼び出した際には、List の末尾に要素を追加します。

②値の挿入

　addメソッドは、第1引数にインデックスを指定して、その位置に値を挿入することができます。挿入位置以降の要素（挿入位置の要素も含む）は、1つずつ後ろにずれます。ここでは、2番目の位置に "Satoshi"を挿入するコードとなっているので、このメソッドの実行結果は、2番目の要素が "Satoshi"、3番目の要素が "Takuya"となります。

　インデックスに0を指定すると先頭に、要素の数と同じ値を指定すると末尾に要素を追加します（インデックスを指定しない、①のパターンと同じ動作になります）。インデックスに要素の数より大きな値を指定した場合、もしくは負の値を指定した場合は、IndexOutOfBoundsException例外が発生します。（例外については「Chapter 6　例外を極める」を参照）

③値の置換

　指定したインデックスにある要素を置換する場合には、setメソッドを使います。ここでは、0番目の要素である "Ken"を "Makoto"に置換しています。

　インデックスに要素の数以上の値を指定した場合はIndexOutOfBoundsException例外が、負の値を指定した場合はArrayIndexOutOfBoundsException例外が発生します。

④値の取得

　値を取得するためには、getメソッドを使います。引数は、取得したい要素のインデックスです。ここでは、2番目の要素である "Satoshi"を取得しています。

インデックスに要素の数以上の値を指定した場合はIndexOutOfBoundsException例外が、負の値を指定した場合はArrayIndexOutOfBoundsException例外が発生します。

⑤値の削除

要素を削除したい場合には、removeメソッドを使います。引数は、削除したい要素のインデックスです。ここでは、1番目の要素である"Shin"を削除しています。

インデックスに要素の数以上の値を指定した場合はIndexOutOfBoundsException例外が、負の値を指定した場合はArrayIndexOutOfBoundsException例外が発生します。

⑥要素数の取得

Listの要素数を取得したい場合には、sizeメソッドを使います。

⑦値の検索

要素を検索するためには、indexOfメソッドを使います。indexOfメソッドは、引数で指定した値と一致する要素のインデックスを取得します。そして、リストの先頭から順に要素を検索（線形検索）し、最初に見つかった要素のインデックスを返します。一致する要素がなければ、-1が返ります。ここでは"Takuya"を検索していますが、2番目に存在するため、takuyaIndexには2が格納されます。

類似のメソッドとして、要素が存在するかどうかを調べるcontainsメソッドがあります。こちらはインデックスを返すのではなく、要素があるかないか（true／false）を返します。

ただし、一般的に線形検索は処理が遅いため、要素数が多い場合や頻繁に検索する必要がある場合は、後述する検索処理をおこなうほうがいいでしょう。要素の重複がないのであれば、Setインタフェースを用いたほうが、より高速に検索できます。

⑧値が含まれているかどうかの判定

Listの中に特定の値が含まれているかどうかを判定するためには、containsメソッドを使います。引数は、確認したい値です。

containsメソッドは、指定した値がListに含まれている場合はtrueを、含まれていない場合はfalseを返します。

containsメソッドも、上に書いたindexOfメソッドと同様に線形検索をおこなっているため、要素数が多い場合には処理に時間がかかる可能性があります。

4-3-4　Listをソートする

Listをソートをするためには、java.util.Collectionsクラスのsortメソッドを利用します。配列のソートに用いたArraysクラスのsortメソッドと同じような処理をするメソッドです。

次のソースコードは、Collections.sortメソッドを用いたソート処理です。第2引数にComparatorインタフェースを指定することで、並び順を任意のものにすることができます。ここでは、値を降順に並べています。

```
List<Integer> list = new ArrayList<>();
list.add(3);
list.add(1);
list.add(13);
list.add(2);
Comparator<Integer> c = new Comparator<Integer>() {
    @Override
    public int compare(Integer o1, Integer o2) {
        return o2.compareTo(o1);
    }
};

Collections.sort(list, c);
System.out.println(list);
```

```
[13, 3, 2, 1]
```

4-3-5　Listを検索する

　Listを検索するためには、CollectionsクラスのbinarySearchメソッドを利用します。このメソッドを使うと、「4-1-5　Arraysクラスを利用して配列を操作する」で紹介したArraysクラスのbinarySearchメソッドと同じ処理をListに対しておこなうことができます。

　次のソースコードは、binarySearchメソッドを用いて検索をおこなっています。目的の値が見つかった場合には見つかった要素のインデックスが返り、見つからなかった場合には負の値が返ります。

```
List<Integer> values = Arrays.asList(1, 1, 4, 5, 7, 8, 11, 12, 17, 21, 24);
int found = Collections.binarySearch(values, 5); // ① 「5」という数字を検索
System.out.println(found);

int notFound = Collections.binarySearch(values, 6); // ② 「6」という数字を検索
System.out.println(notFound);
```

```
3
-5
```

　ここで、binarySearchメソッドを実行する前に対象のListがソートされてなくてはいけないことに注意してください。先に書いたCollectionsクラスのsortメソッドを用いてソートするといいでしょう。

4-3-6　Listのイテレーション

　Listに格納されている要素に対して同じ処理をする場合は、配列と同様、for文（for-each文）を用います。

```
List<String> list = new ArrayList<>();
list.add("a");
list.add("b");
list.add("c");

for (String element : list) {
    System.out.println(element);
}
```

```
a
b
c
```

　同様の繰り返し処理をおこなう手段として、Iteratorインタフェースというものがあります。Listインタフェースのiteratorメソッドを実行することで、このIteratorインタフェースを取得することができます。Iteratorインタフェースには、次のメソッドが用意されています。

- ・次の要素があるかどうかを確認するhasNextメソッド
- ・次の要素を実際に取得するnextメソッド

　次のソースコードはIteratorインタフェースを用いたもので、for-each文を使った場合と同じ実行結果を得られます。

```
List<String> list = new ArrayList<>();
list.add("a");
list.add("b");
list.add("c");

for (Iterator<String> iterator = list.iterator(); iterator.hasNext(); ) {
    String element = iterator.next();
    System.out.println(element);
}
```

　for-each文を使ったリストとiteratorを使ったリストを見比べると、for-each文を使ったほうがシンプルに書けるため、イテレータを利用しなくてもいいように見えます。しかし、イテレータには要素を削除するメソッドが用意されており、繰り返し処理をしながら、コレクションから要素を削除できます。

```
class Student {
    private String name;
    private int score;

    public Student(String name, int score) {
        this.name = name;
```

```java
        this.score = score;
    }

    public String getName() {
        return name;
    }

    public int getScore() {
        return score;
    }
}
```

```java
List<Student> students = new ArrayList<>();
students.add(new Student("Ken", 100));
students.add(new Student("Shin", 60));
students.add(new Student("Takuya", 80));

Iterator<Student> iterator = students.iterator();
while (iterator.hasNext()) {
    Student student = iterator.next();
    if (student.getScore() < 70) {
        iterator.remove();    // 点数が70未満の人はリストから削除
    }
}

for (Student student : students) {
    System.out.println(student.getName() + ":" + student.getScore());
}
```

```
Ken:100
Takuya:80
```

このように、要素に対する操作もおこないたい場合には、Iteratorを利用するといいでしょう。

4-3-7　Listの3つの実装クラスを理解する

ここでは、Listの3つの実装クラスを紹介します。

ArrayListクラス

ArrayList（java.util.ArrayList）クラスは、その名のとおり、内部に配列（Array）を持つクラスです。シンプルで扱いやすい実装であるため、利用頻度が高いクラスです。

ArrayListクラスは内部に配列を保持しており、追加した要素はすべて配列内に保持されます。そのため、要素のインデックスを指定して値を代入する処理や、値を取得する処理を高速に実行できます。

ArrayListクラスが持つ配列の長さはコンストラクタで指定することができますが、指定しない場合は

長さが10となります。この配列のサイズ以上の要素を追加しようとした際には、「よりサイズの大きい配列を新たに生成して、元の配列からすべての要素をコピーする」という処理が実行されます。余計な処理を省くためにも、ArrayListに格納する配列の要素数のおおよその目安がついている際には、コンストラクタで初期値を指定して、配列生成、コピー処理の回数を削減したほうがいいでしょう。

　ArrayListは内部に配列を利用しているため、インデックスを指定して要素を代入／取得する処理を高速におこなうことができます。末尾に要素を追加する処理も、問題ない速度で実行できます。一方で、リストの途中に要素を追加／削除する処理は、あまり高速にできません。配列の途中に要素を追加しようとすると、それ以降の要素をすべて1つずつ後ろへずらさなければいけないわけですから、その処理に時間がかかってしまうのです。

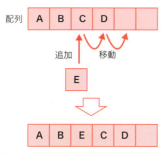

●ArrayListの処理例

LinkedListクラス

　LinkedList（java.util.LinkedList）クラスは、要素自身が前後の要素の情報を持つことでリストを構成しているクラスです。ArrayListと動作面での違いはありませんが、性能の特性に違いがあるため、用途によって使い分けるといいでしょう。

　LinkedListは、要素自身が、自分の1つ前と、1つ後の要素の情報（リンク）を持っています。たとえば、「A」「B」「C」「D」という4つの要素があるとすると、次のようになります。

- 「A」は、「B」へのリンクを持っている
- 「B」は、「A」と「C」へのリンクを持っている
- 「C」は、「B」と「D」へのリンクを持っている
- 「D」は、「C」へのリンクを持っている

　このような構造であるため、LinkedListにはArrayListのような初期サイズの概念はありません。あくまでも、要素が増えるたびにリンクを更新するだけです。

　そのため、性能の特性として、LinkedListはArrayListとほとんど逆の性質を持っているといえます。つまり、リストの途中に要素を高速に追加／削除できる一方で、インデックスを指定して要素を代入／取得する処理には時間がかかってしまいます。

　たとえば、「A」「B」「C」「D」という4つの要素に対して、「B」と「C」の間に「E」を追加すること

を考えてみましょう（説明をかんたんにするために、「C」から「B」へ、などの1つ前へのリンクについては省略します）。このとき、「B」のリンクを「C」から「E」に変更し、「C」のリンクを「B」から「E」に変更したうえで、「E」は「B」と「C」にリンクします。ArrayListのように、それ以降の要素すべてを更新するような必要がないため、リストの途中への要素の追加や削除が高速にできるのです。

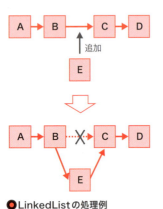

●LinkedListの処理例

　また、インデックスを指定して要素を代入／取得する際には、先頭からリストを順番にたどる必要があるため、リストのサイズに比例して時間がかかってしまいます。そのため、特にindexを利用したfor文は、indexが変わるたびに先頭から要素をたどることになるため、パフォーマンスが悪くなります。一方、iteratorやfor-each文を使ったループは、位置を特定するために先頭から毎回要素をたどる必要はないため、高速に処理ができます。

CopyOnWriteArrayListクラス

　CopyOnWriteArrayList（java.util.concurrent.CopyOnWriteArrayList）クラスは、複数のスレッドから同時にアクセスしても正しく処理がおこなわれる、ArrayListクラスの拡張です。スレッドとは、プログラムの実行の流れを表す単位です。最初にmainメソッドが起動し、そこから次のメソッドが呼ばれ、returnで戻り、さらに次のメソッドが……というひと続きの流れがスレッドです。スレッドは、複数作ることで、別々の処理を並行で実施できます。

　ArrayListクラスでは、あるスレッドでiteratorやfor-each文を使ったループを実行している際に、別のスレッドがそのArrayListオブジェクトの要素の変更すると、ConcurrentModificationExceptionが発生します。ArrayListは、複数のスレッドから変更操作を含むアクセスはできません。

　一方、CopyOnWriteArrayListクラスは、iteratorやfor-each文を使ったループをおこなう際に、元のリストのコピーを作成し、そのコピーに対してループをおこないます。そのため、ほかのスレッドがリストの操作をおこなっても、ループ側のリストに影響が出ず、例外は発生しません。1つのリストオブジェクトに対し、複数のスレッドが同時にアクセスする可能性のある場合は、CopyOnWriteArrayListクラスを使用します。スレッドの詳細については、「Chapter 11　スレッドセーフをたしなむ」を参照してください。

なお、CopyOnWriteArrayListクラスは、ArrayListクラスとほぼ同等の性能が出ます。ただし、CopyOnWriteArrayListクラスでは、要素を追加／変更／削除する時に内部的に持っている配列をコピーするため、ArrayListクラスと比較すると性能は悪くなります。

そのほかのList実装クラスとして、リストオブジェクトを読み取り専用にするUnmodifiableListクラス（CollectionsクラスのunmodifiableListメソッドで生成）などがあります。

4-3-8　Listの実装クラスをどう使い分けるか

ここまでで、Listインタフェースの実装クラスについてひととおり紹介してきました。では、実際の開発ではこれらをどのように使い分けるのでしょうか。開発の際には、Listがどのように使われるかを想定して、実装クラスの性能に着目して最適なものを選択します。実装クラスの性能について、表にまとめました。

クラス	追加	挿入	値の取得	検索
ArrayList	○	○	◎	×
LinkedList	◎	◎	×	×
CopyOnWriteArrayList	○	○	◎	×

●Listインターフェースの実装クラスの性能を比較する

これらは、以下の基準で使い分けてください。

・配列の途中で要素の追加や削除をおこなうことが多い　→　LinkedList
・for文などを使った全体的な繰り返し処理が多い　　　→　ArrayList
・複数スレッドから同時にアクセスする　　　　　　　→　CopyOnWriteArrayList

「複数スレッドから同時にアクセスする場合は、CopyOnWriteArrayListクラスを使えば常に万能」かというと、決してそういうわけではありません。複数スレッドに関しては考慮すべきことがほかにもあるため、よく検討したうえでListを選択して実装する必要があります。くわしくは、「Chapter 11　スレッドセーフをたしなむ」を参照してください。

133

4-4 キーと値の組み合わせで値を扱う ～Mapインタフェース

キーと値の組み合わせで値を扱えるのがMapインタフェースです。Listインタフェースの場合は値の追加はaddメソッドに値のみを渡しますが、Mapインタフェースの場合は値の追加は「put」メソッドを用いて、キーと値を同時に渡します。また、値の削除は、キーを指定しておこないます。

Mapインタフェースの代表的なメソッドを、分類ごとに示します。

メソッド名	役割	説明
put	要素の追加	引数に指定した要素をMapに追加する
putAll	すべてのMap要素の追加	引数に指定したMap内のすべての要素をMapに追加する
remove	要素の削除	引数で指定したキーを持つ要素をMapから削除する
clear	すべての要素の削除	すべての要素をMapから削除する

●Mapインターフェースでの要素の追加、変更、削除

メソッド名	役割	説明
get	要素の取得	引数で指定したキーを持つ要素の値をMapから取得する
size	要素数の取得	Map内にある要素の数を取得する
isEmpty	空の判定	Mapに要素がないことを判定する
entrySet	要素の集合の取得	Map内のすべての要素の集合を取得する
keySet	キーの集合の取得	Map内のすべての要素のキーの集合を取得する
values	値のコレクションの取得	Map内のすべての要素の値のコレクションを取得する

●Mapインターフェースでの要素の取得、変換

メソッド名	役割	説明
containsKey	キーの検索	引数で指定したキーを持つ要素がMapに含まれているかどうかを判定する
containsValue	値の検索	引数で指定した値を持つ要素がMapに含まれているかどうかを判定する

●Mapインターフェースでの要素の検索

メソッド名	役割	説明
forEach	すべての要素の処理	Map内のすべての要素が順次、コールバック関数に渡され、コールバック関数で要素に対する処理をする

●Mapインターフェースでの繰り返し処理

4-4-1 Mapを作成する

Mapを作成するためには、まずはじめに初期化をする必要があります。具体的には、Mapに追加す

るキーと値の型を指定し、Mapインタフェースの実装クラスをnewすることで初期化をします。

次のコードでは、要素が空のHashMapオブジェクトを生成しています。

```
Map<Integer, String> map = new HashMap<>();
```

Listと同様、Mapにも初期値を指定する方法がありません。そのため、値を指定したい場合は、Mapインタフェースのputメソッドを使用して、1つずつ値を追加していく必要があります。

```
Map<Integer, String> map = new HashMap<>();
map.put(1, "One");
map.put(2, "Two");
map.put(3, "Three");
```

クラスの初期化時にMapも初期化したい場合は、次のようにstaticイニシャライザを使用します。

```
public class MapTest {

    private static final Map<Integer, String> map;

    static {
        map = new HashMap<>();
        map.put(1, "One");
        map.put(2, "Two");
        map.put(3, "Three");
    }
```

4-4-2　Mapの使い方

それでは、Mapインタフェースの使い方について、最も標準的な実装クラスであるHashMapクラスを用いて説明します。

```
Map<String, Integer> scores = new HashMap<>();

scores.put("Ken", 100);      // ①値の追加
scores.put("Shin", 60);
scores.put("Takuya", 80);
System.out.println("①Mapの中身：" + scores.toString());

scores.put("Shin", 50);      // ②値の置換
System.out.println("②Mapの中身：" + scores.toString());

Integer takuyaScore = scores.get("Takuya");      // ③値の取得
System.out.println("③Takuyaの点数：" + takuyaScore);

scores.remove("Shin");      // ④値の削除
System.out.println("④Mapの中身：" + scores.toString());
```

```
int size = scores.size();      // ⑤要素数の取得
System.out.println(" ⑤要素の数：" + size);

boolean existKen = scores.containsKey("Ken");      // ⑥キーの検索
System.out.println(" ⑥ Ken の存在：" + existKen);

boolean exist80 = scores.containsValue(80);      // ⑦値の検索
System.out.println(" ⑦ 80 点の存在：" + exist80);
```

```
① Map の中身：{Shin=60, Ken=100, Takuya=80}
② Map の中身：{Shin=50, Ken=100, Takuya=80}
③ Takuya の点数：80
④ Map の中身：{Ken=100, Takuya=80}
⑤要素の数：2
⑥ Ken の存在：true
⑦ 80 点の存在：true
```

では、順に追って見ていきましょう。

①値の追加

putメソッドで、Mapに要素を追加します。ここでは、キーが "Ken" で値が100の要素を追加します。

②値の置換

Mapに存在するキーを指定してputメソッドを呼び出して、値を置換します。ここでは、キーが "Shin" の値を50に置換しています。

③値の取得

getメソッドで、指定したキーの値を取得します。指定したキーに一致する要素が存在しない場合は、nullが返ります。ここでは "Takuya" を指定しているので、その値である80が返ります。

なお、「getメソッドの動作を利用して、キーの存在をチェックできる」と考えてしまうと、厳密には誤りです。なぜなら、値としてnullを持っている場合、要素が存在するにもかかわらず、その値を表すnullが返ってくるため、キーが存在しなかった場合と区別がつかないからです。キーの存在をチェックするには、containsKeyメソッドを使用してください。もちろん、値にnullが入らない場合は、その限りではありません。

④値の削除

removeメソッドで、指定したキーの要素を削除します。指定したキーに一致する要素が存在しない場合は、何もしません。ここでは、キーが "Shin" である要素がMapに存在するため、削除します。

⑤要素数の取得

sizeメソッドで、Mapに格納されている要素の数を取得します。

⑥キーの検索

containsKeyメソッドで、指定したキーが存在するかをチェックします。

⑦値の検索

containsValueメソッドで、指定した値が存在するかをチェックします。一般的に、containsValueメソッドは内部で線形検索をおこなっており、要素が多くなるほど処理が遅くなります。そのため、極力使用しないようにしましょう。

4-4-3 Mapの3つの実装クラスを理解する

ここでは、Mapの3つのクラスの特徴を説明します。

HashMapクラス

HashMap（java.util.HashMap）クラスは、キーからハッシュ値を計算して、内部のハッシュテーブルという表にキーと値を格納する方式で、要素を管理します。ハッシュテーブルは、値を格納する場所のインデックスとして、キーから算出したハッシュ値を利用することで、キーに対応する値をすばやく参照することができるデータ構造です。

ハッシュ値の計算は、キーのオブジェクトのhashCodeメソッドによっておこないます。この計算結果の値をハッシュテーブルのサイズで割ったときの余りを、値の格納場所のインデックスとして使用します。

キーが異なっても、hashCodeメソッドの戻り値が同じ値になることもあります。そのようなことを想定し、それぞれの格納場所はLinkedListのような構造となっています。

すでに値が格納されているインデックスに新たに値を格納する場合は、Listの末尾にキーと値のセットを追加します。

値を取り出す場合も、ハッシュ値をもとに要素を特定します。ハッシュ値から計算された格納場所に複数の値が格納されている場合は、先頭から順に、equalsメソッドを用いて、キーが一致する要素を検索します。

ハッシュテーブルの初期サイズは16ですが、テーブルのサイズに対して格納する要素の数の割合が大きくなると、ハッシュ値がバッティングする可能性も高くなり、値を格納する効率が下がります。そのため、ある程度要素が増えてくる（初期設定では、ハッシュテーブルのサイズの75%）と、ハッシュテーブルのサイズを拡大する処理がおこなわれ、格納する要素が増えても効率が下がらないようになっています。

HashMapでは要素の位置をハッシュによって計算するため、キーをそのまま扱うほかのクラスに比べて、高速に処理できます。ただし、要素を追加する際にハッシュテーブルのサイズを拡張する処理と要素の追加処理が同時におこなわれた場合、無限ループに陥る場合があります。そのため、HashMapに対して複数のスレッドから同時にアクセスする場合は、次のような対処が必要になります。

- 複数のスレッドから同時にアクセスできないように、synchronizedなどにより同期化する
- 複数のスレッドからアクセスされても安全に使えるConcurrentHashMapを使用する

HashMapでは、要素の追加順序は保持されません。イテレータで要素に対して繰り返し処理をおこなう際は、一般的に、HashMapに追加された順序とは異なる順序で値が取り出されます。

LinkedHashMapクラス

LinkedHashMapクラスは、HashMapクラスのサブクラスです。そのため、特徴はHashMapとほとんど同じになります。HashMapと異なる点としては、要素自身が前後の情報を持っているため、LinkedHashMapに要素を追加した順番が保持されることが挙げられます。追加した順番が保持されるため、イテレータで要素に対して繰り返し処理をする際は、LinkedHashMapに追加した順に要素が取り出されます。

要素の追加／削除については、HashMapに比べると、要素間のリンクの付け替えが必要な分だけ、LinkedHashMapのほうが若干性能は下がりますが、ほとんど遜色はありません。キーを指定しての値の取得は、HashMapと同様の処理となるため、性能差はありません。iteratorやfor-each文を使ったループでは、要素間のリンクをたどって要素を列挙するため、LinkedListとほぼ同じ性能が出ます。一方、HashMapのループではハッシュテーブル内の要素を列挙しますが、ハッシュ値が重複している要素が格納されているとその箇所についてさらにListの列挙がおこなわれ性能が悪化するので、要素の列挙については一般的にLinkedHashMapのほうが高速です。

TreeMapクラス

TreeMapクラスは、キーの値をもとに、2分探索木のアルゴリズムによって要素をソートするクラスです。2分探索木のアルゴリズムは、要素を追加するときに「左の子孫の値 ≦ 親の値 ≦ 右の子孫の値」という条件で木構造を作って要素をソートすることで、値の探索を効率化します。ソートは要素を追加するときにおこなわれ、要素はTreeMapの内部ではソートされた状態で保持されます。

TreeMapでは、ほかのMapではできない、「○○以上○○以下のキーを持つ要素の取得」や「○○より大きな、最も近いキーを持つ要素の取得」など、大小を意識した値の取得ができます。一方、要素の追加／削除／検索は内部の2分探索木の構造をたどる必要があるため、最悪の計算量として

$O(\log n)$ [1]　※nは要素数

の時間が必要になります。頻繁に要素の追加／削除／検索をおこなう場合は、HashMapなどのMap

---

[1]　$O(\cdot)$とは、アルゴリズムがどれくらいの計算量（計算にかかる時間や、計算に必要なメモリの量）になるかを表す記号で、O（オー）記法と呼ばれています。アルゴリズムで処理されるデータの量をnとしたとき、$O(n)$だと、データの量に比例して計算量が増えることを意味します。$O(n^2)$（nの2乗）のアルゴリズムの場合は、データ量が2倍になると、計算量が4倍になってしまいます。たとえば計算時間に着目した場合、線形検索は$O(n)$、挿入ソート（ソートアルゴリズムの一種）は$O(n^2)$になります。

に比べて処理時間の差が顕著に現れます。

4-4-4　Mapの実装クラスをどう使い分けるか

　ここまでで、Mapインタフェースの実装クラスについてひととおり紹介してきました。では、実際の開発ではこれらをどのように使い分けるのでしょうか。開発の際にMapがどのように使われるかを想定して、実装クラスの性能に着目して最適なものを選択します。実装クラスの性能について表にまとめました。

クラス	追加	取得	列挙
HashMap	◎	◎	◎
LinkedHashMap	◎	◎	◎
ConcurrentHashMap	○	○	○
TreeMap	△	△	△

●Mapインターフェースの実装クラスの性能の比較

　このことをふまえると、以下のように実装クラスを使い分けるといいでしょう。

- ・キーの大小を意識した部分集合を取り扱う場合　　→　TreeMap
- ・要素の順序を保持する必要がある場合　　　　　　→　LinkedHashMap
- ・複数スレッドから同時にアクセスする場合　　　　→　ConcurrentHashMap
- ・その他の場合　　　　　　　　　　　　　　　　　→　HashMap

4-5 値の集合を扱う ～Setインタフェース

Setインタフェースは、値の集合を扱うことができるインタフェースです。Listインタフェースと同様、要素を追加する「add」メソッドが用意されていますが、要素を取得する「get」メソッドは存在しません。また、値の集合を扱うインタフェースのため、特定の要素を取得することはできません。

Setインタフェースの代表的なメソッドを、分類ごとに下表に示します。

メソッド名	役割	説明
add	要素の追加	引数に指定した要素をSetに追加する
addAll	すべてのコレクション要素の追加	引数に指定したコレクション内のすべての要素をSetに追加する
remove	要素の削除	引数で指定した要素をSetから削除する
removeAll	一致する要素の削除	引数で指定したコレクションに含まれる要素をSetから削除する
retainAll	一致しない要素の削除	引数で指定したコレクションと一致する要素だけをSetに残して、ほかの要素を削除します
clear	すべての要素の削除	すべての要素をSetから削除する

●Setインターフェースでの要素の追加、変更、削除

メソッド名	役割	説明
size	要素数の取得	Set内にある要素の数を取得する
isEmpty	空の判定	Setに要素がないことを判定する
toArray	配列への変換	Set内のすべての要素を配列として取得する

●Setインターフェースでの要素の取得、変換

メソッド名	役割	説明
contains	要素の検索	引数で指定した要素がSetに含まれているかどうかを判定する
containsAll	すべての要素の検索	引数で指定したコレクション内のすべての要素がSetに含まれているかどうかを判定する

●Setインターフェースでの要素の検索

メソッド名	役割	説明
iterator	イテレータの取得	繰り返し処理を適切におこなうためのイテレータを取得する

●Setインターフェースでの繰り返し処理

Setインタフェースには標準で実装クラスがいくつか提供されています。その中から、代表的なものを紹介します。

クラス名	説明
HashSet	最も代表的なSetの実装クラス。要素のハッシュを持ち、高速に値を検索することができる
LinkedHashSet	前後への参照を持つことで順序を保持するクラス。要素の追加順序を保持したいときに使用する
TreeSet	自動で要素の並び替えをおこなうクラス。「指定した値よりも大きな要素の集合」など、順序を意識した操作をおこなえる

●Setインターフェースの代表的な実装クラス

これらの実装クラスの詳細については後述します。

4-5-1　Setの初期化

Setの初期化は、オブジェクトをnewすることでおこなえます。

```
Set<Integer> integerSet = new HashSet<>();
```

Listと同じく、初期値を指定するには、少し特殊なテクニックを用いることになります。ここで、そのテクニックを紹介します。

(1) コレクションをSetに変換する

コントラクタの引数にコレクションを渡して、コレクションをSetに変換します。

```
List<Integer> integerList = new ArrayList<>();

// List を Set に変換する
Set<Integer> integerSet = new HashSet<>(integerList);
```

変換元のコレクションの要素に重複要素が存在する場合は、重複が除外されてSetに変換されます。

```
List<Integer> integerList = Arrays.asList(1, 62, 31, 1, 54, 31);
System.out.println("List : " + integerList);

Set<Integer> integerSet = new HashSet<>(integerList);
System.out.println("Set  : " + integerSet);
```

```
List : [1, 62, 31, 1, 54, 31]
Set  : [1, 54, 62, 31]
```

Listの要素に1と31がそれぞれ重複して存在していますが、Setの要素では重複する要素がなくなっています。

(2) 配列をSetに変換する

　Listとは異なり、配列を直接Setに変換することはできません。そのため、いったん配列をListに変換し、その後ListをSetに変換します。

```
Integer[] integerArray = {1, 62, 31, 1, 54, 31};
List<Integer> integerList = Arrays.asList(integerArray);
Set<Integer> integerSet = new HashSet<>(integerList);
```

　この場合も、（1）と同様、重複する要素は除外されます。

4-5-2　Setの使い方

　それでは、Setインタフェースの使い方について、最も標準的な実装クラスであるHashSetクラスを利用して説明します。

```
Set<String> names = new HashSet<>();

names.add("Ken");        // ①値の追加
names.add("Shin");
names.add("Takuya");
System.out.println(" ① Set の中身 : " + names.toString());

names.add("Shin");       // ②値の上書き
System.out.println(" ② Set の中身 : " + names.toString());

names.remove("Shin");    // ③値の削除
System.out.println(" ③ Set の中身 : " + names.toString());

int size = names.size();     // ④要素数の取得
System.out.println(" ④要素の数 : " + size);

boolean existKen = names.contains("Ken");    // ⑤値の検索
System.out.println(" ⑤ Ken の存在 : " + existKen);
```

```
① Set の中身 : [Ken, Shin, Takuya]
② Set の中身 : [Ken, Shin, Takuya]
③ Set の中身 : [Ken, Takuya]
④要素の数 : 2
⑤ Ken の存在 : true
```

　順に追って見ていきましょう。

①値の追加

　addメソッドで、Setに要素を追加します。ここでは、値が"Ken"の要素を追加します。

②値の上書き

同じ要素を追加すると、すでにSetに存在する要素が上書きされます。そのため、1つのSetに同じ要素が2つ以上存在することはありません。

③値の削除

removeメソッドで、指定した要素を削除します。指定した要素が存在しない場合は、何もしません。

④要素数の取得

sizeメソッドで、Setに格納されている要素の数を取得します。

⑤値の検索

containsメソッドで、指定した値が存在するかをチェックします。Listと異なり、Setにおけるcontainsは線形検索をしないため、高速に動作します。

4-5-3　Setの3つの実装クラスを理解する

ここでは、Setの3つのクラスの特徴を説明します。

HashSetクラス

HashSet（java.util.HashSet）クラスは、値からハッシュ値を計算して、内部のハッシュテーブルという表に値を格納する方式で、要素を管理します。

「4-4-3　Mapの3つの実装クラスを理解する」で説明したHashMapと同様、ハッシュ値の計算は、値のオブジェクトのhashCodeメソッドによっておこなわれます。その計算結果の値をハッシュテーブルのサイズで割った時の余りを、値の格納場所のインデックスとして使用します。

HashSetでは要素の位置をハッシュによって計算するため、ほかのクラスに比べて高速に処理できます。ただし、要素を追加する際に、ハッシュテーブルのサイズを拡張する処理と要素へのアクセスが同時におこなわれた場合、無限ループに陥る場合があります。そのため、HashSetに対して複数のスレッドから同時にアクセスする場合は、次のような対処が必要になります。

・複数のスレッドから同時にアクセスできないように、synchronizedなどにより同期化する
・複数のスレッドからアクセスされても安全に使えるConcurrentHashMapからSetを作成して使用する

HashSetでは、要素の追加順序は保持されません。イテレータで要素に対して繰り返し処理をおこなう際は、一般的にHashSetに追加された順序とは異なる順序で値が取り出されます。

143

LinkedHashSetクラス

　LinkedHashSet（java.util.LinkedHashSet）クラスは、HashSetクラスで保持している要素に要素間のリンクを付け加えて管理するクラスです。HashSetと同様、ハッシュテーブルに要素を格納しますが、一方で、ListにおけるLinkedListと同じように、要素自身が前後の情報も持っています。

　LinkedHashSetクラスは、HashSetのサブクラスです。そのため、特徴はHashSetとほとんど同じになります。HashSetと異なる点としては、要素自身が前後の情報を持っているため、LinkedHashSetに要素を追加した順番が保持されることが挙げられます。追加した順番が保持されるため、イテレータで要素に対して繰り返し処理をおこなう際は、LinkedHashSetに追加した順に要素が取り出されます。ただし、同じ値を複数個追加した場合は、2個目以降の要素は追加されません（すでに追加した要素は上書きされません）。

　要素の追加／削除については、HashSetに比べると、要素間のリンクの付け替えが必要な分だけ、LinkedHashSetのほうが性能は若干下がりますが、ほとんど遜色はありません。iteratorやfor-each文を使ったループでは、要素間のリンクをたどって要素を列挙するため、LinkedListとほぼ同じ性能が出ます。一方、HashSetのループではハッシュテーブル内の要素を列挙しますが、ハッシュが重複している要素が格納されているとその箇所についてさらにリストの列挙がおこなわれるため、性能が悪化します。そのため、要素の列挙については、一般的にLinkedHashSetのほうが高速です。

TreeSetクラス

　TreeSetクラスは、キーの値をもとに、2分探索木のアルゴリズムによって要素をソートするクラスです。ソートは要素の追加時におこなわれ、TreeSetの内部では、要素はソートされた状態で保持されます。

　TreeSetでは、ほかのSetではできない、「○○以上○○以下の要素の取得」や「○○より大きな、最も近い要素の取得」など、大小を意識した値の取得ができます。また、要素の追加／削除／検索は内部の2分探索木の構造をたどる必要があるため、最悪の計算量として

　O(log n)　※nは要素数

の時間が必要になります。頻繁に要素の追加／削除／検索をおこなう場合は、HashSetなどのSetに比べて、処理時間の差が顕著に表れます。

| Note | MapとSetの関係 |

　Mapは「キーと値の対応を保持するクラス」、Setは「要素の集合を表すクラス」であり、一見すると両者はまったく異なるクラスのように見えます。しかし、MapとSetは類似したクラスを持っています（HashMapに対するHashSet、TreeMapに対するTreeSetなど）。MapとSetが類似している理由の秘密は、MapのキーとSetの要素の特性にあります。

　Mapのキーは、重複を許しません。また、Setは重複する要素を保持しない特徴を持っています。特徴が同じですよね？

　この特徴を利用し、じつはSetの内部にはMapが存在し、Setに追加された要素はMapのキーとして保持されます。Mapの機能を流用した効率の良い実装のしかたになっているのです。

　なお、Setの内部で保持するMapの「値」にあたる部分はnull以外であれば何でもいいため、通常はObject型のインスタンスが格納されます（Java 8 Update 131現在）。このインスタンスは、使用されることはありません。

| Note | ConcurrentHashMapがあるのに、ConcurrentHashSetがないのはなぜ？ |

　Note「MapとSetの関係」でも紹介したように、MapとSetはそれぞれ類似クラスが存在します。ただ、一部のクラスはMapに存在し、Setに存在しないものがあります。たとえば、スレッドセーフのクラスであるConcurrentHashMapには、対応する「ConcurrentHashSet」は存在しません（もちろん、別名でも存在しません）。

　なぜ存在しないのでしょうか？　答えは「MapからSetを作れるから」です。Note「MapとSetの関係」で説明したように、Setの内部ではMapが使用されています。MapになくSetにしか存在しない処理はほとんどなく、大半をMapに委譲しています。

　この性質を利用し、Java 6から、MapインスタンスからSetインスタンスを作成するnewSetFromMapメソッドがCollectionsクラスに追加されました。このメソッドを使用すると、次のようにConcurrentHashMapからConcurrentHashSet相当のインスタンスをかんたんに作成できます。

```
Set<Integer> concurrentHashSet = Collections.newSetFromMap(new ⤵
ConcurrentHashMap<Integer, Boolean>());
```

　上記のメソッドができたので、ConcurrentHashSetはわざわざ作らなくてもよくなったのです。

4-6 その他のインタフェース

4-6-1　値を追加した順と同じ順に値を取得する　〜Queueインタフェース

　Queue（キュー）とは、先入れ先出し（FIFO：First In, First Out）という方法で値を出し入れするコレクションです。内部でListもしくは配列を持っており、「値を追加した順と同じ順に値を取得する」という特性を持っています。

　Queueでは、offerメソッドで値を追加し、pollメソッドもしくはpeekメソッドで値を取得します。pollメソッドとpeekメソッドの違いは、値を取得した後に、Queueから値を削除するかどうかです。

- pollメソッド　→　値を削除する
- peekメソッド　→　値を削除しない

　そのため、peekメソッドを繰り返し呼び出すと、同じ値が取れます。
　Queueの使用場面の例として、通信処理におけるバッファがあります。外部のプログラムからデータが送信されてきた際、自分のプログラム側の処理が追いつかない場合に、データを保存する場所としてキューを使用することで、順番を保持したまま、後でデータを処理できます。

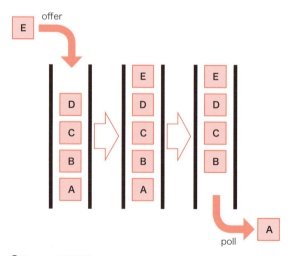

●Queueの処理例

```
Queue<Integer> queue = new ArrayBlockingQueue<>(10);
queue.offer(1);
queue.offer(3);
System.out.println(queue.poll());
queue.offer(4);
System.out.println(queue.poll());
System.out.println(queue.poll());
queue.offer(6);
queue.offer(8);
System.out.println(queue.peek());
System.out.println(queue.peek());
```

```
1
3
4
6
6
```

Note　Queueとマルチスレッド

　先にも少し書きましたが、Queueはデータの一時保存場所としてよく使用されます。その場合、データを保存する処理とデータを取り出す処理は、別のスレッドでおこなうことになります。ということは、必然的にマルチスレッドを考慮する必要があります。マルチスレッドの詳細については「Chapter 11　スレッドセーフをたしなむ」に記載しているのでここでは詳細を割愛しますが、このような状況下でQueueを使用する際は、BlockingQueueの実装であるArrayBlockingQueueやLinkedBlockingQueue、もしくはConcurrentLinkedQueueなど、スレッドセーフなQueueを使用するようにしましょう。

4-6-2　両端キューを使う　〜Dequeインタフェース

　Queueに対して、双方向の値の出し入れができるようにしたコレクションがDeque（Double Ended Queue）です。「両端キュー」という意味で、「デック」とも呼ばれます。「双方向」というのは、Deque内部で保持しているListもしくは配列に対して、先頭からでも末尾からでも値の追加や削除ができるということです。

　Dequeでは、次のメソッドで値を操作します。

　・値の追加　→　offerFirstメソッド／offerLastメソッド
　・値の取得　→　pollFirstメソッド／pollLastメソッド

　Queueと同じく、poll系メソッドの代わりにpeek系メソッドも存在し、こちらのメソッドはDequeから値を削除しません。

LinkedListはDequeの性質を持っており、Dequeインタフェースを実装しています。

筆者はDequeを使うことがほぼありませんが、参考までに使用例を挙げておきます。

```java
Deque<Integer> deque = new LinkedList<>();
deque.offerFirst(1);
deque.offerFirst(3);
deque.offerLast(4);
System.out.println(deque.pollFirst());
deque.offerLast(5);
System.out.println(deque.pollLast());
System.out.println(deque.pollLast());
System.out.println(deque.pollLast());
```

```
3
5
4
1
```

Chapter 5

ストリーム処理を使いこなす
～ラムダ式とStream API～

5-1	Stream APIを利用するための基本	150
5-2	Streamを作成する	157
5-3	Streamに対する「中間操作」	161
5-4	Streamに対する「終端操作」	167
5-5	Stream APIを使うためのポイント	170
5-6	Stream APIを使ったListの初期化	175

5-1 Stream APIを利用するための基本

5-1-1　Stream APIでコレクションの操作はどう変わるか

　Java 8では、Javaの文法を大きく変えるような新機能が導入されました。1つがラムダ式で、もう1つがStream APIです。

　Stream APIは、大量データを逐次処理する「ストリーム処理」を効率的に記述するための手段として導入されました。ただし、大量データでなくとも、コレクションの操作を効率的におこなえるようになったため、よく利用されています。

　まずはどう変わったのか、ソースコードの例で見てみましょう。3人の生徒から、70点以上の生徒の名前を一覧表示する例です。

```java
List<Student> students = new ArrayList<>();
students.add(new Student("Ken", 100));
students.add(new Student("Shin", 60));
students.add(new Student("Takuya", 80));

students.stream()     //「作成」。Stream インスタンスを生成する
    .filter(s -> s.getScore() >= 70) //「中間操作」。score が 70 以上の Student の抽出
    .forEach(s -> System.out.println(s.getName())); //「終端操作」。名前を表示する
```

```
Ken
Takuya
```

　見てわかるように、ソースコードの行数が減っただけでなく、どのような処理をおこないたいかが見やすくなりました。

　この例のように、Stream APIは「作成」「中間操作」「終端操作」の3つの操作からできています。まずjava.util.stream.Streamのインスタンスを「作成」し、次にそのStreamインスタンスに対する「中間操作」を任意の回数おこない、最後に「終端操作」をおこなって結果を取り出します。汎用的にまとめると、次のようになります。

操作	数	処理内容
作成	最初に1つ	コレクションや配列などからStreamを作成する
中間操作	複数	StreamからStreamを作成する
終端操作	最後に1つ	Streamからコレクションや配列へ変換したり、要素ごとに処理をしたり、要素を集計したりする

●Stream APIの3つの操作

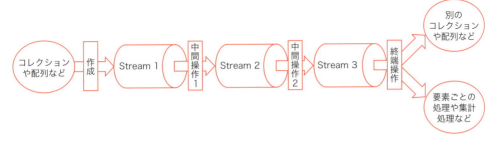

●Stream APIを用いたストリーム処理の流れ

　このStream APIを使うためにはどのように記述すればいいのか、また、Stream APIでどのようにJavaが変わったのか、ソースコードの具体的な例とともに見ていきましょう。

> **Note** Stream APIではHowではなくWhatを記述する
>
> 　Stream APIは「HowではなくWhatを記述するAPIだ」といわれることがあります。紹介した例を見てもわかるように、個別の処理（How）を列挙するのではなく、処理の目的（What）を列挙するようなソースコードになりました。
>
> 　HowよりもWhatを記述することは、ソースコードの可読性の向上にもつながります。そのため、Stream APIを積極的に導入したいプログラマは「for文やwhile文を見たら、Streamに置き換えろ」といわれることも少なくありません。
>
> 　ただし、下の例のように過剰にStream APIを導入してしまうと、可読性そのものを下げてしまうため、適切に使うようにしましょう。
>
> ```
> list.stream()
>     .collect(Collectors.groupingBy(emp -> emp.dept))
>     .entrySet()
>     .stream()
>     .collect(
>         Collectors.toMap(
>             entry -> entry.getKey(),
>             entry -> entry.getValue().stream()
>                 .filter(emp -> emp.sal > 1000).count()));
> ```

5-1-2　ラムダ式の書き方をマスターする

　Stream APIに入る前に、APIの記述に必須なラムダ式の書き方について説明します。ラムダ式は、メソッドの引数などに処理そのものを渡すことができるかのような、強力な記法です。

　たとえば、Java 7以前の文法でコレクションのソートをおこなうには、Comparatorクラスの匿名クラスを用いていました。次のコードは、Studentクラスのscoreの値の順にソートする例です。

● **Student クラス**

```java
public class Student {

    private String name;

    private int score;

    public Student(String name, int score) {
        this.name = name;
        this.score = score;
    }

    public String getName() {
        return this.name;
    }

    public int getScore() {
        return this.score;
    }

    @Override
    public String toString() {
        return name + ":" + score;
    }
}
```

● **Java 7 以前でのソート**

```java
List<Student> studentList = new ArrayList<>();
studentList.add(new Student("Murata", 100));
studentList.add(new Student("Okada", 70));
studentList.add(new Student("Tanimoto", 80));

System.out.println(studentList);

Collections.sort(studentList, new Comparator<Student>() {
    @Override
    public int compare(Student student1, Student student2) {
        return Integer.compare(student1.getScore(), student2.getScore());
    }
});

System.out.println(studentList);
```

▼

```
[Murata:100, Okada:70, Tanimoto:80]
[Okada:70, Tanimoto:80, Murata:100]
```

これを、ラムダ式を用いると、次のようにかんたんに記述ができます。

● ラムダ式を利用

```java
List<Student> studentList = new ArrayList<>();
studentList.add(new Student("Murata", 100));
studentList.add(new Student("Okada", 70));
studentList.add(new Student("Tanimoto", 80));

System.out.println(studentList);

Collections.sort(studentList, (student1, student2) -> Integer.compare(student1.
getScore(), student2.getScore()));

System.out.println(studentList);
```

```
[Murata:100, Okada:70, Tanimoto:80]
[Okada:70, Tanimoto:80, Murata:100]
```

　これだけだと、「匿名クラスの実装が数行省略できただけで、何がうれしいんだろう」と思うかもしれません。しかし、「インタフェースの実装をいろいろな宣言をふまえて書く代わりに、処理の内容を表す式だけ書けばいい」という特性が、あとに出てくるStream APIなどと組み合わさった時、コードを強力にわかりやすく、簡潔にしてくれます。

　それでは、上の例で出てきた内容を順に分解して見てみましょう。

関数型インタフェースの代替として使用する

　Java 8では、実装するべきメソッドが1つしかないインタフェースを「関数型インタフェース」という名前で扱うことができます。ラムダ式は、この関数型インタフェースの代替として使用できるものです。

　たとえば、「4-1-5　Arraysクラスを利用して配列を操作する」で出てきたjava.util.Comparatorインタフェースは、実装するべきメソッドはcompareメソッドの1つだけなので、関数型インタフェースです。ですので、ラムダ式を代入することができます。ラムダ式を利用して書きなおした場合は、次のようになります。

```java
Student[] students = {
    new Student("Ken", 100),
    new Student("Shin", 60), new Student("Takuya", 80)
};

Arrays.sort(students, (Student o1, Student o2) ->
    Integer.compare(o2.getScore(), o1.getScore()));

Arrays.stream(students).forEach(s ->
    System.out.println(s.getName() + ":" + s.getScore()));


for (int ch; (ch = stream.read()) != -1; ) {
for (int ch; (ch = is.read()) != -1; ) {
```

```
Ken:100
Takuya:80
Shin:60
```

元の処理に比べて行数が減り、見た目がすっきりしましたね。

ラムダ式の基本文法

ラムダ式は、次に示す基本文法で記述します。

```
(引数) -> { 処理 }
```

引数部分は、普通のメソッド定義の引数部分と同様に書きます。たとえば、先ほどのComparator
<Student>クラスのcompareメソッドであれば

```
compare(Student o1, Student o2)
```

というメソッドの宣言を持つので、対応するラムダ式は次のようになります。なお、引数の名前はわかり
やすいように、student1／student2に変更しています。

```
(Student student1, Student student2) -> {
    return Integer.compare(student1.getScore(), student2.getScore());
}
```

この記述内容に対し、さまざまなコードを省略できます。

引数部分の省略

ラムダ式では、代入先の関数型インタフェースから実装すべきメソッドと、そこで定義されている引数
の型がわかるので、メソッドの引数の型を省略できます。

```
(student1, student2) -> {
    return Integer.compare(student1.getScore(), student2.getScore());
}
```

なお、型を省略するときは、すべての引数から省略する必要があります。一部の引数だけ省略するこ
とはできません。

さらに、引数が1つしかない場合は、引数の丸括弧 ( ) も省略できます。たとえば、Consumer
<String>という、引数が1つのメソッド void accept(String t) を持つ関数型インタフェースにラムダ
式を代入する場合を考えてみましょう。

```
Consumer<String> consumer1 =
  (String s) -> { System.out.println(s); }
```

このコードは、丸括弧を省略して次のように書いても同じ意味になります。この場合、型も省略する必要があります。

```
Consumer<String> consumer1 =
  s -> { System.out.println(s); }
```

なお、引数が0の場合、丸括弧だけになります。たとえば、java.lang.Runnableのrunメソッドは引数がありませんが、そこへのラムダ式の代入は次のようになります。

```
Runnable runnable1 =
  () -> { System.out.println("ラムダ式のテストです。"); }
```

処理側の省略

ラムダ式の処理が1つしかない場合は、returnと、処理の波括弧 { } を省略できます。この場合、末尾のセミコロン（;）も省略します。

先ほども出てきた、次のコードを例に見てみましょう。

```
(student1, student2) -> {
    return Integer.compare(student1.getScore(), student2.getScore());
}
```

このコードは、次のようになります。

```
(student1, student2) -> Integer.compare(student1.getScore(), student2.getScore())
```

省略については以上になります。この省略しきったラムダ式を、第2引数にComparatorインタフェースを持つCollection.sortメソッドに渡すと、冒頭の例に出てきた以下の記述になるわけです。

```
Collections.sort(studentList, (student1, student2) -> Integer.compare(student1.↴
getScore(), student2.getScore()));
```

なお、ここまでの例では処理の部分が1行しかありませんでしたが、波括弧の中に複数行を書くこともできます。

```
(student1, student2) -> {
    int score1 = student1.getScore();
    int score2 = student2.getScore();
    return Integer.compare(score1, score2);
```

```
    }
```

5-1-3　メソッド参照

　先ほどのラムダ式は、処理の内容を式として代入するような記法でした。Java 8ではさらに、すでに用意されているメソッドそのものも代入することができます。これをメソッド参照と呼びます。

　次のコードは、System.out.printlnメソッドをforEachメソッドに渡す例です。

```
List<String> list = Arrays.asList("Xxx", "Yyyyy", "Zzzz");
list.forEach(System.out::println);
```

```
Xxx
Yyyyy
Zzzz
```

　ListインタフェースのforEachメソッドはあとでも出てきますが、Listの要素に対して、引数に渡した処理を順次実行するメソッドです。引数にはjava.util.function.Consumerという関数型インタフェースを持ちますが、このインタフェースのメソッドは引数が1つです。

　メソッド参照は、「代入先の関数型インタフェースの引数の数と型が一致していれば、そこにメソッドを代入できる」というルールになっています。上の例の場合、Systemクラスがstaticに持つ標準出力ストリームインスタンスoutのメソッドであるprintlnメソッドの引数の数と型が一致しているので、代入できたということです。

　ラムダ式で表すと、次の実装と同じです。

```
List<String> list = Arrays.asList("Xxx", "Yyyyy", "Zzzz");
list.forEach(str -> System.out.println(str));
```

　ここで登場したforEachの使い方については、後の節にて、より詳細に説明します。

　メソッド参照の文法は、次の表のとおりです。

用法	文法
インスタンスのメソッドを参照	{インスタンス名}::{メソッド名}
自分自身のインスタンスのメソッドを参照	this::{メソッド名}
staticメソッドを参照	{クラス名}::{メソッド名}

●メソッド参照の文法

　引数部分は記述しません。これは、引数が一致していないとメソッドの代入ができず、引数が自動的に決まることから、書く必要がないためです。

5-2 Streamを作成する

ここからは、Stream APIの具体的な使い方について見ていきましょう。まず、Streamインスタンスの作成方法から説明します。

5-2-1 ListやSetからStreamを作成する

ListやSetからStreamを作成するには、streamメソッドを利用します。

```
List<String> list = Arrays.asList("Murata", "Okada", "Tanimoto");
Stream<String> stream = list.stream(); // ① Stream の作成
stream.forEach(System.out::println); // ②各要素の出力
```

```
Murata
Okada
Tanimoto
```

①でおこなっているのが、Streamインスタンスの作成です。言い換えれば、Stream APIを開始しているということです。なお、実際にはStreamのインスタンスを変数に直接代入することはあまりなく、メソッドチェーン（メソッドを連続して呼び出すこと）を利用して記述することがほとんどですが、ここではstreamメソッドの説明のために変数に代入しています。

②では、メソッド参照を利用して、Listの各要素に対してSystem.out.printlnの処理をおこなっています。forEachは終端操作の1つで、すべての要素について同じ処理をおこなうというものです。くわしくは、後の節で説明します。

5-2-2 配列からStreamを作成する

Streamインスタンスは、コレクション以外でも作成することができます。まずは、配列からStreamインスタンスを作成する方法を見てみましょう。

配列からStreamインスタンスを作成するには、java.util.Arraysのstreamメソッドを利用します。

```
String[] array = {"Murata", "Okada", "Tanimoto"};
Stream<String> stream = Arrays.stream(array);
stream.forEach(System.out::println);
```

```
Murata
Okada
Tanimoto
```

なお、この例のように配列に入れたい値が決まっている場合には、わざわざ配列を作成せず、Streamクラスのofメソッドを利用してStreamインスタンスを作成することもできます。

```
Stream<String> stream = Stream.of("Murata", "Okada", "Tanimoto");
stream.forEach(System.out::println);
```

```
Murata
Okada
Tanimoto
```

値が決まっている場合は、この方法を用いたほうが簡潔に記述できます。

5-2-3　MapからStreamを作成する

Java 8には、Mapを適切に処理するためのStreamクラスは用意されていません[1]。そのため、Mapに対するStream操作をおこないたい場合には、MapのentrySetメソッドによりSetを取得し、このSetメソッドのstreamメソッドを呼び出す必要があります。

```
Map<String, String> map = new HashMap<>();
map.put("1", "Murata");
map.put("2", "Okada");
map.put("3", "Tanimoto");

Stream<Entry<String, String>> stream = map.entrySet().stream();
stream.forEach(e -> System.out.println(e.getKey() + ":" + e.getValue()));
```

```
1:Murata
2:Okada
3:Tanimoto
```

この例ではentrySetに対するStream操作をしていますが、keySetやvaluesでキーや値のSetを取り出してStream操作をすることもできます。

※1　開発中のOpenJDK 8のMilestone 4までは、MapStreamというクラスがありましたが、Milestone 5の時点で削除されてしまいました。

```
Map<String, String> map = new HashMap<>();
map.put("1", "Murata");
map.put("2", "Okada");
map.put("3", "Tanimoto");

Stream<String> stream = map.values().stream();
stream.forEach(System.out::println);
```

```
Murata
Okada
Tanimoto
```

この場合は、通常のSetに対するStream処理と何ら変わりません。

5-2-4　数値範囲からStreamを作成する

　コレクションや配列、Mapだけでなく、数値からもStreamを作成できます。この時に利用できるクラスとして、LongStreamクラス、DoubleStreamクラスもありますが、ここでは利用頻度の高いIntStream（java.util.stream.IntStream）クラスを紹介します。

　IntStreamクラスには、開始／終了の値を指定して数列を作るrangeメソッド／rangeClosedメソッドが用意されています。

```
IntStream stream = IntStream.range(1, 5); // ① range メソッドは末尾の値を含まない
stream.forEach(System.out::print);
```

```
1234
```

```
IntStream stream = IntStream.rangeClosed(1, 5); // ② rangeClosed メソッドは末尾の値を含む
stream.forEach(System.out::print);
```

```
12345
```

　rangeメソッドとrangeClosedメソッドの違いは、末尾の値を含むかどうかです。

　①で示したrangeメソッドは「5」を含まないため、実行結果が1～4となります。

　②で示したrangeClosedメソッドは「5」を含むため、実行結果が1～5となります。

　for文に置き換えると、それぞれ以下のように表現できます。

・rangeメソッド　　　　　→　for (int i = 1; i < 5; i++)

・rangeClosedメソッド　→　for (int i = 1; i <= 5; i++)

ここで for 文を例に出したように、この IntStream は単に数値の列に対する Stream 処理をおこなうだけでなく、「n回の処理をしたい」という場合にも有効です。たとえば、次に示す for 文を使った処理と、IntStream を使った処理は、まったく同じ結果が得られます。

●**for 文を使った処理**

```
for (int i=0; i < count; i++) {
  // 処理
}
```

●**IntStream を使った処理**

```
IntStream.range(0, count).forEach(i -> {
  // 処理
});
```

この例に関していえば、IntStream を使うよりも for 文を使ったほうが読みやすいでしょう。ただ IntStream は、このような繰り返し処理にも利用できるものだと知っておいてください。

5-3 Streamに対する「中間操作」

　コレクションなどからStreamインスタンスを作成したら、次は任意の中間操作ができます。カテゴリ別に、代表的な中間操作について説明します。

5-3-1　要素を置き換える中間操作

　メソッド名に「map」が入っている中間操作は、要素を置き換えることを目的としています。代表的なメソッドを表にまとめました。

メソッド名	処理内容	引数	戻り値
map	要素を別の値に置き換える	Function（引数がStream対象オブジェクト、戻り値が任意の型）	Stream<変換後の型>
mapToInt	要素をint値に置き換える	Function（引数がStream対象オブジェクト、戻り値がint）	IntStream
mapToDouble	要素をdouble値に置き換える	Function（引数がStream対象オブジェクト、戻り値がdouble）	DoubleStream
mapToLong	要素をlong値に置き換える	Function（引数がStream対象オブジェクト、戻り値がlong）	LongStream
flatMap	要素のStreamを結合する	Function（引数がStream対象オブジェクト、戻り値がStream）	Stream<変換後の型>

●要素を置き換える中間操作

　mapメソッドは、要素を別の値に置き換えることができる中間処理です。オブジェクトからフィールドを取り出す処理や、オブジェクトを別のオブジェクトに変換する際に利用します。

　このmapメソッドで用いられるFunctionインタフェースは、ラムダ式やメソッド参照の代入先として利用するための関数型インタフェースです。1つの引数を受け取って結果を返す関数を表します。具体的には、

```
@FunctionalInterface
public interface Function<T,R>
```

という宣言内容で、次に示すapplyメソッドのみを持ちます。Tは関数の入力の型、Rは関数の結果の型を表します。

```
R apply(T t)
```

161

なお、@FunctionalInterfaceは、インタフェースが関数型インタフェースであることを明示するためのアノテーションです。

　mapメソッドに限らず、Streamの各メソッドは、このFunctionのような代入先となる関数型インタフェースを引数に持つことで、ラムダ式やメソッド参照を引数に記述することを可能にしています。

　オブジェクトを抽出する場合の例として、StudentオブジェクトのStreamから、scoreの値を取り出すコードを示します。

```java
List<Student> students = new ArrayList<>();
students.add(new Student("Ken", 100));
students.add(new Student("Shin", 60));
students.add(new Student("Takuya", 80));

Stream<Integer> stream = students.stream()
    .map(s -> s.getScore()); // ① score の取り出し
stream.forEach(System.out::println);
```

```
100
60
80
```

　①では、Studentオブジェクトからscoreの値を取り出しています。この処理により、Streamの型がStream<Student>からStream<Integer>に代わり、これ以降はIntegerのscoreに対するStream処理をおこなえるようになります。

　なお、先にも述べたとおり、実際にはStreamのインスタンスを変数に代入することはあまりありませんが、ここではわかりやすさのために代入しています。また、この例では、s.getScore()の部分にはメソッド参照を利用できます。そのため、現実に即したコードにすると、次のようになります。

```java
students.stream()
    .map(Student::getScore)
    .forEach(System.out::println);
```

　また、mapToIntメソッド、mapToDoubleメソッド、mapToLongメソッドは、mapメソッドと処理自体は同じですが、戻り値がそれぞれIntStream、DoubleStream、LongStreamとなっています。これらの数値用のStreamでは、後述するsumやaverageのような数値処理メソッドが利用できます。

　flatMapメソッドは、Streamを結合して1つのStreamとして扱えるようにするためのメソッドです。mapメソッドの戻り値がコレクションや配列となる場合、通常は別々のコレクションとして扱うことになりますが、flatMapメソッドを用いるとそれらを1つのStreamとして扱えます。

　次のコードは、それぞれのグループに分かれた複数のStudentオブジェクトを、1つのStreamに結合する例です。

● 複数のStudentを持つクラス

```java
public class Group {
    private List<Student> students = new ArrayList<>();

    public void add(Student student) {
        students.add(student);
    }

    public List<Student> getStudents() {
        return students;
    }
}
```

● 各グループの複数のStudentを1つのStreamにする

```java
List<Group> groups = new ArrayList<>();

Group group1 = new Group();
group1.add(new Student("Murata", 100));
group1.add(new Student("Tanimoto", 60));
group1.add(new Student("Okada", 80));
groups.add(group1);

Group group2 = new Group();
group2.add(new Student("Akiba", 75));
group2.add(new Student("Hayakawa", 85));
group2.add(new Student("Sakamoto", 95));
groups.add(group2);

Group group3 = new Group();
group3.add(new Student("Kimura", 90));
group3.add(new Student("Hashimoto", 65));
group3.add(new Student("Ueda", 80));
groups.add(group3);

Stream<List<Student>> mappedStream = groups.stream().map(g -> g.getStudents());
                                                    // ①通常の map を実施
Stream<Student> flatMappedStream = groups.stream().flatMap(g -> g.getStudents().stream());
                                                    // ② flatMap を実施
```

　①のようにmapメソッドの結果がコレクションの場合、戻り値はStream<List<Student>>となり、この後の処理単位はList<Student>になります。

　一方で、②のようにflatMapメソッドを用いると、戻り値はStream<Student>となるため、この後はStudentに対して処理ができます。

　たとえば「すべてのStudentをscore順で並べる」というような処理を記述したい場合、flatMapメソッドを使わなければ、事前にコレクションを自前で結合しておく必要があります。しかし、flatMapメソッドを利用すれば、その記述を省略できるのです。flatMapメソッドを使わない場合と、flatMapメソッドを使った場合で、ソースコードがどのように異なるのか見てみましょう。

163

●flatMapメソッドを使わない場合

```
List<Student> allStudents = new ArrayList<>();
groups.stream()
    .forEach(g -> allStudents.addAll(g.getStudents()));
allStudents.stream()
    .sorted((s1, s2) -> s2.getScore() - s1.getScore())
    .forEach(s -> System.out.println(s.getName() + " " + s.getScore()));
```

●flatMapメソッドを使った場合

```
groups.stream()
    .flatMap(g -> g.getStudents().stream())
    .sorted((s1, s2) -> s2.getScore() - s1.getScore())
    .forEach(s -> System.out.println(s.getName() + " " + s.getScore()));
```

```
Murata 100
Sakamoto 95
Kimura 90
Hayakawa 85
Okada 80
Ueda 80
Akiba 75
Hashimoto 65
Tanimoto 60
```

flatMapメソッドを使うことで記述が少なくなり、処理の見通しも良くなりました。

5-3-2　要素を絞り込む中間操作

続いては、要素を絞り込む中間操作です。

メソッド名	処理内容	引数
filter	条件に合致した要素のみに絞り込む	Predicate（引数がStream対象のオブジェクト、戻り値がboolean）
limit	指定した件数に絞り込む	数値
distinct	ユニークな要素のみに絞り込む	なし

●要素を絞り込む中間操作

　これらの操作をすることで要素の数が減りますが、要素の型自体は変わりません。

　filterメソッドは、指定した条件に合致した要素だけに絞り込むためのメソッドです。引数の Predicateは、Functionのようなラムダ式の代入先となる関数型インタフェースですが、戻り値の型が booleanで固定されているところが違います。よって、filterメソッドに渡す関数オブジェクト（ラムダ式）は、booleanを返す必要があります。次の例では、scoreが70より大きいStudentのみに絞り込んでいます。

```
List<Student> students = new ArrayList<>();
students.add(new Student("Ken", 100));
students.add(new Student("Shin", 60));
students.add(new Student("Takuya", 80));

students.stream()
    .filter(s -> s.getScore() > 70) // score が 70 より大きい Student の抽出
    .forEach(s -> System.out.println(s.getName()));
```

```
Ken
Takuya
```

limitメソッドは、指定した件数に要素を絞り込むためのメソッドです。limitメソッドには、intで件数を渡します。次の例では、Studentを2件に絞り込んでいます。

```
List<Student> students = new ArrayList<>();
students.add(new Student("Ken", 100));
students.add(new Student("Shin", 60));
students.add(new Student("Takuya", 80));

students.stream()
    .limit(2) // 2件に絞り込む
    .forEach(s -> System.out.println(s.getName()));
```

```
Ken
Shin
```

distinctメソッドは、ユニークな要素のみに絞り込むためのメソッドです。distinctメソッド自体に引数や戻り値はありません。「ユニークな要素に絞り込む」という点で、java.util.Setと似た性質になります。

```
List<String> strings = new ArrayList<>();
strings.add("Ken");
strings.add("Shin");
strings.add("Ken");
strings.add("Takuya");
strings.add("Ken");
strings.add("Shin");

strings.stream()
    .distinct() // ユニークな要素に絞り込む
    .forEach(System.out::println);
```

```
Ken
Shin
Takuya
```

5-3-3　要素を並べ替える中間操作

　中間操作の最後に、要素を並べるsortedメソッドを紹介します。sortedメソッドは、指定された条件で並べ替えをおこなうものです。sortedメソッドの引数には、2つの引数を受けてintを返す関数オブジェクト（java.util.Comparator）を指定します。おさらいになりますが、Comparatorは戻り値のint値によって次のように挙動が変わります。

・0より小さい値（負の数）の場合　→　第1引数のオブジェクトが前方になる

・0より大きい値（正の数）の場合　→　第2引数のオブジェクトが前方になる

・0の場合　　　　　　　　　　　　→　並び順は変わらない

　次の例では、scoreが高い順に並べています。

```
List<Student> students = new ArrayList<>();
students.add(new Student("Ken", 100));
students.add(new Student("Shin", 60));
students.add(new Student("Takuya", 80));

students.stream()
    .sorted((s1, s2) -> s2.getScore() - s1.getScore()) // score が高い順に並べる
    .forEach(s -> System.out.println(s.getName() + " " + s.getScore()));
```

```
Ken 100
Takuya 80
Shin 60
```

5-4　Stream に対する「終端操作」

Stream に対する最後の処理が終端操作です。中間操作はメソッドをつなげることで、何種類でも、何度でも連続しておこなうことができましたが、終端操作をおこなうとそれ以上の操作ができなくなります。

5-4-1　繰り返し処理をおこなう終端操作

この前のサンプルにも出てきましたが、Stream の最後で繰り返し処理をおこないたい場合は、表に挙げた forEach メソッドを利用します。

メソッド名	処理内容	引数
forEach	このストリームの各要素に対してアクションを実行する	Consumer（引数が Stream 対象のオブジェクト、戻り値なし）

●繰り返し処理をおこなう終端操作

Consumer は、戻り値を持たない関数型インタフェースです。前の節では System.out::println のメソッド参照を与えていましたが、引数が 1 つのラムダ式やメソッド参照であれば何でも渡せます。

5-4-2　結果をまとめて取り出す終端操作

次は、結果をまとめて取り出す終端操作です。

メソッド名	処理内容	引数	戻り値
collect	要素を走査し、結果を作成する	Collector	後述
toArray	全要素を配列に変換する	なし	OptionalObject[]
reduce	値を集約する	BinaryOperator（引数が Stream 対象オブジェクト）	Optional

●結果をまとめて取り出す終端操作

最もよく使うのは collect メソッドになるでしょう。collect メソッドは引数に渡す処理次第でさまざまな結果を作成してくれますが、おもに java.util.stream.Collectors クラスの各メソッドを渡します。次の例は、Stream の要素を filter した結果を、List にして返しています。

```
List<String> list = Arrays.asList("Murata", "Okada", "Tanimoto");
```

167

```
List<String> newList = list.stream()
    .filter(p -> p.length() > 5)
    .collect(Collectors.toList());
```

　Collectorsクラスの各メソッドは、次の表のような処理を実施する具象クラス（抽象クラスとは異なり、実際にインスタンス化することができるクラスのこと）を返してくれます。

メソッド名	処理内容	引数
toList	Listにして返す	なし
toSet	Setにして返す	なし
joining	全要素を1つの文字列に結合する	なし
joining	全要素を、引数の区切り文字を使って結合する	String（区切り文字）
groupingBy	要素をグループ分けする	値を集約する関数

●Collectors クラスの各メソッドが返す具象クラス

　toListメソッドは先ほどの例で出ましたが、toSetメソッドにすれば重複が省かれたSetが返ります。joiningメソッドは、文字列を結合して返します。

```
List<String> list = Arrays.asList("Murata", "Okada", "Tanimoto");

String joined = list.stream()
    .filter(p -> p.length() > 5)
    .collect(Collectors.joining(","));

System.out.println(joined);
```

```
Murata,Tanimoto
```

　groupingByメソッドは、要素を集約したMapを返す強力なメソッドです。次の例では、生徒を点数でグループ分けしたうえで、100点を取った生徒の名前を取り出しています。

```
List<Student> students = new ArrayList<>();
students.add(new Student("Ken", 100));
students.add(new Student("Shin", 60));
students.add(new Student("Takuya", 80));
students.add(new Student("Sakamoto", 100));

// グループ分けする。キーに点数、値に対応する生徒の List が入った Map が作られる
Map<Integer, List<Student>> map = students.stream()
    .collect(Collectors.groupingBy(Student::getScore));

// Map から 100 点の生徒のリストを取り出す
List<Student> perfects = map.get(100);
perfects.forEach(s -> System.out.println(s.getName()));
```

```
Ken
Sakamoto
```

5-4-3　結果を1つだけ取り出す終端操作

次は、Streamの要素から1要素だけを取り出す終端操作です。

メソッド名	処理内容	引数	戻り値
findFirst	先頭の要素を返す	なし	Optional
findAny	いずれかの要素を返す	なし	Optional
min	最小の要素を返す	Comparator（引数がStream対象オブジェクト）	Optional
max	最大の要素を返す	Comparator（引数がStream対象オブジェクト）	Optional

●結果を1つだけ取り出す終端操作

戻り値に書いてあるOptional（java.util.Optional）とは、オブジェクトの参照がnullかもしれないことを明示的に表せるようにしたクラスです。戻り値がOptionalなのは、Streamが空であったときに空を返すためです。

minとmaxは、Comparatorによって順序付けされた中で、最小／最大の要素を返します。

5-4-4　集計処理をおこなう終端操作

最後は、Streamの要素を集計し、結果の数値を返す種類の終端操作です。引数はありません。

メソッド名	処理内容	戻り値
count	要素の個数を返す	long
min	最小の要素を返す	OptionalInt／OptionalDouble／OptionalLong
max	最大の要素を返す	OptionalInt／OptionalDouble／OptionalLong
sum	合計値を返す	OptionalInt／OptionalDouble／OptionalLong
average	平均値を返す	OptionalDouble

●集計処理をおこなう終端操作

count以外のメソッドは、IntStream／DoubleStream／LongStreamなどの数値化されたStreamでのみ利用できます。minとmaxは、結果を1つだけ取り出す終端操作でComparatorを引数に渡す同じ名前のメソッドが出てきましたが、こちらの数値Stream用のメソッドでは引数が不要です。

戻り値がOptionalなのは、Streamが空であったときに空を返すためです。

min、max、sumは、数値Streamの型に応じたOptionalを返します。それに対してaverageは、要素数での割り算になるので、数値Stream型に関係なく、OptionalDoubleのみが返されます。

169

5-5 Stream APIを使うための ポイント

5-5-1 王道はmap、filter、collect

Stream APIの中でも、map、filter、collectの3つは、かなり利用頻度が高く、最初に覚えるべき メソッドだといえます。

次の例では、5文字より長い文字列のみ括弧で囲ったListを生成しています。

```
List<String> list = Arrays.asList("Murata", "Okada", "Tanimoto");

List<String> newList = list.stream()
    .filter(p -> p.length() > 5)
    .map(p -> "[" + p + "]")
    .collect(Collectors.toList());

newList.forEach(System.out::println);
```

```
[Murata]
[Tanimoto]
```

5-5-2 n回の繰り返しをするIntStream

「IntStreamは、数値の配列からStreamを作るもの」だと説明しましたが、これはfor文を置き換え る用途としても利用ができます。ここでは例として、java.sql.PreparedStatementによるSQL文を作 成するために「?, ?, ?」のような文字列の作成処理を考えてみます。このような処理をおこなう場合、 Java 7までは、StringBuilderを用いて文字列を組み立てるか、配列を作ってから結合する必要があり ました。

StringBuilderを作って結合をする場合は、次のようにします。

```
int count = 5;

StringBuilder builder = new StringBuilder();
for (int i = 0; i < count; i++) {
    if (i != 0) {
        builder.append(", ");
    }
```

170

```
    builder.append("?");
}
System.out.println(builder.toString());
```

```
?, ?, ?, ?, ?
```

　配列を作成しておき、結合する場合は次のとおりです。ここでは、処理をかんたんにするため、Apache Commons Lang の StringUtils を使用しています。Apache Commons Lang の詳細については、「Chapter 14　ライブラリで効率を上げる」を参照してください。

```
int count = 5;

String[] array = new String[count];
Arrays.fill(array, "?");
String query = StringUtils.join(array, ", "); // Apache Commons Lang のクラスを利用
System.out.println(query);
```

```
?, ?, ?, ?, ?
```

　処理としてはシンプルですが、「わざわざ配列を一度作成している」という点で、処理に無駄があります。
　これらの処理は、IntStream を使って次のように書き直すことができます。

```
int count = 5;

String query = IntStream.range(0, count) // ① 0 から count までの Stream インスタンスを作成
    .mapToObj(i -> "?") // ②番号に関わらず「?」に変換
    .collect(Collectors.joining(", ")); // ③「, 」で結合
System.out.println(query);
```

```
?, ?, ?, ?, ?
```

　①では、range メソッドを用いて、0 から count までの Stream インスタンスを作成します。
　次に、②の mapToObj メソッドで、それらをすべて「?」に置き換えます。IntStream の map メソッドは戻り値に int を期待するため、ここでは map メソッドではなく、mapToObj メソッドを使う必要があります。
　最後に、③の collect で Collectors クラスの joining メソッドを用いて文字列に結合します。これは、Apache Commons Lang の StringUtils クラスの結合と同等の処理といえます。
　このように、IntStream を利用すると、余計なオブジェクトを作成することなく、シンプルに目的を達

成できました。ちょっとした処理においてもStream APIを用いることで、無駄が少ない処理を効率良く記述できます。

5-5-3　ListやMapに対して効率的に処理をおこなう

Stream APIではありませんが、ListやMapに対してJava 8で追加された新しいメソッドのうち、特に利用頻度が高そうなメソッドを覚えておきましょう。Streamインスタンスを作成せずに、Streamと似たような処理をおこなえるメソッドです。

まずListには、全要素に関数を適用するメソッドが追加されました。

メソッド名	処理内容	引数
removeIf	引数に与えた関数がtrueを返す要素のすべてをListから削除する	Predicate(引数がList対象のオブジェクト、戻り値がboolean)
replaceAll	引数に与えた関数を通した結果で、Listの全要素を置き換える	UnaryOperator(引数がList対象のオブジェクト、戻り値も同じ型)

●Listで全要素に関数を適用するメソッド

removeIfのほうは、実際はListでなくCollectionに対して追加されているので、たとえばSetに対しても利用可能です。使用例を挙げます。

```java
List<String> list = new ArrayList<>();
list.add("Murata");
list.add("Okada");
list.add("Tanimoto");

list.removeIf(s -> s.length() <= 5); // 5文字以下の名前を削除
list.replaceAll(s -> s.toUpperCase()); // リストの要素を大文字に変換

list.forEach(System.out::println);
```

```
MURATA
TANIMOTO
```

この例にある操作は、もちろんStream APIでも実現できますが、Listにかんたんな削除や変換を実施したいだけであれば、これらのメソッドを利用したほうがよりシンプルに記述できます。Listを見て条件反射のようにStream APIを持ち出す前に、よりかんたんにできないか考えてみるといいでしょう。

Mapについても、次のようなメソッドが追加されています。

メソッド名	処理内容	引数
compute	引数に与えた関数の結果をMapに再設定する	第1引数がキー、第2引数がBiFunction(引数がキーと値、戻り値が設定する値)
computeIfPresent	キーがあるときだけ、引数に与えた関数の結果をMapに再設定する	第1引数がキー、第2引数がBiFunction(引数がキーと値、戻り値が設定する値)
computeIfAbsent	キーがないときだけ、引数に与えた関数の結果をMapに設定する	第1引数がキー、第2引数がFunction(引数がキー、戻り値が設定する値)

●Mapで全要素に関数を適用するメソッド

　これらのメソッドは、今までMapのキーに対する値の有無によって分岐を書いていたところをシンプルにするなどの用法が見込めます。

　たとえば、computeIfAbsentの例を見てみましょう。名前のリストを名前の長さで分類し、長さをキーとした名前リストのMapを作るような例です。

　computeIfAbsentを使わない場合は、次のようなコードになるでしょう。名前の長さに対応するListがMapになければ、空のListを追加しています。

```
List<String> list = new ArrayList<>();
list.add("Murata");
list.add("Okada");
list.add("Tanimoto");
list.add("Sakamoto");

Map<Integer, List<String>> map = new HashMap<>();
list.forEach(name -> {
    Integer nameLen = name.length();

    List<String> valueList = map.get(nameLen);
    // 長さに対応するListがなければ、空のListを与える
    if(valueList == null){
        valueList = new ArrayList<>();
        map.put(nameLen, valueList);
    }
    valueList.add(name);
});

System.out.println(map);
```

```
{5=[Okada], 6=[Murata], 8=[Tanimoto, Sakamoto]}
```

　これがcomputeIfAbsentを使うことで、繰り返し処理の部分を次のように簡略化できます。

```
List<String> list = new ArrayList<>();
list.add("Murata");
list.add("Okada");
```

173

```java
list.add("Tanimoto");
list.add("Sakamoto");

Map<Integer, List<String>> map = new HashMap<>();
list.forEach(name -> {
    Integer nameLen = name.length();
    // キーがないときだけ、空の List を値として与える
    List<String> valueList = map.computeIfAbsent(nameLen, key -> new ArrayList<>());
    valueList.add(name);
});
System.out.println(map);
```

computeIfPresentでは、逆にキーに値があるときだけ関数が処理されます。

computeでは、キーの有無にかかわらず関数が処理されます。

5-6 Stream APIを使ったListの初期化

ここまで使い方を紹介してきたStream APIですが、少し変わった使い方として、Listの初期化にも利用することができます。

5-6-1　Streamを用いて列挙した値からListを作成する

IntStreamインタフェースのofメソッドは、引数に列挙した要素からStreamを作成することができます。このメソッドを用いて作成したStreamから、Listを作成することができます。

次のソースコードでは、IntStream.ofメソッドで作成したStreamから、boxedメソッドでプリミティブ型のintをIntegerに変換し、その結果をcollectメソッドでListとして返しています。

```
List<Integer> integerList = IntStream.of(1, 62, 31, 1, 54, 31).boxed()
.collect(Collectors.toList());
```

IntStreamインタフェース以外に、Longを扱うLongStreamや、Doubleを扱うDoubleStreamインタフェースがそれぞれ利用できます。

文字列などのほかの型のListを作成する場合は、Streamインタフェースを使用します。次の例では、文字列を列挙してStringのListを作成しています。

```
List<String> stringList = Stream.of("Takuya", "Shin", "Satoshi").collect(Collectors.↲
toList());
```

5-6-2　Streamを用いて値の範囲からListを作成する

IntStream／LongStreamインタフェースのrangeメソッドを用いることで、範囲を指定したListをかんたんに作成できます。次の例では、1～99までの99個の要素を持ったListを作成しています。

```
List<Integer> integerList = IntStream.range(1, 100).boxed()
.collect(Collectors.toList());
```

ここでrangeメソッドの第2引数に指定した値（100）は、Listには含まれないことに注意してください。第2引数に指定した値までListに含めたい場合は、rangeClosedメソッドを使用します。次のコードを実行すると、integerListの中には1～100の100個の要素が格納されます。

```
List<Integer> integerList = IntStream.rangeClosed(1, 100).boxed()
.collect(Collectors.toList());
```

5-6-3 Streamを用いて配列を作成する

Streamインタフェースを用いることで、Listだけでなく、配列も作成することができます。次の例では、列挙した数字の配列を作成しています。

```
Integer[] integerArray = IntStream.of(1, 62, 31, 1, 54, 31).boxed()
.toArray(n -> new Integer[n]);
```

Intstream.ofメソッドで作成したStreamから、boxedメソッドでプリミティブ型のintをIntegerに変換し、その結果をtoArrayメソッドで配列として返しています。

これまで見てきたように、Java 8でStream APIが導入され、ラムダ式を利用したメソッドが追加されたことで、Javaの文法は大きく変わりました。昔ながらのソースコードを読み書きしていたプログラマが初めてStream APIを利用しているソースコードを目にした際には、逆に何をしているのかわからないことがあるかもしれません。

しかし、それで食わず嫌いを続けていると、より効率的に処理が記述できるメリットを得られないままになります。Stream APIに慣れるためには、とにかくStream APIを使ったソースコードを読み書きする以外にありません。便利で可読性を高めるStream APIを、ぜひ積極的に利用してください。

Chapter 6

例外を極める

6-1　例外の基本 ——————————————————————— 178

6-2　例外処理でつまずかないためのポイント ——————————— 187

6-1 例外の基本

6-1-1 例外の3つの種類

　記述したプログラムに「期待していない動作」（プログラムの「バグ」や、いわゆる「エラー」などを含みます）が起きたことを「例外」といいます。ほかの多くの言語にも見られますが、Javaでも、例外を認識して対応できるようにする仕組みが用意されています。

　例外が発生する原因や重要度はさまざまあり、Javaでは例外を大きく3つの種類に分けています。

(1) 検査例外 (Exception)

　おもにプログラム作成時に想定できる異常を通知するために使用します。

　たとえば、ファイルからデータを入出力する処理で、ファイルの読み書きができない場合がありますが、その場合はjava.io.IOExceptionという例外が発生します。検査例外を利用すると、想定される異常に対応する処理が存在することをコンパイル時にチェックできるようになるため、堅牢なアプリケーションを作ることができます。

　検査例外は、プログラムで捕捉（catch）して処理するか、上位の呼び出し元に対して例外を発生させる（throwする）ことが必須となります。いずれもおこなわなければ、コンパイルエラーが発生してしまいます。

(2) 実行時例外 (RuntimeException)

　おもにプログラム作成時に想定されないエラーを通知するために使用します。「想定されないエラー」には、往々にしてバグや設定ミスが含まれています。検査例外と異なり、プログラムで捕捉しなくとも、コンパイルエラーは発生しません。捕捉しない場合は、無条件で呼び出し元で発生します。

　たとえば、Integerクラスのparselntメソッドを呼び出すときに、整数に変換できない文字列を引数に指定すると、java.lang.NumberFormatExceptionが発生します。しかしながら、Integerクラスのparselntメソッドは、Stringオブジェクトをint型に変換するためのAPIなので、整数に変換できない文字列を引数に指定することは、想定外の利用方法になります。そのため、通常は呼び出し元で例外を捕捉する必要はありません。このような例外をすべて検査例外と同じように必ず捕捉しなければならないとしたら、プログラムが煩雑になり、読みづらいものになってしまいます。

　そこで、実行時例外を利用することにより、想定外な動作により異常が発生する場合でも、不必要に呼び出し元に例外を捕捉させる必要がなくなります。

　「Chapter 2　基本的な書き方を身につける」のサンプルプログラムで触れられている、数値を0で

除算した場合に発生するjava.lang.ArithmeticExceptionも、この実行時例外になります。

(3) エラー (Error)

例外とは異なり、システムの動作を継続できない「致命的なエラー」を示します。ほとんどの場合、この「致命的なエラー」は、プログラムで捕捉すべきではないものです。理由は「6-1-2　例外を表す3つのクラス」の（3）で説明します。

6-1-2　例外を表す3つのクラス

例外処理をおこなうには、例外の種類に対応したクラスを利用します。以下、1つずつ見ていきましょう。

(1) java.lang.Exceptionクラス

検査例外を表すクラスです。このクラスを継承した例外の例としては、次のようなものがあります。

- ・ファイルやネットワークなどの入出力中に発生したエラーを表すjava.io.IOExceptionクラス
- ・データベースアクセス中に発生したエラーを表すjava.sql.SQLExceptionクラス

このクラスを継承した例外（後述のRuntimeExceptionクラスおよびその継承クラスを除く）は、プログラム中で捕捉するか、発生するメソッドの宣言でthrows節を記述する必要があります。

たとえば、次に示すコードでは、readFileメソッドの呼び出しでIOExceptionが発生する可能性があることが明示的にわかります。

```java
public List<String> readFile() throws IOException {
    // ファイル読み込み処理
}
```

throws節をメソッドの宣言に記述すると、その処理で例外が発生することがわかります。

上に書いたように、宣言で例外が記述されているメソッドは、呼び出す側でその例外に対して何らかの処理をすることが、Javaの言語仕様として要求されます。つまり、例外を処理するコードを記述していなければ、コンパイルエラーとなります。「処理しなければならない例外」を言語仕様としてチェック（検査）するようになっていることで、たとえばライブラリを使用したり、複数の人で共同開発をしたりするような場合でも処理するべき例外を見逃せなくなります。このことから、大規模開発などでもミスの起こりにくいプログラムを作りやすくなるのです。

ちなみに、このような例外処理の機構は、ミスが起こりにくくなる反面、強制的にtry〜catchブロックが必要となりプログラムが重厚になるということで、賛否両論があるのも事実です。筆者はエンタープライズ系のミッションクリティカルシステムを開発する機会が多いこともあり、静的型付けとともに、「堅いプログラムを作成する」という立場に立ってそれを言語的にサポートしているJavaの例外機構はいい

ものだと考えています。

(2) java.lang.RuntimeExceptionクラス

　実行時例外を表すクラスです。このクラスを継承した例外は、プログラム中で必ずしも捕捉する必要はありませんし、メソッドの宣言にthrows節を記述する必要もありません。catchブロックもthrows節も記述しなかった場合、発生した実行時例外は呼び出し元に自動的に伝播していきます。

　ということは、実行時例外をどこでも捕捉しなかった場合、どうなるのでしょうか?

　答えは、「そのスレッドが終了してしまう」です。スレッドを開始させた処理自体には、例外は伝播しません。実際にスレッドを開始しているのは、Java VMになります。その結果、Java VMに例外が到達した時点で、そのスレッドは終了してしまいます。スレッドがJava VMのメインスレッドである場合は、アプリケーション自体が終了します[1]。

(3) java.lang.Errorクラス

　「通常のアプリケーションでは捕捉すべきではない重大な問題」を示すクラスです。

　Javaの例外機構の観点からすると、ErrorはRuntimeExceptionと似ていて、catchブロックもthrows節も記述する必要がありません。

　しかしながら、その意味はRuntimeExceptionとは大きく異なります。上に書いたとおり、Errorは「捕捉すべきではない」のです。なぜならば、Errorが発生する状況は、たいていの場合、アプリケーションが異常状態に陥っており、速やかにプログラムを終了させるべきだからです。

　たとえば、有名なErrorの1つにjava.lang.OutOfMemoryErrorクラスがあります。これは、Javaが使うメモリが足りないなど[2]の場合に発生するものです。このエラーが発生した場合は、ログ出力さえできない状態になっていることが考えられます。そういった状態で、アプリケーションが沈黙する(固まったまま何も動作しなくなる)のは最悪の事態といえるので、速やかに終了すべきなのです。

　これら3つのクラスは、java.lang.Throwableのサブクラスとして作成されており、次の図のような継承関係にあります。

※1　厳密には、一部正しくありません。「Daemonスレッドでないスレッド」が1つ以上残っている場合は、アプリケーションは動き続けます。
※2　「メモリが足りない」のほかには、たとえば「スレッドが作成できない」といった、一見するとOutOfMemoryErrorという名前からイメージできないものもあります。

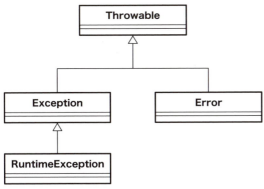

●3つの例外の継承関係

6-1-3　例外処理の3つの構文を使いこなす

例外を捕捉し、処理する構文には、3つの種類があります。1つずつ見ていきましょう。

(1) try〜catch〜finally

基本となるのが、try〜catch〜finallyの構文です。

```
try {
    // SomeException 例外が発生するコードを含む処理
} catch (SomeException ex) {
    // SomeException 例外を catch した場合の処理
} finally {
    // try〜catch ブロックを終了する際に必ず実行するべき処理
}
```

tryブロックは、その名のとおり、Javaの構文から見てもブロックです。そのため、ブロック内で宣言した変数は、ブロックの中でのみ有効となります。

通常、tryブロックの中に書く処理は、必要最小限のものにします。あまり長大な処理をtryブロックの中に入れてしまうと、catchブロックで捕捉した例外がどこで発生したものなのか、コードでは見えづらくなってしまうからです。

tryブロックを短くすると、try〜catchブロックをまたいで変数を参照する必要が出てくる場合もあるでしょう。try〜catchブロックをまたいで変数を使いたい場合は、次に示すリストのようにtry〜catchブロックの開始前に変数を宣言するといいでしょう。

```
// try〜catch ブロックをまたいで使用する変数の宣言
byte[] contents = new byte[100];
InputStream is = null;
```

```
try {
    // 例外が発生するコードを含む処理
    is = Files.newInputStream(path);
    is.read(contents);
} catch (IOException ex) {
    // 例外を捕捉した場合の処理
} finally {
    // try ～ catch ブロックを終了する際に必ず実行するべき処理
    // ※説明をかんたんにするため簡略化して表記
    if (is != null) {
        is.close();
    }
}

// try ～ catch を終えた後にする処理
System.out.println("value=" + new String(contents, StandardCharsets.UTF_8));
```

　finallyブロックは、ストリームやデータベース接続のように、使用後に必ず解放をしなければならないリソース（OSで確保される資源）のオブジェクトを用いる場合によく使われます。

　まず、finallyブロックを使用しない場合を見てみましょう。たとえば、次のような場合は、リソースの解放漏れが起きます。

```
try {
    InputStream is = Files.newInputStream(path);
    is.read(contents);
    is.close();
} catch (IOException ex) {
    // 例外を捕捉した場合の処理
}
```

　このプログラムでは、tryブロックの中でisインスタンスのcloseメソッドの呼び出しより前に例外が発生した場合、たとえばreadメソッドで例外が発生すると、closeメソッドは実行されないままcatchブロックに制御が移るため、InputStreamオブジェクトのリソースが解放されないことになります。システムで扱えるリソースの量には限りがあるため、このような処理を何度も実行するようなシステムは遅かれ早かれリソースが枯渇し、停止してしまうでしょう。

　リソース解放漏れの問題を避けるため、次のようにfinallyブロックを使ってリソースを解放する処理を記述します。

```
InputStream is = null;
try {
    is = Files.newInputStream(path);
    read(contents);
    // contents に対する処理
} catch (IOException ex) {
    // 例外を捕捉した場合の処理
```

```
    } finally {
        if (is != null) {
            try {
                is.close();
            } catch (IOException closeEx) {
                // is.close メソッドが IOException を throw するため
                // catch ブロックが必要だが、この場面で処理する
                // ことがないため、何もしない
            }
        }
    }
}
```

(2) try-with-resources

　ここまでで説明した書き方は、Java 6までの定石でした。ただ、finallyブロックの書き方は冗長で、リソースを複数使用するtry～catchブロックでは冗長さがさらに倍増し、非常に面倒です。

　そこでJava 7から導入されたのが、try-with-resourcesという構文です。まずは、先ほどの「定石」コードを、try-with-resourcesで書き直してみましょう。

```
try (InputStream is = Files.newInputStream(path)){
    is.read(contents);
    // contents に対する処理
} catch (IOException ex) {
    // 例外を捕捉した場合の処理
}
```

　わずか、これだけでOKです。どうしてなのでしょうか？

　じつはJava 7から、InputStreamなどのリソースを扱うクラスは、java.lang.AutoCloseableインタフェースまたはjava.io.Closeableインタフェースを実装するようになりました（java.io.Closeableインタフェースは、java.lang.AutoCloseableインタフェースを継承しています）。

　そして、tryブロックの開始時（try (...) で書く ... の部分）にAutoClosableインタフェースの実装クラスを宣言しておくと、そのtry～catchブロック終了時の処理をおこなうcloseメソッドを自動的に呼び出してくれるようになるのです。

　では、closeメソッドで例外が発生した場合はどうなるのでしょうか？

　その場合は、try-with-resourcesブロックの外に例外がthrowされます。しかしながら、その前にtryブロックで例外が発生している場合は、closeメソッドの例外は抑制され、tryブロックで発生した例外がthrowされることになります。抑制された例外は、Throwableクラスのの getSuppressedメソッドで取得できます。

　なお、tryブロックの開始時に記述する宣言は、複数の文を記述できます。

```
try (InputStream is = new FileInputStream(fromFile);
    OutputStream os = new FileOutputStream(toFile)) {
    is.read(contents);
```

```
    os.write(contents);
} catch (IOException ex) {
    // 例外を捕捉した場合の処理
}
```

この場合、InputStreamオブジェクトとOutputStreamオブジェクトは、どちらかの処理中に例外が発生したとしても、両方きちんとクローズしてくれます。

さらに、tryブロック開始時の宣言に書く場合、1文目で定義したオブジェクトを2文目で使用することもできます。

```
try (Connection con = DriverManager.getConnection(myConnectionURL);
     PreparedStatement ps = con.prepareStatement(sql)) {
    ps.setInt(1, 123);
    int result = ps.execute();
    // ...
} catch (IOException ex) {
    // エラー処理
}
```

この場合でも、ConnectionオブジェクトとPreparedStatementオブジェクトは、処理中に例外が発生した場合に両方きちんとクローズしてくれます。

ただし、何事も「やりすぎ」はよろしくありません。tryブロック開始時の宣言に長々と処理を記述するのは、プログラムの可読性を著しく損なう恐れがあるため、やめましょう。たとえば、tryブロック開始時の宣言部で変数の初期値代入やログ出力といった、リソース確保／解放に関係のない処理を書くべきではありません。また、1つのtry～catch～finallyブロックに何個もリソースを確保しなければならない処理があったら、そもそもの設計を見直したほうがいいでしょう。

(3) マルチキャッチ

これまでの例は、tryブロックの中で1種類の例外しか発生しない想定でした。しかしながら、実際の仕事でプログラムを作るようになると、tryブロックの中で複数の例外が発生することも珍しくありません。

たとえば、データベースにアクセスする処理と、ファイルを読み込む処理を順におこなう場合には、それぞれの処理で例外が発生します。このとき、それぞれの処理にcatchブロックを書くこともできますが、例外が増えるたびにcatchブロックが必要になるため、例外処理だけでプログラムが煩雑になります。

```
try {
    Class<?> clazz = Class.forName(className);
    SomeClass objSomeClass = clazz.newInstance();
} catch (ClassNotFoundException ex) {
    // ClassNotFoundException に対するエラー処理
} catch (InstantiationException ex) {
    // InstantiationException に対するエラー処理
```

```
} catch (IllegalAccessException ex) {
    // IllegalAccessException に対するエラー処理
}
```

それぞれの例外に応じた処理をしたい場合もあるでしょう。けれども、多くの場合は、ログを出力して上位で例外を発生させる（再throwする）か、処理を中止させることになります。面倒だからといって、Exceptionで捕捉してはいけません（この理由については、「6-2-3　恐怖のthrows Exception感染」で説明します）。

複数の例外で同じ処理をしたい場合は、Java 7から導入された「マルチキャッチ」を利用すると、煩雑なcatchブロックの記述を少しは楽にできるでしょう。

```
try {
    Class<?> clazz = Class.forName(className);
    SomeClass objSomeClass = clazz.newInstance();
} catch (ClassNotFoundException |
        InstantiationException |
        IllegalAccessException ex) {
    // エラー処理
}
```

このように書くと、ClassNotFoundException、InstantiationException、IllegalAccessExceptionのどれが発生しても、同じcatchブロックでエラー処理がおこなわれるようになります。

もちろん、catchブロックを複数書くこともできます。例外処理を分ける必要がある場合は、それぞれ別々のcatchブロックを書くことになります。

```
try {
    Class<?> clazz = Class.forName(className);
    SomeClass objSomeClass = clazz.newInstance();
} catch (ClassNotFoundException ex) {
    // ClassNotFoundException に対するエラー処理
} catch (InstantiationException |
        IllegalAccessException ex) {
    // InstantiationException と IllegalAccessException に対するエラー処理
}
```

このように書くと、次のように処理がおこなわれるようになります。

・ClassNotFoundExceptionが発生した場合
　　→ClassNotFoundExceptionに対するエラー処理

・InstantiationException、IllegalAccessExceptionが発生した場合
　　→InstantiationExceptionとIllegalAccessExceptionに対するエラー処理

つまり、共通した例外処理を柔軟、かつ簡潔に記述できるのが「マルチキャッチ」の便利なところです。

6-2 例外処理でつまずかないための ポイント

6-2-1 エラーコードをreturnしない

　メソッドに処理を依頼した結果を、エラーコードの戻り値として受け取るパターンを見かけることがあります。正常なら0、異常時は0以外。引数の不正は1、ファイルオープン失敗は2、データエラーは3、……などなど。

　でも、これらの値をどこで定義しますか？　その値が追加されたときのメンテナンスはどうしますか？

　例外機構のない言語では、エラーコードをreturnするコードが使われることが多いと思います。しかし、Javaには例外機構が言語仕様として提供されているため、エラーが発生したら、例外を発生させるべきです。

　正常に処理が終了したら、そのオブジェクトを戻り値で返してあげればいいですね。そうすることで、呼び出し元からみれば「メソッドが終了して戻り値が得られたら、処理自体は成功した」と考えられるので、呼び出し元で不要なif文を作成する必要がなくなります。

```java
public String getValueFromFile(File file) throws IOException {
    Properties props = new Properties();
    props.load(Files.newInputStream(file.getPath()));

    // ファイル読み込みに失敗している場合はここに来ない
    // → props が正しくファイルを読み込めたかを if 文で判定する必要がない
    String value = props.getString("key");
    return value;
}
```

　ただし、何でもかんでも例外をthrowすればいいわけではありません。isXxxメソッドといった、元々判定処理を意図したメソッド（booleanを返すもの）は、判定結果がfalseになるような場合でも、判定自体がおこなえたならば、（判定をおこなうという）処理が成功したとみなし、例外はthrowしないようにするべきでしょう。

6-2-2 例外をもみ消さない

　例外は、catchブロックで捕捉したら、その扱いは自由です。再throwしなくても、コンパイルエラーにはなりません。そのため、考える手間を惜しんで、次に示すようなコードを書く人がいます。

187

```java
String strValue = "123";
try {
    int intValue = Integer.valueOf(strValue);
    System.out.println("intValue is " + intValue);
} catch (NumberFormatException ex) {
    // 何もしない
    // ※どうせエラーなんて起きるはずがない？
    // ※でも、strValue が可変の値になったらどうしよう？
}
```

　これは、よくありません。「例外が起きたことすらもわからない」という問題が起きるからです。

　では、何もする必要がない場合には、どのようにcatchブロックを記述するのがいいのでしょうか？ここでのポイントは、2つあります。

(1) ログ出力を忘れない

　1つ目は、「ログを出力する」です。何もすることがなくても、少なくともログさえ出しておけば、いざというときにログを確認すれば障害の原因を知ることができるかもしれません。

　ログを出力する場合は、発生した例外をログに記録することを忘れないようにしましょう。例外オブジェクトは、問題解決の糸口になる情報の宝庫です。探偵がダイイングメッセージを元に犯人を推理するように、我々エンジニアは例外の情報を元にバグを特定するのです。糸口がなければ、名探偵の力をもってしても事件はたちまち迷宮入りしてしまうでしょう。

　例外をログに出力する場合は、できるだけ、「例外のスタックトレース」もログに出力させるようにしましょう。スタックトレースは、例外が発生するに至った、クラスとメソッドの呼び出し過程がわかる情報になっています。つまり、「どこで例外が発生したのか」が「ソースコードレベルでわかる」情報なのです。開発者にとっては、この情報の有／無でデバッグの効率が大きく変わります。

　ログを出すには、「Chapter 14　ライブラリで効率を上げる」で紹介するLoggerを使用します。使い方の詳細はそちらをご覧いただくとして、ここでも例を見ながら考えてみましょう。次のコードを実行すると、IntegerクラスのvalueOfメソッドの呼び出し時にNumberFormatExceptionが発生します。しかし、それは（読者のあなたも）ソースコードがあるからわかることです。

```java
import org.slf4j.Logger;
import org.slf4j.LoggerFactory;

public class ValuePrinter {
    // ログオブジェクト
    private Logger log = LoggerFactory.getLogger(ValuePrinter.class);

    public void printValue() {
        String strValue = "abc";
        try {
            int intValue = Integer.valueOf(strValue);
            System.out.println("intValue is " + intValue);
```

```
        } catch (NumberFormatException ex) {
            log.warn(" 数値ではありません。 ");
        }
    }
}
```

実際にプログラムを動かした側は、次に示すメッセージだけを見ることになります。

● **実行結果**

```
20:03:48.806 [main] WARN ValuePrinter - 数値ではありません。
```

これだけでは、問題がどこで起きたのかを特定するのは難しいでしょう。

なお、この例ならば、「元のソースコードを見ればすぐわかるだろう……」と思われるかもしれません。しかしながら、実際の仕事で開発するプログラムは、これよりはるかに長く、複雑な構造になっているため、「ソースコードを見る」といっても「どのクラスを見ればいいのか?」といった部分からしてわからなくなってしまうのです。

次に、例外のクラス名を表示するようにしてみます。

```
// Logger log = ...

String strValue = "abc";
try {
    int intValue = Integer.valueOf(strValue);
    System.out.println("intValue is " + intValue);
} catch (NumberFormatException ex) {
    log.warn(" 数値ではありません。 " + ex);
}
```

```
20:03:48.806 [main] WARN ValuePrinter - 数値ではありません。
java.lang.NumberFormatException: For input string: "abc"
```

NumberFormatException例外が発生して処理が終わったこと、入力文字列が"abc"だったことまではわかるようになりました。しかし、やはりどのコードで例外が発生したかはわかりませんね。

最後に、例外のスタックトレースを出力させてみます。

```
// Logger log = ...

String strValue = "abc";
try {
    int intValue = Integer.valueOf(strValue);
    System.out.println("intValue is " + intValue);
} catch (NumberFormatException ex) {
```

```
    log.warn(" 数値ではありません。",  ex);
}
```

```
20:03:48.806 [main] WARN ValuePrinter - 数値ではありません。
java.lang.NumberFormatException: For input string: "abc"
        at
java.lang.NumberFormatException.forInputString(NumberFormatException.java:65)
        at java.lang.Integer.parseInt(Integer.java:492)
        at java.lang.Integer.valueOf(Integer.java:582)
        at ValuePrinter.main(ValuePrinter.java:7)
```

これを見ると、ValuePrinterクラスのmainメソッドで、Integer.valueOfメソッドを呼び出した際に NumberFormatExceptionが発生したということがわかるようになります。しかも、「ValuePrinter. java:7」という部分を見て、ValuePrinter.javaファイルの7行目を見るといいことがわかります。問題 のあるコードが即座に特定できるでしょう。

実際の仕事の場面で、このようなエラーメッセージを見るのは、開発者（あなた）ではないだれかに なります。運用者かもしれないし、試験担当者かもしれません。その場合、その"だれか"は、開発者で あるあなたに修正を依頼してきます。はたして「数値ではありません」というメッセージだけで、あなた は問題を特定し、速やかに修正することができるでしょうか？

あなたは「どこでエラーが起きたのかわからない！」と困惑し、しかたなく再現手順を問い合わせて、 自分の環境で再現させようと考えるでしょう。しかし、発見者に問い合わせても再現手順を教えてくれる とは限らず（というよりも、相手も再現手順をわかっていないことがほとんどです）、いよいよ手詰まりに なってしまいます。

このようなことにならないように、例外のスタックトレースをログに出力しておくようにしましょう。

（2）処理を継続するか判断する

2つ目のポイントは、処理を継続するかどうかを明確にすることです。

注意しなければならないのは、例外が発生した行からcatchブロックまで処理が移った結果、オブ ジェクトの状態が変わっていない場合があるということです。catchブロックに処理が移った時点で、オ ブジェクトの初期化が完了していなかったり、取得するべき値が得られていなかったりする場合がほとん どだと思います。そのような場合、処理を継続しても、結局はNullPointerExceptionが発生するなど して意味のない処理になるわけです。

● よくない例

```
// Properties props = ...

String strValue = null;
try {
    strValue = props.get("key");
} catch (IOException ex) {
```

```
        log.warn(" プロパティ [key] が見つかりません ", ex);
}

// key の長さを判定する → null になっている可能性がある
if (strValue.length() < 8) {
    log.error("8 文字以上が必要 ");
    return;
}
```

そのため、ほとんどの場合、例外が発生したら後続処理を中止して、ただちに復旧するか上位メソッドに例外をthrowすることになります。処理を継続する場合は、たとえばデフォルト値を与えて、それ以降の処理を継続しても大丈夫なようにします。

```
String strValue = null;
try {
    strValue = props.get("key");
} catch (IOException ex) {
    log.warn(" プロパティの読み込みに失敗しました ", ex);
    strValue = "default";
}

// key の長さを判定する → null にならないため問題が起きない
if (strValue.length() < 5) {
    log.error("5 文字以上が必要 ");
    return;
}
```

6-2-3　恐怖の throws Exception 感染

「複数の例外が発生するけれども、例外の宣言や捕捉が面倒だから」といった理由で、メソッドの宣言に「throws Exception」と記述する人がいます。これは、あとで悲劇を生むのでやめましょう。throws Exceptionは、次に挙げる恐怖の感染を引き起こすからです。

(1) 呼び出し元でExceptionを捕捉しなければならなくなる

検査例外は、呼び出し元でこれを捕捉するか、上位へ再throwしなければならないことは、「6-1-1 例外の3つの種類」の（1）で説明しました。ということは、Exceptionクラスは検査例外を表すので、throws Exceptionで宣言されているメソッドを呼び出したコードは、これを捕捉するか、上位へ再throwさせなければならないということです。

```
public void caller() {
    try {
        callee();
    } catch (Exception ex) {
        // 捕捉しなければならない
```

191

```
    }
}

private void callee() throws Exception {
}
```

　たとえ、calleeメソッドで実際に例外が発生しないとしても、callerメソッドではExceptionクラスの catchブロックを書く必要があります。このコードは1階層の呼び出ししかない単純な例ですが、これが 何階層にもわたると、上位の呼び出し元は「なぜ例外を捕捉しなければならないかがわからない」とい う状態になるでしょう。

（2）途中でIOExceptionなど具体的な例外が発生するとしても、Exceptionに巻き込まれる

　Exceptionクラスは、すべての例外の基底クラスなので、IOExceptionなど具象クラスの例外が発生 するとしても、throws Exceptionで宣言できてしまいます。呼び出し元は、そのExceptionが実際に は具象クラスの例外だったとしても、その種類を理解してコードを書くことはできません。

```
public void caller() {
    try {
        callee();
    } catch (Exception ex) {
        // 発生した例外の種類で catch ブロックを分けることができない
    }
}

private void callee() throws Exception {
    // これらのメソッド呼び出しでは、次の検査例外が発生する可能性がある
    //   ClassNotFoundException
    //   InstantiationException
    //   IllegalAccessException
    Class someClass = Class.forName(className);
    SomeClass obj = someClass.newInstance();
}
```

（3）途中でRuntimeExceptionが発生しても、Exceptionに巻き込まれる

　（2）と同じ理屈ですが、RuntimeExceptionが実行時例外なので、こちらのほうがより問題になる といえるかもしれません。

・実行時例外でかまわないケースでも、検査例外と同じように捕捉しなければならなくなる

・検査例外と思って処理をしていると、実行時例外が発生した場合に正しくない処理をおこなうかも しれない

・もし呼び出し元で捕捉して上位に伝播させないと、本当は処理が必要な実行時例外を見逃してし まうかもしれない

```java
public void caller() {
    try {
        callee();
    } catch (Exception ex) {
        // ここで、捕捉した例外を検査例外だと思って処理していると、
        // callee メソッドで NullPointerException が発生した場合の
        // 処理が適切ではないかもしれない
    }
}

private void callee() throws Exception {
    String str = null;
    // ここで NullPointerException が発生する
    System.out.prntln("str.length = " + str.length());
}
```

RuntimeExceptionが発生する処理に対してExceptionを捕捉する処理を書くと、本来捕捉するべきではない例外も意図せず捕捉してしまうことがあります。RuntimeExceptionはプログラムのバグを示している場合があるため、これを捕捉してしまった場合、バグの発見が遅れてしまう場合があります。

それぐらい、RuntimeExceptionを意図せず捕捉してしまうことは危険であり、このような事態を引き起こす可能性があるthrows Exceptionは避けるべきなのです。

「開発フェーズの単体試験や結合試験でプログラムのバグを取りきる」という前提に立てば、バグが発生した場合は、例外がmainメソッドを突き抜けてアプリケーションを異常終了させてしまうほうが、問題に気づいてすぐ対応できるのでよいと考えることができます。もちろん、本番環境でバグが発生してアプリケーションが異常終了してしまうのは問題であるため、アプリケーションの求める品質要件によっては、どのような問題が起きても処理を継続させる仕組みを検討する必要があります（Noteを参照）。

Note **それでもExceptionを捕捉するとき**

基本的にやってはいけないことであっても、それでもExceptionを捕捉しなければならないケースもわずかに存在します。それは、次に示すようなケースです。

① **呼び出し先がExceptionをthrowしてくる場合**

古いライブラリや、他人が作成したコードでExceptionが発生するものがあります。このようなケースでは、しかたがないのでExceptionを捕捉しますが、さらに呼び出し元で発生させる場合は独自例外にラップしてから発生させるなどの工夫をします。

② **何か問題が起きたとしても処理を継続させる必要がある場合**

たとえば、スレッドプールのワーカースレッドは、呼び出し先でどのような例外が発生するかは不明な場合が多いでしょう。ワーカースレッドの処理で例外が発生した結果、スレッドが終了してしまうと、スレッドプール内のワーカースレッド数が減ってしまいます。これを繰り返すと、ワーカースレッドが1つもなくなってしまう可能性があります。処理ができなくなってしまうと問題が生じるので、例外が発生したとしてもスレッドを終了させたくありません。

そのような場合は、スレッド処理の一番外側でExceptionを捕捉し、ワーカースレッド内の処理が異常終了した場合でもスレッドプールに戻せるようにすることがあります。この場合は、どのような例外を捕捉しても問題がないような処理を記述する必要があります。

どちらのケースも、事情としてはかなり特殊なものだといえるでしょう。ほかにもあるかもしれませんが、「どうしても必要なのか?」「ほかに解決策はないのか?」といったことを十分に検討してください。

6-2-4　どの階層で例外を捕捉して処理するべきか

例外を受け取る側は、捕捉するか、それとも上位で例外を発生させるべきかを判断する必要があります。例外が発生する原因や場所はそれぞれだと思いますが、作る人や気分によってバラバラに処理していては統制がとれません。

では、どの部分で例外を処理するのが適切なのでしょうか?

基本的な考え方としては、まず、次の2種類に分けてみるといいでしょう。

・例外が発生する（可能性がある）箇所
・処理の流れを判断する箇所

前者の「例外が発生する（可能性がある）箇所」とは、言い換えれば末端の処理になるので、個別に処理の中止や回復の判断をすると、全体的な流れが見えなくなってしまいます。また、個別に判断しようとすると大変な数を対象にしなければならなくなります。数が多いということは、それだけまちがえやすいということになりますし、1つ変更を加えたときには同じ変更を水平展開するのも大変になります。したがって、末端の処理では「例外を発生させるだけ」に留めるのがいいでしょう。

一方で、後者の「処理の流れを判断する箇所」は、末端の処理から発生した例外を捕捉するべきところであり、処理を継続するか／中止するかはこの部分で判断するべきです。大きなプログラムになると、ある程度の処理の固まりとして複数の階層が出来上がることと思います。そのような場合は、できるだけ上位の呼び出し元階層で例外を捕捉するようにしたほうが扱いやすい場合が多いでしょう。例外を捕捉する階層は、プログラムを作り始める前の設計段階で認識を合わせておくべきです。

いずれにしても、リソースの後始末は、try〜finallyブロックで忘れずにおこないましょう。

6-2-5　独自例外を作成する

通常、特に理由がなければ、Javaの標準APIにある例外クラスから適切なクラスを選択して使用するのがいいでしょう。しかし、例外を個別に処理するのではなく、統一的に処理したい場合があります。そのときに利用するのが、独自例外です。よく作る独自例外が以下の2つです。

(1) アプリケーション例外（例：ApplicationExceptionクラス）

アプリケーションのビジネスロジックでエラーが発生したことを示す例外として作成します。Webアプリケーションの場合、該当の処理をやり直すことができるエラーがこれに当たります。

たとえば、画面から入力したデータがシステムが期待するフォーマットに合っていない場合などに、ApplicationIllegalFormatExceptionなどのように具象クラスを作成したりします。

(2) システム例外（例：SystemExceptionクラス）

「データベースが停止している」「ネットワークがつながらない」など、システムとして正常動作を継続できない場合などに、システム全体に影響がある障害が発生したことを示す例外として作成します。

標準APIにある例外を使うべきか、独自例外を作るべきかについては迷うところがあるかもしれません。次の2つの条件を満たす場合は、独自例外を作るべきといえます。

（1）業務に特化した処理である（少なくとも、広く再利用するものではない）
（2）フレームワークやシステムで共通的な例外処理をする

条件を満たす場合に独自例外を導入すると、次のメリットがあると考えられます。

・Javaの標準APIにある例外クラスと区別することで、例外を捕捉する側が多くの例外を意識しなくて済むようになる
・業務ロジックとして共通処理を作る際に、影響範囲を局所化することができる

反対にいえば、例外処理をおこなうロジックが業務に依存しない場合は、標準APIにある例外を使うべきです。

独自例外は、それぞれ以下のようにして作成します。

・検査例外　　→　java.lang.Exceptionクラスを継承
・実行時例外　→　java.lang.RuntimeExceptionクラスを継承

ごくかんたんな、独自例外クラスの例を次に示します。

```java
public class ApplicationException extends Exception {
    public ApplicationException(String message) {
        super(message);
    }

    public ApplicationException(String message, Throwable cause) {
        super(message, cause);
    }
```

195

```
    public ApplicationException(Throwable cause) {
        super(cause);
    }
}
```

　java.lang.Exceptionクラスには、ほかにも引数なしのコンストラクタなどがありますが、独自例外クラスでは、できるだけ引数を強制する形にするべきです。これまでに説明してきたとおり、例外はデバッグなどに必要な情報になるからです。後からログを見てわからなくなるようなことがないように、開発者にもメッセージや発生の原因となった例外を指定してもらうようにするべきです。

　ちなみに、筆者のおすすめは、メッセージの替わりに、エラーIDとパラメータを指定するというものです。

```
public class ApplicationException extends Exception {
    private String id;
    private Object[] params;

    public ApplicationException(String id, Object... params) {
        super();
        this.id = id;
        this.params = Arrays.copyOf(params, params.length);
    }

    public ApplicationException(String id, Throwable cause, Object... params) {
        super(cause);
        this.id = id;
        this.params = Arrays.copyOf(params, params.length);
    }

    public String getId() {
        return id;
    }

    public Object[] getParams() {
        return Arrays.copyOf(params, params.length);
    }
}
```

　このようにすると、実際のメッセージなどを「エラーIDに対応する情報」としてプログラムの外に追い出すことができるようになります。

　チームでシステムを開発していると、メッセージの書き方がバラバラになったり、メッセージを変更しようとした場合にどこを修正すればいいのかがパッとわからなくなるということがよくあります。また、多言語に対応する必要が出てきたりすることもあるでしょう。そのような場合に、プログラムにメッセージを埋め込んでいるとメンテナンスしづらくなります。そこで、メッセージリソースをプロパティファイルな

ど別にしておき、ログ出力共通クラスや例外ハンドラといった仕組みを用いてメッセージに変換するようにしておくと、メンテナンス性の良い仕組みにすることができます。

ログメッセージに組み込むパラメータは、可変長引数として用意しておきます。ただし、この仕組みはシステム開発の最初に導入しておくことが肝心です。途中から導入するのはそれなりに労力が必要です（それでもやる価値が高い場合はあるでしょう）。

■ 6-2-6 例外のトレンド

本章の最後に、例外の3つのトレンドをご紹介します。

(1) 検査例外よりも実行時例外を使う

フレームワークの独自例外は、だいたい実行時例外になっています。プログラム開始に近い共通部分でまとめて例外を処理することで、例外処理自体をシンプルにする狙いと、例外をいちいち個々のロジックで処理しなくてすむため、ロジックのコードもシンプルにできるメリットがあります。

たとえば、Java 8ではStream APIで処理するために、UncheckedIOExceptionを追加しています。フレームワーク独自例外としては、SQLRuntimeExceptionなどの例外ラッパーが作られることがあります。

(2) ラムダ式の中で発生した例外の扱い

ラムダの中に記述した処理で例外が発生する可能性があります。特にStream APIで利用する、java.util.functionパッケージにある関数型インタフェースに対するラムダ式では、ラムダ式内で発生する例外が検査例外だった場合は、捕捉しないと、コンパイルエラーが発生します。RuntimeExceptionだった場合は、ラムダ式を呼び出した処理に例外がスローされます。

```java
try (BufferedWriter writer = Files.newBufferedWriter(Paths.get(W_FILENAME))) {
    // writer.write() が IOException をスローするので、捕捉するように言われる
    lines.forEach(s -> writer.write(s + '\n'));
} catch (IOException ioex) {
    System.out.println("IOException in Writer-try.");
    ioex.printStackTrace(System.out);
    throw new UncheckedIOException(ioex);
}
```

ラムダの中で発生した実行時例外をスローすると、ラムダの外側に例外を伝えることができます。しかしながら、たとえば（parallelStreamメソッドを使うなど）並列実行する場合は、すべての例外を受け取れるわけではありません。そのような場合を考慮して、ラムダの中ですべての例外を処理するのがいいでしょう。

```
try (BufferedWriter writer = Files.newBufferedWriter(Paths.get(W_FILENAME))) {
    lines.forEach(s -> {
        // ラムダの中で例外を捕捉する
        try {
            writer.write(s + '\n');
        } catch (IOException ex) {
            System.out.println("IOException in lambda.");
            ex.printStackTrace(System.out);
            throw new UncheckedIOException(ex);
        }
    });
} catch (IOException | RuntimeException ex) {
    System.out.println("Exception in Writer-try.");
    ex.printStackTrace(System.out);
    throw ex;
}
```

(3) Optionalクラスの導入によるメリット

Java 8から、Optionalクラスが導入されました。Optionalクラスが導入されたのは、Javaが NullPointerExceptionを発生しやすい言語である点を改善するためです。

Javaのプログラミングをするうえで、APIを呼び出した際に、その戻り値が存在しない場合に、null を返すAPIは多くあります。たとえば、java.util.Mapクラスのgetメソッドは、指定したキーに該当する 値が存在しない場合にnullを返します。

この仕様はAPIのJavadocに記載されていますが、nullチェック（変数がnullであるかどうかをチェッ クして、nullの場合に処理をおこなわないようにする）をしなくても、コンパイル時はエラーになりません。 そのため、開発者が意識的にnullチェックをしないと、NullPointerExceptionは防げません。

```
Map<String, String> map = new HashMap<>();

String value = map.get("key1"); // 何も保存していない状態で get を呼び出す

// value.length() NullPointerException!!!

if (value != null) { // null チェック
  System.out.println(value.length());
} else {
  System.out.println("null value"); // null value
}
```

Optionalクラスを利用すると、このような状況を改善できます。まずは、Optionalクラスが持つおも なメソッドについて説明します。

メソッド	説明
Optional<T> optional = Optional.of(T value)	値を持つOptionalオブジェクトを返す
Optional<T> optional = Optional.empty()	値を持たないOptionalオブジェクトを返す
T value = optional.get()	値を返す。値を持たないOptionalの場合には例外が発生するため、isPresentメソッドで確認した後に使用する
T value = optional.orElse(defaultValue)	値を持つ場合はその値を、値を持たない場合は引数で指定された値を返す
optional.isPresent()	値を持つ場合はtrue、値を持たない場合はfalseを返す
optional.ifPresent(value -> {...})	値を持つ場合のみ、ラムダ式の処理をおこなう

●Optionalクラスが持つおもなメソッド

　実際に、「Chapter 3　型を極める」で取り上げたスタッククラスにOptionalクラスを導入してみましょう。ポイントは、今までnullを返す可能性があったpopメソッドを、Optionalオブジェクトを返すように変更することです。

```java
public class OptionalStack<E> {

  private List<E> taskList;

  public OptionalStack() {
    this.taskList = new ArrayList<>();
  }

  public boolean push(E task) {
    return this.taskList.add(task);
  }

  public Optional<E> pop() {
    if (this.taskList.isEmpty()) {
      return Optional.empty();
    }

    return Optional.of(this.taskList.remove(this.taskList.size() - 1));
  }
}
```

```java
OptionalStack<String> optStack = new OptionalStack<>();

Optional<String> optional = optStack.pop(); // まだ push していないので、値を持たない
                                            // optional を返す

String optElement = optional.orElse("empty"); // optional の値が存在しない場合は
                                              // "empty" を返す

System.out.println(optElement); // empty

optStack.push("Scala");
```

```
    optStack.push("Groovy");
    optStack.push("Java");

    optional = optStack.pop();

    if(optional.isPresent()) { // optional の値が存在した場合のみ実行する
      System.out.println(optional.get()); // Java
    }

    optional = optStack.pop();

    optional.ifPresent(System.out::println); // Groovy
```

　利用する側のクラスを確認してみましょう。popメソッドを呼び出すと、Optional型のオブジェクトが返ります。

　ここでポイントとなるのは、「Optionalオブジェクトを取得した後は、開発者はOptionalオブジェクトが値を持つのか、持たないのかを明確に意識してコードを書かなければならない」という点です。

　isPresentメソッドで値を持つかどうかを確認するのは、意味合いとしてはnullチェックをしているのと処理上はあまり変わりありません。しかし、Optionalクラスを利用することで、API利用者が自分で意識してnullチェックに気を配ることに頼るのではなく、APIがOptionalオブジェクトを返すことで、（よい意味で）強制的に値を持つ場合、持たない場合のコードを書かせることになります。さらに、orElseメソッドやラムダ式に処理を渡すことができる便利なメソッドが用意されているため、プログラムがかんたんになります。

　Optionalクラスはオブジェクトを扱いますが、プリミティブ型であるint、long、doubleを扱いたい場合には、それぞれOptionalInt、OptionalLong、OptionalDoubleの各クラスを使います。

Chapter 7

文字列操作を極める

7-1　文字列操作の基本 ─────────────────── 202

7-2　正規表現で文字列を柔軟に指定する ─────────── 211

7-3　文字列のフォーマットと出力 ──────────────── 215

7-4　文字コードを変換する ───────────────── 217

7-1 文字列操作の基本

　文字列は、プログラムを作成する際には必ずといっていいほど現れる要素です。用途も豊富であり、ログやメールの文面、顧客のリスト、ファイルの一覧情報など、さまざまなものがプログラム上の文字列として表現されます。

　反面、多くの文字列を扱うため、データのバリエーションや量が膨大になりやすく、扱いを誤るとパフォーマンス問題などの重大なバグにつながることもあります。たとえば、繰り返し文字列の結合をするだけの処理が、書き方ひとつで極端に遅い処理になってしまうことがあります。それが、システムを使用するユーザーを長時間待たせてしまう状況になると大変です。普段から頻繁に使う文字列だけに、問題の影響度は大きいのです。

　そのような問題を起こさないようにするためにも、Javaの文字列操作の特徴をおさえておきましょう。

7-1-1　Stringクラスの特徴

　Javaには、文字列を表すためのクラスとしてStringクラスが用意されています。まずは、Stringクラスの特徴を確認してみましょう。

Stringはcharの配列を保持している

　Stringは、文字列の情報を、内部ではchar型の配列として保持しています。charは単一文字を保持する型ですが、Stringはcharを配列で保持することにより、複数の文字（文字列）をまとめて扱うことができます。

一度作ったら変更できない

　Stringオブジェクトは、一度作ったら変更できません。次の例は、文字列を小文字に変換するものです。

●リスト

```
String originalText = "THIS IS TEST!";
String lowerText = originalText.toLowerCase();

System.out.println(originalText);
System.out.println(lowerText);
```

```
THIS IS TEST!
this is test!
```

Stringクラスの toLowerCase メソッドは、文字列に含まれる大文字をすべて小文字にして返します。ですが、小文字化したあとの出力を見ても、originalText の内容は変更されていないことがわかります。toLowerCase メソッドは、小文字化した結果の新しい String オブジェクトを返しているだけで、呼び出し元の内容を変更しないのです。

じつは、String クラスの持つ、切り取り・置換・結合・変更などのすべての加工用メソッドが、加工した結果の新しいオブジェクトを作るような動きに統一されています。そのため、どんな加工用メソッドを呼んでも、元の文字列が変更されることはありません。

なお、このように、一度オブジェクトを作成したら状態が変更されることはない（＝変更されないことを API で保証している）クラスの性質をイミュータブル（immutable）と呼びます。String クラスは、イミュータブルなクラスです。イミュータブルについては、「Chapter 10　オブジェクト指向をたしなむ」で説明します。

7-1-2　文字列を結合する３つの方法

文字列を組み合わせて文字列を構築する処理は、プログラムの中で頻繁に登場します。まずは、2つの文字列を結合して、1つの文字列にする方法を見てみましょう。

Javaでは、文字列を結合する方法がいくつか用意されています。代表的な方法が次の3つです。

・StringBuilder クラスを使う
・+演算子を使う
・String クラスの concat メソッドを使う

(1) StringBuilder クラスを使う

StringBuilder クラスは、可変の文字列を保持するクラスで、文字列の結合や削除などを繰り返しおこなう際に使用します。

次の例では、StringBuilder クラスの append メソッドを使って文字列を結合しています。

```
String aaa = "aaa";
String bbb = "bbb";

StringBuilder builder = new StringBuilder();
builder.append(aaa);
builder.append(bbb);

String str = builder.toString();
System.out.println(str);
```

```
aaabbb
```

（2）+演算子を使う

+演算子を使った文字列結合の例を次に示します。結合したい文字列を「+」でつなぎます。

```
String aaa = "aaa";
String bbb = "bbb";

String str = aaa + bbb;
System.out.println(str);
```

```
aaabbb
```

（3）String クラスの concat メソッドを使う

Stringクラスのconcatメソッドを使った文字列結合の例を次に示します。結合元の文字列の concatメソッドの引数に、結合したい文字列を指定します。

```
String aaa = "aaa";
String bbb = "bbb";

String str = aaa.concat(bbb);
System.out.println(str);
```

```
aaabbb
```

このように、文字列結合の方法を並べて見てみると、「コードが単純な+演算子を使う方法がいいのでは?」と思われるかもしれません。しかし、ここで考慮しなければならないのが、パフォーマンスです。ループ処理（for文、while文）の中で、文字列を順次結合していく処理をおこなう場合、StringBuilderクラスを使う方法と+演算子を使う方法を比べると、処理時間に圧倒的な差が出てきます。

指定した数（LOOP_COUNT）だけ文字列 "a" を結合するコードで、処理時間を比べてみましょう。StringBuilderを使う方法のほうが、速くなります。

● StringBuilder クラスの append メソッドを使う場合

```
StringBuilder builder = new StringBuilder();
for (int i = 0; i < LOOP_COUNT; i++) {
    builder.append("a");
}
```

● +演算子を使う場合

```
String str = "";
for (int i = 0; i < LOOP_COUNT; i++) {
    str += "a";     // str = str + "a" と同じ意味
}
```

● String クラスの concat メソッドを使う場合

```
String str = "";
for (int i = 0; i < LOOP_COUNT; i++) {
    str = str.concat("a");
}
```

LOOP_COUNT = 100000とした場合、処理時間は次に示すような結果になります。

```
文字列結合の方法                                処理時間
--------------------------------------------------------------
StringBuilder クラスの append メソッドを使う場合      2.4 msec
+ 演算子を使う場合                               11,219 msec
String クラスの concat メソッドを使う場合            4,595 msec
```

　このとおり、処理時間に大きな差がつきました。もちろん、実行する環境（CPUやそのほかに動かしているアプリケーションなど）によって数字は異なりますが、「+演算子やconcatメソッドを使ったほうが遅くなる」という傾向は大きく変わりません。

　これは、+演算子やconcatメソッドを使う文字列結合の場合、ループの回数だけオブジェクトや配列の生成処理をしているからです。たとえばconcatメソッドを用いた場合、ループの100周目であれば、100文字の「a」を格納する配列と、追加する「a」を格納する配列を結合するために、101文字の「a」を格納できる新しい配列を作って、配列の中身をコピーするような処理がおこなわれます。メモリを確保する（今回では新しい配列を作る）処理は遅く、この遅い処理がループの回数分おこなわれるため、処理に時間がかかってしまうわけです。

　+演算子の場合、コンパイラによって次のようなコードに変換されますが、ループの回数だけStringBuilderオブジェクトとStringオブジェクトが生成され、時間がかかります（toStringメソッドでStringオブジェクトが生成されます）。

```
String str = "";
for (int i = 0; i < LOOP_COUNT; i++) {
    str = new StringBuilder(String.valueOf(str)).append("a").toString();
}
```

　一方のStringBuilderクラスでも、文字列を配列で保持していますが、StringBuilderクラスではあらかじめ余裕を持ったサイズの配列を確保しているため、appendメソッドによる文字列の追加で毎回新しい配列を作ることはありません。たとえ配列のサイズが不足しても、再度余裕を持ったサイズに拡張されます。そのため、メモリを確保する回数が少なくなり、+演算子やconcatメソッドよりも速くなります。

205

文字列の結合処理は、プログラムに頻繁に登場するだけに、パフォーマンスを考慮した実装を心がけましょう。繰り返し実行される場合は、StringBuilderクラスのappendメソッドで文字列を結合してください。

　繰り返し実行されない文字列結合は、+演算子やconcatメソッドを使っても問題ありません。実行回数が少なければ、+演算子とconcatメソッドの実行速度の差は誤差程度にしかならないため、筆者はコードの読みやすさから+演算子を使っています。

　なお、Javaの標準APIには、StringBuilderクラスとStringBufferクラスという似たクラスがあります。この2つのクラスは、持っているメソッドがまったく同じになっています。両者の違いは、「スレッドセーフであるかどうか」になります（詳細は「Chapter 11　スレッドセーフをたしなむ」を参照）。複数スレッドからのアクセスに対しても値を壊さずに文字列操作をおこなえる分、StringBufferクラスはStringBuilderクラスよりもパフォーマンスが悪くなります。次のように使い分けましょう。

・**ローカル変数など、複数スレッドからアクセスされない場合**
　　→StringBuilderクラスを使う

・**複数スレッドから使われる場合**
　　→StringBufferクラスを使う

7-1-3　文字列を分割する

　英語の文章を読み込み、英単語に分割するとしましょう。そのような場合に使うのが、Stringクラスのsplitメソッドです。次の例では、英文を半角スペースで分割して、単語の配列にしています。

```java
String sentence = "This is a pen.";
String[] words = sentence.split(" ");

for (String word : words) {
    System.out.println(word);
}
```

```
This
is
a
pen.
```

　上記の例では、半角空白を文字列の区切り文字として利用していますが、splitメソッドは分割する区切り文字を正規表現で指定できます。正規表現とは、通常の文字とメタキャラクタと呼ばれる特殊文字を組み合わせることにより表現する、文字列のパターンのことです。正規表現を使用することにより、単純な区切り文字から複雑な区切り文字まで、柔軟に指定できます。正規表現については「7-2　正規表

現で文字列を柔軟に指定する」でも説明しています。また、Java 8のAPIマニュアルの該当箇所を次に示しますので、必要に応じて確認してみてください。

https://docs.oracle.com/javase/jp/8/docs/api/java/util/regex/Pattern.html

別の例を見てみましょう。今度はドット（.）で文字列を区切ります。

```
String url = "www.acroquest.co.jp";
String[] words = url.split("\\.");
// "." は正規表現では「任意の文字」という特殊な意味を持つ
// そのため、「.」を通常の文字として認識させるために、
// エスケープ文字と呼ばれる「\」を直前に付ける必要がある

for (String word : words) {
    System.out.println(word);
}
```

```
www
acroquest
co
jp
```

7-1-4　複数の文字列を連結する

先ほどは文字列を分割する方法を説明しましたが、逆に、複数の文字列を任意の文字で連結して、1つの文字列にするにはどうすればいいでしょうか。

現場のプログラミングでは「Listオブジェクトに保持した文字列を、スペース区切りで連結して表示する」といったやり方をすることがあります。こうした要望に対して、Java 7以前の標準APIでは「StringBuilderクラスを用いて、for文でListオブジェクトの要素とスペースを順に結合していく」という処理をおこなうのが一般的でした。

```
List<String> stringList = new ArrayList<>();
stringList.add("This");
stringList.add("is");
stringList.add("a");
stringList.add("pen.");

StringBuilder message = new StringBuilder();
for (String word : stringList) {
    message.append(word);
    message.append(" ");
}
if (message.length() > 0) {
    message.deleteCharAt(message.length() - 1);
```

```
    }

    System.out.println(message.toString());
```

```
This is a pen.
```

　しかし、この方法では、最後の要素のあとにもスペースが結合されてしまうため、最後のスペースを
除去する必要があるなど、ただ文字列を連結したいだけでもコードの量が多くなってしまいます。
　こうした不満に応えてか、Java 8では、標準のAPIで文字列の連結ができるようになっています。こ
の新しく追加されたAPI、Stringクラスのjoinメソッドの使い方を見てみましょう。第1引数に連結に用
いる文字、第2引数に文字列のリストを設定します。

```
List<String> stringList = new ArrayList<>();
stringList.add("This");
stringList.add("is");
stringList.add("a");
stringList.add("pen.");

String message = String.join(" ", stringList);

System.out.println(message);
```

```
This is a pen.
```

　joinメソッドの別の使い方を見てみましょう。第1引数に連結に用いる文字、第2引数以降に連結し
たい文字列を列挙することもできます。

```
String message = String.join(".", "www", "acroquest", "co", "jp");

System.out.println(message);
```

```
www.acroquest.co.jp
```

7-1-5　文字列を置換する

　文字列の中の一部を、別の文字列に置き換えたい場合は、Stringクラスのreplaceメソッドを使いま
す。次の例では、「is」を「at」に置換しています。

```
String sentence = "This is a pen.";
String replacedSentence = sentence.replace("is", "at");
```

```
System.out.println(replacedSentence);
```

```
That at a pen.
```

replaceメソッドは、第1引数に指定した文字列を、第2引数で指定した文字列で置換します。第1引数に指定した文字列が、置換対象の文字列に複数存在する場合は、それらをすべて置換対象とします。

7-1-6　文字列を検索する

文字列の中に特定の文字列が含まれているかを検索したい場合は、StringクラスのindexOfメソッドを使います。次の例では、「is」の場所を検索しています。

```
String sentence = "This is a pen.";
int index = sentence.indexOf("is");   // This の is の部分の場所を返す
System.out.println(index);
```

```
2
```

indexOfメソッドは、引数に指定した文字列が最初に登場する場所を、数値で返します。先頭の場所は0であることに注意してください。これは、配列のインデックスが0から始まるのと同じです。

なお、引数に指定した文字列が含まれていない場合は、「-1」を返します。

```
String sentence = "This is a pen.";
int index = sentence.indexOf("at");
System.out.println(index);
```

```
-1
```

また、指定したインデックス以降で、指定した文字列が最初に登場する場所を返す使い方もできます。次の例では、4文字目以降で「is」が現れる場所を取得しています。

```
String sentence = "This is a pen.";
int index = sentence.indexOf("is", 3);   // be 動詞の is の場所を返す
System.out.println(index);
```

```
5
```

これまでは文字列を最初から検索する方法でしたが、lastIndexOfメソッドを使うと、文字列を後ろから検索することができます。

```java
String sentence = "This is a pen.";
int index = sentence.lastIndexOf("is");   // be動詞の is の場所を返す
System.out.println(" 末尾から検索　：" + index);

index = sentence.lastIndexOf("is", 4);    // This の is の部分の場所を返す
System.out.println("5 文字目から検索：" + index);
```

```
末尾から検索　：5
5 文字目から検索：2
```

7-2 正規表現で文字列を柔軟に指定する

　PerlやRubyといったプログラミング言語を見てみると、文字列を処理する際に、正規表現がサポートされています。Javaの場合でも、正規表現を扱うためのAPIがあります。ここでは、正規表現を用いた文字列の処理について見てみましょう。

■ 7-2-1　文字列が正規表現のパターンに適合するかをチェックする

　まず、指定した正規表現のパターンに適合するどうかをチェックする例を見てみましょう。次の例では、文字列「This is a pen.」が、正規表現パターン「This is a .*\\.」に適合するかどうかをチェックしています。「.*」は任意の0文字以上の文字列を表しており、「\\.」はドットを表しています。つまり、「This is a .*\\.」は、「『This is a』と『.』があり、その間はどんな文字でもいい」という文字列のパターンを表しています。「This is a phone.」や「This is a .」は、このパターンに適合します。逆に「That is a phone.」は適合しません。

```java
// (1) 正規表現のパターンを生成
Pattern pattern = Pattern.compile("This is a .*\\.");

// (2) 正規表現のパターンに適合するかをチェックする文字列
String sentence = "This is a pen.";

// (3) 正規表現処理をおこなうためのクラスを取得
Matcher matcher = pattern.matcher(sentence);

// (4) 正規表現のパターンに適合するかをチェック
if (matcher.matches()) {
    System.out.println(" 適合する ");
} else {
    System.out.println(" 適合しない ");
}
```

```
適合する
```

　処理の流れを4つのステップに分けて、見ていきましょう。説明で用いる（1）〜（4）は、上記のリストの番号と合致しています。

211

(1) 正規表現のパターンを生成

java.util.regex.Patternクラスのcompileメソッドを用いて、引数に文字列で指定した正規表現から、パターンオブジェクトを生成します。

(2) 正規表現のパターンに適合するかをチェックする文字列

今回のチェック対象となる文字列です。

(3) 正規表現処理をおこなうためのクラスを取得

（1）で生成したパターンオブジェクトのmatcherメソッドを、正規表現処理の対象文字列を引数として実行します。これにより、正規表現の処理をおこなうためのクラスであるjava.util.regex.Matcherクラスのオブジェクトを取得します。

(4) 正規表現のパターンに適合するかをチェック

（3）で取得したMatcherクラスのオブジェクトを用いて、正規表現の処理をおこないます。

今回は、正規表現のパターンに適合するかをチェックするため、Matcherクラスのmatchesメソッドを用いています。matchesメソッドは、文字列が正規表現に合致していればtrueを、合致していなければfalseを返します。

7-2-2 正規表現を用いて文字列を分割する

次は、文字列を分割する例を見てみましょう。1文字以上続く空白文字で単語を分割しています。

```
// (1) 正規表現のパターンを生成（「\\s」は空白を表す正規表現）
Pattern pattern = Pattern.compile("\\s+");

// (2) 正規表現のパターンに適合するかをチェックする文字列
String sentence = "This    is a  pen.";

// (3) 正規表現を用いて、文字列を分割
String[] words = pattern.split(sentence);

for (String word : words) {
    System.out.println(word);
}
```

```
This
is
a
pen.
```

処理の流れを3つのステップに分けて、見ていきましょう。

（1）では、正規表現のパターンオブジェクトを生成しています。「\\s」は空白を表す正規表現で、「+」を付けることで、「1つ以上の空白文字」を表しています。

（2）は、今回のチェック対象の文字列です。

（3）は、（1）で生成したパターンオブジェクトを用いて、Patternクラスのsplitメソッドを呼び出しています。

これにより、「1つ以上の空白文字」で文字列を分割した文字列配列を取得しています。

7-2-3　正規表現を用いて文字列を置換する

次の例では、1文字以上続く空白を、1つの空白にまとめて（置換して）います。

```
// （1）正規表現のパターンを生成（「\\s」は空白を表す正規表現）
Pattern pattern = Pattern.compile("\\s+");

// （2）正規表現のパターンに適合するかをチェックする文字列
String sentence = "This    is a  pen.";

// （3）正規表現処理をおこなうためのクラスを取得
Matcher matcher = pattern.matcher(sentence);

// （4）正規表現と合致した文字列を置換
System.out.println(matcher.replaceAll(" "));
```

```
This is a pen.
```

（1）（2）（3）は、これまでの説明と変わりませんね。

ポイントは、（4）でMatcherクラスのreplaceAllメソッドを利用していることです。これは、正規表現と合致した文字列を、引数の文字列で置換するメソッドです。

7-2-4　Stringクラスのメソッドで正規表現を使う

ここまで、Patternクラス、Matcherクラスを用いた正規表現の処理について見てきました。ほかのプログラミング言語をご存知の方は、「PerlやRubyでは1行で正規表現を使えるのに、Javaだと複数のクラスを組み合わせていくつもオブジェクトを用意しないといけないなんて、面倒そうだな」と思うかもしれません。

じつは、これまで説明してきた処理は、Stringクラスのメソッド呼び出し1つで実現することができます。先ほどと同じ処理（適合チェック／分割／置換）をするのに、Stringクラスのメソッドを用いた例を見てみましょう。

```
String sentence = "This    is a  pen.";
```

```java
// (1) 正規表現と合致しているかのチェック
System.out.println("(1)");
System.out.println(sentence.matches("Th.* is a .*\\."));

// (2) 正規表現を用いた分割
System.out.println("(2)");
String[] words = sentence.split("\\s+");
for (String word : words) {
    System.out.println(word);
}

// (3) 正規表現を用いた置換
System.out.println("(3)");
System.out.println(sentence.replaceAll("\\s+", " "));
```

```
(1)
true
(2)
This
is
a
pen.
(3)
This is a pen.
```

　正規表現クラスのオブジェクトを自分で生成してきたこれまでの例と比べて、ずいぶんとわかりやすいコードになりましたね。実際、正規表現を用いた処理を単発でおこなう場合は、Stringクラスのメソッドを用いれば十分です。

　しかし、Stringクラスのメソッドの内部では、実際には正規表現クラスを利用した処理がおこなわれていることに注意が必要です。何度も同じ正規表現を用いて処理をおこなう場合、Stringクラスのメソッドでは、そのたびにPatternクラスやMatcherクラスのオブジェクトが生成されてしまい、処理が遅くなってしまいます。特にPatternクラスのオブジェクトを生成するときは、正規表現パターンをコンピュータが処理しやすいように変換しているため、時間がかかります。そのため、次のように場合に応じて使い分けるといいでしょう。

・1回だけ文字列処理をおこなう場合（アプリケーションを起動する際の引数処理など）
　　→Stringクラスを使って簡潔に書く

・大量の文字列を繰り返し処理する場合（ログファイルの処理など）
　　→自分でPatternクラスのオブジェクトを生成し、オブジェクトを使い回す

7-3 文字列のフォーマットと出力

7-3-1 文字列を出力する

　次は、文字列を出力する方法について見てみましょう。文字列を出力する手段として代表的なのが、System.out.printlnメソッドや、System.err.printlnメソッドです。これらは、文字列を出力するかんたんな方法です。

　しかし、現場でプログラミングをおこなううえでは、「出力する文字列の一部をパラメータとして、実行するたびに出力する文字列の一部を変更する」という使い方が必要となります。これを実現するのが、printfメソッドです。

　さっそく使い方を見てみましょう。次の例では、数値と文字列の2ヵ所をパラメータとして、出力時に値を設定するようにしています。出力する文字列中に出てくる「%d」や「%s」は書式文字列と呼ばれるもので、パラメータをどういった形式で出力するかを表します。「%d」は10進数の整数を、「%s」は文字列情報を表しています。%dの部分がnumberの値に、%sの部分がparameterの値に置き換わって出力されます。

```
int number = 13;
String parameter = "apples";

System.out.printf("I have %d %s.", number, parameter);
```

```
I have 13 apples.
```

　次に、上記の例から、書式文字列を変えた場合を見てみましょう。「%X」は16進数の整数（A〜Eは大文字）を表し、「%S」は文字列（大文字）を表しているため、パラメータは同じでも、出力が変わります。

```
int number = 13;
String parameter = "apples";

System.out.printf("I have %X %S.", number, parameter);
```

```
I have D APPLES.
```

当然のことながら、パラメータが指定した形式と合致しない場合はエラーとなってしまうため、注意が必要です。たとえば、数値である「%d」を記述しているときに、パラメータに文字列が指定されていた場合、IllegalFormatConversionException例外が発生します。

書式文字列については、さまざまな値を設定可能です。Java 8のAPIマニュアルの該当箇所を次に示しますので、必要に応じて確認してみてください。

https://docs.oracle.com/javase/jp/8/docs/api/java/util/Formatter.html#syntax

7-3-2　MessageFormatについて

パラメータを適用した出力用の文字列をStringで取得したい場合に便利なのが、MessageFormatクラスのformatメソッドです。System.out.printfメソッドに書式文字列を指定できるStringクラスのformatメソッドもありますが、ここではフォーマット要素の表現がシンプルなMessageFormatクラスのformatメソッドのほうを紹介します。

```java
int number = 13;
String parameter = "apples";

String message = MessageFormat.format("I have {0} {1}.", number, parameter);
System.out.println(message);
```

```
I have 13 apples.
```

formatメソッドは、printfメソッドとは異なり、書式文字列を用いる代わりに、「{0}」「{1}」といったフォーマット要素を設定して利用します。フォーマット要素中の番号は、そのまま第2引数以降の引数の順序と合致するため、次に示すように、引数の順序を入れ替えることも可能です。

```java
int number = 13;
String parameter = "apples";

String message = MessageFormat.format("I have {1} {0}.", parameter, number);
System.out.println(message);
```

```
I have 13 apples.
```

フォーマット要素についても、Java 8のAPIマニュアルの該当箇所を次に示しますので、必要に応じて確認してみてください。

https://docs.oracle.com/javase/jp/8/docs/api/java/text/MessageFormat.html

7-4

7-4 文字コードを変換する

文字をコンピュータで扱うために、文字に割り当てられた数値のことを文字コードといいます。WindowsではMS932、LinuxではUTF-8やEUC-JPという文字コードを標準で用いています。文字コードが異なると、文字化けの原因となります。

Javaで作られたシステムのみを考える場合、Javaが内部でどのような文字コードを利用しているのか意識する必要はありません。しかし、Java以外で作られたシステムとの連携を考えると、文字化けしないように、相互に文字コードの変換が必要になります。ここでは、Javaで文字列から文字コードを取得する方法について見てみましょう。

7-4-1 Javaはどのような文字コードを利用しているか

Javaは、内部ではUTF-16でエンコードされたUnicodeを用いて、文字列を保持しています。JavaのStringクラスは、内部でchar配列を保持しているため、charがUnicode（UTF-16）の文字コードを利用しているということになります。

これを確かめるため、次に示すコードを実行してみましょう。

```java
char c = 'あ';
System.out.printf("%02x", (int)c);
```

```
3042
```

この実行結果の「3042」に注目してください。これは、Javaの内部で「あ」というcharを保持するのに、「3042」という値を用いていることを表しています。

そして、3042が「あ」という文字のUTF-16コードであることは、次に示すサイトなどで確認できます（2016年4月現在）。

- Unicode一覧 3000-3FFF
  https://ja.wikipedia.org/wiki/Unicode%E4%B8%80%E8%A6%A7_3000-3FFF

- FileFormat.Info（直接、Unicodeの3042の文字を参照）
  http://www.fileformat.info/info/unicode/char/3042/index.htm

217

ここでは1文字について確認しただけですが、Javaでは文字をUTF-16で扱っていることが確認できました。

7-4-2 Javaの文字から任意の文字コードへ変換する

Javaが内部でUnicode（UTF-16）を利用していることがわかったうえで、ほかの文字コードに変換する方法を見てみましょう。

Javaで文字から文字コードを作るには、StringクラスのgetBytesメソッドを利用します。また、文字コード変換して取得したバイト配列を文字列にするためには、先ほど説明したSystem.out.printfメソッドを利用するとかんたんです。

文字列「あいうえお」をUTF-8、UTF-16、UTF-32、MS932でバイト配列に変換した結果を次に示します。

```
String str = "あいうえお";

System.out.print("UTF-8  : ");
byte[] utf8 = str.getBytes("UTF-8");
for (byte b : utf8) {
    System.out.printf("%02x", b);
}
System.out.println();

System.out.print("UTF-16 : ");
byte[] utf16 = str.getBytes("UTF-16");
for (byte b : utf16) {
    System.out.printf("%02x", b);
}
System.out.println();

System.out.print("UTF-32 : ");
byte[] utf32 = str.getBytes(Charset.forName("UTF-32"));
for (byte b : utf32) {
    System.out.printf("%02x", b);
}
System.out.println();

System.out.print("MS932  : ");
byte[] ms932 = str.getBytes(Charset.forName("MS932"));
for (byte b : ms932) {
    System.out.printf("%02x", b);
}
System.out.println();
```

```
UTF-8   : e38182e38184e38186e38188e3818a
UTF-16  : feff3042304430463048304a
UTF-32  : 0000304200003044000030460000304800000304a
MS932   : 82a082a282a482a682a8
```

7-4-3　任意の文字コードからJavaの文字へ変換する

　逆に、任意の文字コードからJavaの文字に変換するにはどうすればいいでしょうか。やり方はいくつかありますが、ここではかんたんな方法を1つ紹介します。byte配列で指定した文字コードを、String クラスのコンストラクタを用いて文字列にする方法です。

```
byte[] utf16 = { 0x30, 0x42, 0x30, 0x44 };
System.out.println("UTF-16 から：" + new String(utf16, "UTF-16"));

byte[] ms932 = { (byte) 0x82, (byte) 0xA0, (byte) 0x82, (byte) 0xA2 };
System.out.println("MS932 から ：" + new String(ms932, "MS932"));
```

```
UTF-16 から：あい
MS932 から ：あい
```

7-4-4　文字化けの原因と対策

　日本語を扱うプログラムでは、文字化けの問題を避けてとおることができません。ここでは、おもな2つの問題について解説します。

開発中は問題がなかったのに、本番環境では文字化けが発生した

　こうした問題が発生する原因は、ほとんどの場合、デフォルトエンコーディングの違いによるものと考えていいでしょう。

　「開発環境ではWindowsを利用し、結合試験や本番環境ではLinuxを利用する」というのは、よくある組み合わせだと思います（最近は、開発環境にMacも増えていますが）。ファイルや文字列のデフォルトエンコーディングとして、Windows環境では「MS932」が利用され、Linux環境では「UTF-8」や「EUC-JP」が利用されるため、開発環境と結合試験環境で生成されるファイルのエンコードが変わってしまうという現象が発生します。

　そのため、特にサーバサイドJavaの開発においては、「デフォルトエンコーディングを使わない」ことを徹底しましょう。

　デフォルトエンコーディングを利用するクラスやメソッドとしては、次に示すものがよく使われています。

　・Stringコンストラクタ（引数なしのもの）
　・StringクラスのgetBytesメソッド（引数なしのもの）

- ・FileReaderクラス
- ・FileWriterクラス
- ・InputStreamReaderコンストラクタ（引数なしのもの）
- ・OutputStreamWriterコンストラクタ（引数なしのもの）

次のようにすれば、開発環境と結合試験や本番環境で、結果が異なるということがなくなるでしょう。

- ・FileReaderクラスとFileWriterクラスは使わずに、FileInputStreamクラスとInputStream Readerクラスで代用する
- ・それ以外のメソッドやコンストラクタでは、必ずエンコーディングやcharsetを指定する

サロゲートペアをどう扱うか

Javaが内部で使用しているUTF-16には、サロゲートペア（Surrogate Pair）と呼ばれる仕様があります。サロゲートペアとは、ひと言でいえば「複数の文字（16ビット符号）で1文字を表現する形式」で、Javaの世界では「char2つで1つの文字を表現する場合がある」ということと同義です。

この「場合がある」というのが少し厄介なところです。どういうことかといえば、「一部の文字はcharが2つ、ほかの文字はcharが1つ」といったように、文字によって必要なcharの数が違うのです。

このため、UTF-16で文字を扱う際に、たとえば文字数をカウントして制限する（「画面上で最大何文字まで」といった制限をかけることはよくあることです）といった処理では、このサロゲートペアに対応する必要が出てきます。

多くの場合、サロゲートペアを「禁止する」ことはかんたんです。CharacterクラスのisLowSurrogateメソッドやisHighSurrogateメソッドを使うと、その文字がサロゲートペアであるかどうかがわかります。なので、サロゲートペアだったらエラー処理をおこなえばいいでしょう。

```java
char[] chars = str.toCharArray();
for (char c : chars) {
    if (Character.isLowSurrogate(c) || Character.isHighSurrogate(c)) {
        System.out.println(" サロゲートペアが含まれる文字列 ");
        return true;
    }
}
System.out.println(" サロゲートペアが含まれない文字列 ");
return false;
```

一方で、サロゲートペアを許容する必要がある場合は、文字数のカウントを適切に処理する必要があります。多くの場合、Stringクラスのlengthメソッドを使って文字数をカウントしますが、サロゲートペアに対応する箇所ではStringクラスのcodePointCountメソッドを使う必要があります。

文字数カウントの例を見てみましょう。

```java
String str = " あ丈丈丈あ ";
```

```
System.out.println(str.length());
System.out.println(str.codePointCount(0, str.length()));
```

```
8
5
```

変数strの内容と比べると、「5」のほうが正しそうに見えますね。つまり、サロゲートペアに対応するためには、codePointCountメソッドを利用して判定をおこなう必要があるのです。

7-4-5 Stringクラスのinternメソッドで同一の文字列を探すには

本章の冒頭で、「Stringクラスはイミュータブル」と説明しました。「では、同じ文字列を何度も生成すると、そのたびにオブジェクトが作られてしまい、メモリを逼迫するのではないか」と思うかもしれません。

そうした問題の対策として、StringクラスのオブジェクトはJava VMが管理しており、「"aaa"のように文字列を記述した場合（文字リテラル）、Java VM上で同一のオブジェクトを参照する」というしくみが組み込まれています。

これを明示的におこなうのが、Stringクラスのinternメソッドです。文字列に対してinternメソッドを呼び出すと、Java VM内で同一の文字列があった場合には、そのオブジェクトを取得することができます。

例を見てみましょう。

```
String aaa = "aaa";
String aa = "aa";
String a = "a";

System.out.println(aaa.equals(aa + a));
System.out.println(aaa == (aa + a));
System.out.println(aaa == (aa + a).intern());
```

```
true
false
true
```

上記の例では、文字列として比較した場合、「aaa」と「aa + a」は同一です。しかし、オブジェクト自体は異なるため、2つ目の比較ではfalseとなっています。3つ目の比較では、internメソッドを用いることにより、Java VM内での同一の文字列を表すオブジェクトを取得するため、3つ目の比較ではtrueとなるわけです。

internメソッドを意識して利用することは少ないかもしれませんが、同一の文字列が何度も登場するこ

とがわかっている場合は、利用することでメモリを節約できます。たとえば、サーブレットでHttp Sessionインタフェースのget Idメソッドで取得したものをinternメソッドで同一オブジェクトを取得し、synchronizedすることがあります。

Chapter 8

ファイル操作を極める

8-1　ファイル操作の基本 ──────────────── 224

8-2　ファイルを読み書きする ──────────── 229

8-3　ファイルを操作する ──────────────── 239

8-4　さまざまなファイルを扱う ────────── 247

8-1 ファイル操作の基本

　ファイルは、プログラムにおいて一般的なリソースの1つです。ある程度の規模を持つプログラムであれば、たいていの場合は設定ファイルを読み込む必要があるでしょうし、ユーザーや外部のシステムからファイルを送受信するものも少なくありません。

　一方で、ファイル操作にあたって、ファイルパスのチェック、文字コードの扱い、サイズの大きいファイルの操作などを知らないと、「読み込めない」「文字化けした」「1GBのファイルをアップロードしたらシステムがダウンした」などの面倒な問題を引き起こします。また、プロパティファイルやCSVファイル、XMLファイルなどの一般的なデータ形式に対しては、それをスマートに扱うための手法が確立されています。つまり、ファイルを「簡潔なコードで」「安全に」「効率よく」扱うには、それなりのテクニックが必要なのです。本章では、それらのテクニックを学びましょう。

8-1-1　Fileクラスで初期化する

　Javaには、標準でファイルを扱うjava.io.Fileクラスが用意されています。Fileクラスを用いると、ファイルの存在チェックや、ディレクトリ内のファイル／ディレクトリの列挙、ファイルの読み書き（別クラスを併用）がおこなえます。ここでは、Fileクラスを用いたファイルの操作について見ていきましょう。

　Fileクラスを用いるためには、ファイルのパスを引数にしたコンストラクタを用います。Fileクラスのオブジェクトを生成する例を見てみましょう。

```java
// （1）ファイルを絶対パスで指定
File file1 = new File("C:/work/sample1.txt");

// （2）ファイルを相対パスで指定
File file2 = new File("./work/sample2.txt");
```

　上記のリストの（1）では、ファイルを絶対パス（ファイルやフォルダの位置を、最上位階層から指定する表記法）で指定して、Fileクラスを生成しています。この例では、Windows上の「C:\work\sample1.txt」をfile1オブジェクトとして結びつけました。これによって、file1オブジェクトを操作すると、「C:\work\sample1.txt」をプログラム上で扱えるようになったわけです。

　（2）は、ファイルを相対パス（ファイルやフォルダの位置を、現在の位置を基準に指定する表記法）で指定した場合の例です。Javaを実行したディレクトリに「work」ディレクトリがあり、その下にある「sample2.txt」と結びつけています。

なお、リスト中で「/」を用いていることに対して、Windowsであればファイルのパスの区切り文字は「\」ではないのかと思われるかもしれません。実際に、Windows上で動作させる場合に限っては、次のリストのように「\」をパス区切り文字として用いることもできます。

　少し後でも説明しますが、Javaの文字列では「\」はエスケープ文字の意味を持つため、本来の意味で利用するためには、「\\」と2つ重ねてエスケープ文字をエスケープする必要があることに注意してください。

```
File file1 = new File("C:\\work\\sample1.txt");
```

　ただし、上のコードは、Windows以外では期待どおりに動作しません。Windows以外のOSでは、パス区切りに「\」を用いていないためです。

　Javaでは、Windowsでも「/」をパス区切り文字として用いることができます。そのため、OSに依存したコードを書くことを避けるためには、Windowsでもそれ以外のOS（Mac、Linux）でも動作する「/」を利用するようにしたほうがいいでしょう。

　なお、「File.separator」の定数を使うことで、プログラムを実行しているOSのファイルの区切り文字を取得できます。こちらにすると、たとえ「\」でも「/」でもないパス区切り文字を使うOSだったとしても、その部分に依存しない形で記述できます。

```
System.out.println(File.separator);
```

```
\    ※ Windows の場合
/    ※ Mac、Linux の場合
```

Note　エスケープとエスケープ文字

　文字に続く文字列に特別な意味を持たせる文字のことをエスケープ文字といいます。Javaでは「\」がエスケープ文字です。

　エスケープ文字を置き、それに続く文字列に特別な意味を持たせることをエスケープといいます。たとえば、文字「n」の前に「\」を置いて「\n」とすることで、元々の「n」の意味が失われ、改行を表すようになります。また、文字列の開始終了を表す「"」の前に「\」を置くことで、開始終了ではなく文字としての「"」を表すようになります。

　では、Fileクラスのコンストラクタの引数に、ファイルではなく、ディレクトリを指定した場合はどうなるでしょうか？

　じつは、Javaでは、ディレクトリもファイルと同じものとして扱うことができます。次の例では、Javaを実行したディレクトリにあるtargetディレクトリを読み込み、ディレクトリに含まれるファイルやディレクトリを表示しています。

225

```
File dir = new File("target");

for (String file : dir.list()) {
    System.out.println(file);
}
```

```
classes
generated-sources
generated-test-sources
test-classes
```

8-1-2　Pathクラスで初期化する

　ここまでの説明では、ファイルを扱うためにFileクラスを利用してきましたが、Java 7以降、java.nio.file.Pathクラスを用いてファイルを操作するjava.nio.fileパッケージが追加されました。次は、このPathクラスを利用したファイル操作について見ていきましょう。

　Java 7以前から存在するFileクラスには、以下のような問題がありました。

- ファイルのメタデータ（作成日やMIMEタイプ[1] など）やシンボリックリンク[2] を扱えないといった制約がある
- ディレクトリ配下のファイルの生成／削除／更新を監視できない

　こうした問題を解消するためにJava 7で導入されたのが、PathクラスとPathクラスを扱うユーティリティクラス（共通の処理をstaticなメソッドで定義したクラス）群です。Pathクラス群には、上記の問題を解消する機能に加え、ファイルパスを操作する便利で強力なメソッドが多数用意されています。

　PathオブジェクトとFileオブジェクトは、相互変換も可能です。そのことを考えると、「Pathクラスを用いたソースコードを書くようにし、既存のライブラリを扱うなどの必要に応じてFileクラスに変換する」という形で利用するといいでしょう。

　Pathクラスを用いるためには、ユーティリティクラスであるjava.nio.file.Pathsクラスを利用します。Path関連のクラス図は、次のようになります。

※1　MIME（Multipurpose Internet Mail Extension）とは、ASCIIテキストしか使えないメールやWebのしくみの中でバイナリ、画像、音声などのコンテンツのタイプを規定する仕様のこと。
※2　シンボリックリンクとは、ファイルの実態へのリンクをシンボルとして作成することで、ファイルがあるかのように利用できるしくみのこと。

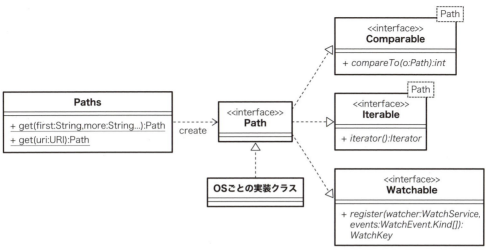
●Path関連のクラス図

Pathクラスのおもなメソッドを表にまとめます。

メソッド名	内容
toString	パスの文字列表現を返す
toAbsolutePath	絶対パスを返す
toFile	Fileオブジェクトを返す
toUri	URIを返す
getParent	親のパスを返す
normalize	正規化したパスを返す
startsWith	指定されたパスで始まるかどうかを返す
endsWith	指定されたパスで終わるかどうかを返す
resolve	結合したパスを返す
register	ファイル監視サービスに登録する

●Pathクラスのおもなメソッド

それでは、Pathsクラスを利用したPathクラスの取得方法を見てみましょう。Fileクラスでも説明した、絶対パスや相対パスで指定する方法に加え、ディレクトリ階層を1つずつ指定したり、URI形式で指定したりする方法もあります。

●Pathsを利用したPathクラスの取得

```
// (1) ファイルを絶対パスで指定
Path path1 = Paths.get("C:/work/sample1.txt");

// (2) ファイルを相対パスで指定
Path path2 = Paths.get("./work/sample2.txt");

// (3) ファイルのパスをルートから順に指定
```

227

```java
Path path3 = Paths.get("C:", "work", "sample3.txt");

// （4）URI形式で指定
URI uri = URI.create("file:///C:/work/sample4.txt");
Path path4 = Paths.get(uri);
```

　（1）では、ファイルを絶対パスで指定しています。

　（2）では、ファイルを相対パスで指定しています。

　（3）では、ファイルのパスをルートから順に指定しています。

　（4）は、URI形式で指定されたファイルのパスから、Pathクラスのオブジェクトを取得する方法です。

　一度Pathクラスを取得すると、親ディレクトリや、同一ディレクトリ内のファイル／ディレクトリを、次の例のように容易に取得できます。

```java
// （1）通常の絶対パス指定
Path path1 = Paths.get("C:/work/sample1.txt");

// （2）親ディレクトリの取得
System.out.println(path1.getParent());

// （3）同一ディレクトリの別ファイルを取得
System.out.println(path1.resolveSibling("sample2.txt"));

// （4）1つ親のディレクトリにあるファイルを取得
System.out.println(path1.resolveSibling("../sample3.txt").normalize());
```

```
C:/work
C:/work/sample2.txt
C:/sample3.txt
```

　（1）で取得したPathオブジェクトを利用して、（2）で親ディレクトリを取得しています。

　（3）では、同一ディレクト内の別のファイルを表すPathオブジェクトを取得しています。

　（4）は、path1オブジェクトからの相対パスを指定した例です。「..」などを含まない形式に正規化するため、normalizeメソッドを利用しています。

　Pathクラスからは、ほかのオブジェクトにもかんたんに変換できます。Fileインスタンスや、URIインスタンスを取得する例を示します。

```java
Path path = Paths.get("C:/work/memo.txt");

// Fileインスタンスに変換
File file = path.toFile();

// URIインスタンスに変換
URI uri = path.toUri();
```

8-2 ファイルを読み書きする

次に、ファイルの中身を読み出したり、ファイルに書き込んだりするための方法を見ていきましょう。

8-2-1 バイナリファイルを読み込む

ファイルの読み込みをするためには、ストリームと呼ばれるしくみを用いるのが一般的です。ストリームとは、データを「流れ」として扱う考え方です。ひとまとめのデータとして扱うのでなく、先頭から少しずつデータを読み出しては処理することを繰り返します。

なぜそのようなことが必要かというと、巨大なファイルの処理でシステムを壊さないためです。たとえば、1GBのファイルをいきなりすべてメモリに読み出してしまうと、それだけのメモリを確保していない限り、OutOfMemoryErrorが発生し、プログラムが停止してしまいます。仮にメモリが確保されていたとしても、その1GB分のデータすべてを読み出さない限り次の処理に進めないため、長い待ち時間が発生します。

一方、ストリームは少し読んでは処理を繰り返すので、メモリはその「少し」分だけあれば十分ですし、処理もすぐに始めることができます。たとえば設定ファイルのように、ファイルのおおよその長さがわかっており、サイズが小さい場合であれば、ストリームでなくてもさほど問題はないのですが、そうでない状況ではストリームを使ったほうがいいでしょう。特に、ログファイルのような長大なファイルを扱ったり、ユーザーからアップロードされる不定のファイルを読み込んだりする場合は、ストリームが必須となります。

まずは、バイナリファイルを読み書きする方法を見ていきましょう。Java 6以前とJava 7以降では、書き方が異なります。

Java 6 以前でバイナリファイルを読み込むには

まず、Java 6以前の書き方を説明します。次の例では、「C:/work/sample.dat」ファイルをストリームで1文字ずつ読み込みます。

```
File file = new File("C:/work/sample.dat");

InputStream is = null;
try {
    // (1) ファイルを1文字ずつ読み込んで表示する
    is = new FileInputStream(file);
    for (int ch; (ch = is.read()) != -1; ) {
```

```java
                System.out.print((char) ch);
        }

    } catch (FileNotFoundException ex) {
        // （2）ファイルそのものが存在しない場合
        System.err.println(ex);

    } catch (IOException ex) {
        // （3）ファイルの読み込みに失敗した場合
        System.err.println(ex);

    } finally {
        // （4）ストリームのクローズ処理
        if (is != null) {
            try {
                is.close();

            } catch (IOException ex) {
                System.err.println(ex);
            }
        }
    }
}
```

（1）では、ファイルの内容を読み込むために、FileInputStreamクラスを用いています。Fileインスタンスを引数にしてFileInputStreamインスタンスを生成し、InputStreamインタフェースのreadメソッドを用いてファイルの内容を読み込みます（FileInputStreamクラスは、InputStreamインタフェースを実装しています）。

InputStreamインタフェースのreadメソッドは、ファイルの先頭から1バイト読み込み、読み込む位置を次の文字に移します。そのため、連続してreadメソッドを用いることで、ファイルの先頭から順に1文字ずつ読み込むことができます。

readメソッドは、ファイルの最後に達したときに-1を返します。これを利用すると、readメソッドが-1を返すまで繰り返し読み込みをすることで、ファイルの先頭からファイルの最後までを読み込むことができます。

上記のリストを見ると、ファイルを読み込むという処理をするのに、たくさんのエラーハンドリングが必要なことがわかります。（2）のようにファイルそのものが存在しない場合や、（3）のようにファイルの読み込みに失敗した場合を考慮する必要があるためです。

ストリームを扱う場合、利用が終わったストリームは必ずストリームを閉じる処理が必要となります。もしストリームを閉じなければ、プログラムは使われなくなったリソースを確保し続けることになります。ストリームの利用を繰り返すことで、メモリが不足して、プログラムが停止するかもしれません。（4）では、ストリームが開いている場合に、InputStreamインタフェースのcloseメソッドを用いて、ストリームを閉じる処理をおこなっています。ストリームを閉じる処理は、確実に実施する必要があるため、処理が正常に終了したか、途中で例外が発生して異常終了したかにかかわらず必ず呼び出されるよう、finally節を用いています。

Java 7以降でバイナリファイルを読み込むには

　ここまでファイルを読み込む処理を見てきましたが、例外をキャッチしたりストリームをクローズしたりと「煩雑な処理が必要だな」と思ったかもしれません。そこで、Java 7以降では、より簡潔に実装できる記述方法が使えるようになりました。

　Java 7以降では、PathクラスとFilesクラスを用いてストリームを生成します。また、try-with-resources構文を用いて、ストリームを閉じる処理の記述を省略できます。

```
Path path = Paths.get("C:/work/sample.dat");

try (InputStream is = Files.newInputStream(path)) {
    for (int ch; (ch = is.read()) != -1; ) {
        System.out.print((char) ch);
    }

} catch (IOException ex) {
    System.err.println(ex);
}
```

　先ほどの例ではFileInputStreamクラスを用いましたが、Java 7ではFilesクラスのnewInputStreamメソッドを用いて、Pathクラスから直接ストリームを生成することができるようになり、記述をシンプルにできます。

　さらに、Java 7の例ではtry-with-resources構文を用いています。try-with-resources構文を用いることで、tryキーワードの直後の括弧内で宣言したリソースは、try文が正常に終了したか、例外を発生するなどして突然終了したかにかかわらず、確実に閉じられます。そのため、finally節を用いた記述は不要になったわけです。

8-2-2　バイナリファイルに書き込む

　では次に、ファイルに内容を書き込む処理を見てみましょう。読み込みの場合と同様に、Java 6以前の書き方と、Java 7以降の書き方の両方を紹介します。

Java 6以前でバイナリファイルに書き込むには

　Java 6以前の書き方では、FileOutputStreamクラスを用います。ファイルを読み込む場合と異なり、FileOutputStreamクラスではファイルへの書き込み方法を指定するコンストラクタが用意されています。次の例の（1）の部分がそれにあたります。

　この例では、第2引数にtrueを設定しています。これは、ファイルがすでに存在する場合はファイルの後ろに追加し、上書きしないようにするためのものです。第2引数を設定しない場合は、ファイルの内容を上書きします。

```
File file = new File("C:/work/sample.dat");
byte[] data = new byte[]{0x41, 0x42, 0x43};
```

```java
OutputStream writer = null;
try {
    // (1) ファイルへの書き込み
    writer = new FileOutputStream(file, true);
    writer.write(data);

} catch (FileNotFoundException ex) {
    // (2) ファイルそのものが存在しない場合
    System.err.println(ex);

} catch (IOException ex) {
    // (3) ファイルの読み込みに失敗した場合
    System.err.println(ex);

} finally {
    // (4) ストリームのクローズ処理
    if (writer != null) {
        try {
            writer.close();

        } catch (IOException ex) {
            System.err.println(ex);
        }
    }
}
```

ファイルを読み込むときと同様、ファイルに書き込み終わったら、ストリームをクローズします。

Java 7以降でバイナリファイルに書き込むには

FilesクラスのnewOutputStreamメソッドを使ってOutputStreamオブジェクトを生成し、ファイルに書き込みます。第2引数以降は可変長引数となっており、ファイルに書き込む際のオプションを指定することができます。また、ファイルを読み込むときと同様、try-with-resources構文を使ってストリームをクローズします。

```java
Path path = Paths.get("C:/work/sample.dat");
byte[] data = new byte[]{0x41, 0x42, 0x43};

try (OutputStream stream = Files.newOutputStream(path, StandardOpenOption.APPEND,
        StandardOpenOption.CREATE, StandardOpenOption.WRITE)) {
    stream.write(data);

} catch (IOException ex) {
    System.err.println(ex);
}
```

上記の例では、FilesクラスのnewOutputStreamメソッドで、以下のような条件でファイルを開く設定をしています。

OpenOption	内容
APPEND	ファイルの末尾に内容を追加する
CREATE	ファイルを新たに作って開く。もしファイルが存在すれば、そのまま開く
WRITE	書き込み可能としてファイルを開く

●OpenOptionの指定例1

第2引数以降を省略すると、次のOpenOptionが指定されたのと同じになります。

OpenOption	内容
TRUNCATE_EXISTING	ファイルの最初から内容を書き込む
CREATE	ファイルを新たに作って開く。もしファイルが存在すれば、そのまま開く
WRITE	書き込み可能としてファイルを開く

●OpenOptionの指定例2（第2引数以降を省略した場合）

もっと処理を簡略化することもできます。Filesクラスのwriteメソッドを用いて、以下のような書き方も可能です（Java 7以降）。

```
Path path = Paths.get("C:/work/sample.dat");
byte[] data = new byte[]{0x41, 0x42, 0x43};

try {
    Files.write(path, data, StandardOpenOption.APPEND,
            StandardOpenOption.CREATE, StandardOpenOption.WRITE);

} catch (IOException ex) {
    System.err.println(ex);
}
```

8-2-3　テキストファイルを読み込む

前節では、ファイルの読み出しや書き込みの基本となる操作を確認しました。「基本となる操作」というのは、一番扱う頻度が多いであろうテキストファイルではこれまでの方法では不十分だからです。

テキストファイルを扱う場合、FileInputStreamクラスや、FilesクラスのnewInputStreamメソッドを用いる方法では、文字コードを指定できません。プログラムを実行する環境のデフォルトの文字コードが利用されるため、実行する環境によっては予期しない文字化けが発生することも起こります。そうした問題を避けるための、テキストファイルの読み書きをおこなう方法を見ていきましょう。

Java 6以前でテキストファイルを読み込むには

まずは、Java 6以前の方法です。次の例では、FileInputStreamクラスとInputStreamReaderクラス、BufferedReaderクラスを組み合わせて利用し、文字コードとしてUTF-8を指定して、ファイルを1行ずつ読み込んでいます。

```java
File file = new File("C:/work/sample.txt");

BufferedReader reader = null;
try {
    reader = new BufferedReader(new InputStreamReader(
            new FileInputStream(file), "UTF-8"));

    // (1) ファイルを1行ずつ読み込む
    for (String line; (line = reader.readLine()) != null; ) {
        System.out.println(line);
    }

} catch (UnsupportedEncodingException ex) {
    // (2) サポートしていないエンコードを指定した場合
    System.err.println(ex);

} catch (FileNotFoundException ex) {
    // (3) ファイルそのものが存在しない場合
    System.err.println(ex);

} catch (IOException ex) {
    // (4) ファイルの読み込みに失敗した場合
    System.err.println(ex);

} finally {
    // (5) ファイルのクローズ処理
    if (reader != null) {
        try {
            reader.close();

        } catch (IOException ex) {
            System.err.println(ex);
        }
    }
}
```

前述のようにFileInputStreamクラスを使ってファイルを読み込むのは、1文字ずつ読み込みと処理を繰り返す必要があり、効率が悪いやり方でした。それに対して、ファイルの内容をまとめて読み込むために、BufferedReaderクラスを利用しています。BufferedReaderクラスは、内部でストリームのデータをバッファリング（一時的にメモリ上に保持して、処理速度の差を埋めること）し、1行ずつ読み込むreadLineメソッドなどの、テキストデータの読み込みに便利なメソッドが用意されています。

Java 7以後でテキストファイルを読み込むには

　これについても、Java 7以降の書き方を見てみましょう。try-with-resources構文を用いているのはバイナリファイルの読み込みと同じですが、BufferedReaderインスタンスを生成するために、Filesクラスの newBufferedReaderメソッドを利用しています。

　newBufferedReaderメソッドは、第1引数にPathクラス、第2引数のCharsetクラスで文字コードを指定しています。この例では、標準で定義されているStandardCharsetsクラスのUTF_8定数を用いて、文字コードを指定しています。

```java
Path path = Paths.get("C:/work/sample.txt");

try (BufferedReader reader = Files.newBufferedReader(path, StandardCharsets.UTF_8)) {
    // ファイルを1行ずつ読み込む
    for (String line; (line = reader.readLine()) != null; ) {
        System.out.println(line);
    }

} catch (IOException ex) {
    System.err.println(ex);
}
```

　Java 6以前の方法では、FileInputStreamクラス → InputStreamReaderクラス → BufferedReaderクラスという3段階が必要であったことを考えると、1回でBufferedReaderクラスのインスタンスを生成できるため、非常にわかりやすいコードになっていますね。

8-2-4　テキストファイルに書き込む

　では、テキストファイルへの書き込みについても見てみましょう。

Java 6以前でテキストファイルに書き込むには

　Java 6以前では、FileOutputStreamクラスとOutputStreamWriterクラス、BufferedWriterクラスを組み合わせて利用し、文字コードとしてUTF-8を指定してファイルを書き込みます。次の例では、BufferedWriterクラスのappendメソッドで文字列を書き込み、newLineメソッドで改行を出力しています。

```java
File file = new File("C:/work/sample.txt");

BufferedWriter writer = null;
try {
    writer = new BufferedWriter(new OutputStreamWriter(
            new FileOutputStream(file), "UTF-8"));

    // (1) ファイルへの書き込み
    writer.append("test");
```

```
        writer.newLine();
        writer.append("test2");

    } catch (UnsupportedEncodingException ex) {
        // (2) サポートしていないエンコードを指定した場合
        System.err.println(ex);

    } catch (IOException ex) {
        // (3) ファイルの書き込みに失敗した場合
        System.err.println(ex);

    } finally {
        // (4) ファイルのクローズ処理
        if (writer != null) {
            try {
                writer.close();

            } catch (IOException ex) {
                System.err.println(ex);
            }
        }
    }
}
```

Java 7以降でテキストファイルに書き込むには

　Java 7以降では、FilesクラスのnewBufferedWriterメソッドを利用してBufferedWriterクラスのインスタンスを生成します。テキストファイルを読み込むときと同様、第2引数のCharsetクラスで文字コードを指定します。

```
Path path = Paths.get("C:/work/sample.txt");

try (BufferedWriter writer = Files.newBufferedWriter(path, StandardCharsets.UTF_8)) {
    // ファイルへの書き込み
    writer.append("test");
    writer.newLine();
    writer.append("test2");

} catch (IOException ex) {
    System.err.println(ex);
}
```

8-2-5　Stream APIを使ってファイルを読み込む

　ここまで、Java 6以前とJava 7以降のそれぞれのAPIを用いて、ファイルの読み込みと書き込みをおこないました。さらに、Java 8になると、「Chapter 5　ストリーム処理を使いこなす」で紹介したStream APIを用いて、さらに高度なファイル読み込みの機能を利用することができます。

　次の例では、ファイルを1行ずつ読み込んで、画面に表示しています。PathクラスからBuffered

Readerクラスのインスタンスを取得するところまではこれまでの例と変わりませんが、ファイルの読み込みにBufferedReaderクラスのlinesメソッドを用いています。BufferedReaderクラスのlinesメソッドは、文字列のStreamインスタンスを返すメソッドです。

```
Path path = Paths.get("C:/work/sample.txt");

try (BufferedReader reader = Files.newBufferedReader(path, StandardCharsets.UTF_8)) {
    reader.lines()
            .forEach(System.out::println);

} catch (IOException ex) {
    System.err.println(ex);
}
```

上記の例では、ただファイルの内容を出力しただけでしたが、さらにStream APIを用いた例を見てみましょう。

まず、各行にユーザーの名前とそれ以外のデータが半角スペース区切りで記載されたファイルを用意します。

●userlist.txt

```
murata aaa bbb
tanimoto xxx yyy
sakamoto ccc ddd
okada zzz ---
okada xxx yyy
```

ここから、各行の1つ目のデータ（ユーザー名）のみを取り出したいとすると、どのように処理をすればいいでしょうか?

ファイルをすべて読み込んでから処理することも、もちろん可能です。しかし、ここでStream APIを用いると、ファイルを読み込みながら必要な部分だけを取り出すことができます。

次の例では、テキストファイルに書かれたユーザー名の部分（スペースで区切られた部分の最初の要素）を抜き出し、重複を排除して画面に出力しています。

```
Path path = Paths.get("C:/work/userlist.txt");

try (BufferedReader reader = Files.newBufferedReader(path, StandardCharsets.UTF_8)) {
    reader.lines()
            .map(s -> s.split(" ")[0]).distinct()
            .forEach(System.out::println);

} catch (IOException ex) {
    System.err.println(ex);
}
```

```
murata
tanimoto
sakamoto
okada
```

8-3 ファイルを操作する

8-3-1 ファイルをコピーする

Javaのプログラム上でファイルをコピーするには、どのようにすればいいでしょうか。これも、Java
6以前とJava 7以降では、処理のしかたが大きく変わります。

Java 6以前でファイルをコピーするには

まずは、Java 6以前の手順を見てみましょう。次の例では、「C:/work/sample.dat」ファイルを「C:/
work/copy.dat」ファイルにコピーしています。FileInputStreamクラスやFileOutputStreamクラス
からFileChannelインスタンスを取得し、transferToメソッドを用いてコピーします。

```java
FileChannel inputChannel = null;
FileChannel outputChannel = null;
try {
    FileInputStream inputStream = new FileInputStream("C:/work/sample.dat");
    inputChannel = inputStream.getChannel();

    FileOutputStream outputStream = new FileOutputStream("C:/work/copy.dat");
    outputChannel = outputStream.getChannel();

    inputChannel.transferTo(0, inputChannel.size(), outputChannel);

} catch (FileNotFoundException ex) {
    System.err.println(ex);

} catch (IOException ex) {
    System.err.println(ex);

} finally {
    if (inputChannel != null) {
        try {
            inputChannel.close();

        } catch (IOException ex) {
            System.err.println(ex);
        }
    }

    if (outputChannel != null) {
```

```
        try {
            outputChannel.close();

        } catch (IOException ex) {
            System.err.println(ex);
        }
    }
}
```

　Java 6以前では、直接ファイルをコピーするAPIは用意されていません。そのため、自分でファイル
を読み込み、コピー先のファイルに書き出す処理を実装する必要があります。

　ファイルの読み込みと書き出しを効率的におこなうには、FileChannelクラスを利用するといいでしょ
う。FileChannelクラスはOSに依存した処理になっており、OSのファイル操作の機能を直接利用して
います。そのため、ファイルを読み込んだものをバイト配列に変換してコピー先に書き出す処理を自分で
実装するよりも、少ないリソースで、高速に処理をおこなうことができます。

Java 7以降でファイルをコピーするには

　Java 7以降では、標準APIでコピー処理が用意されました。Filesクラスのcopyメソッドを利用する
ことで、直感的にファイルを操作できます。

```
Path fromFile = Paths.get("C:/work/sample.dat");
Path toFile = Paths.get("C:/work/copy.dat");

try {
    Files.copy(fromFile, toFile);

} catch (IOException ex) {
    System.err.println(ex);
}
```

8-3-2　ファイルを削除する

　次は、ファイルを削除する方法を見てみましょう。

Java 6以前でファイルを削除するには

　Java 6以前では、Fileクラスのdeleteメソッドを利用してファイルを削除します。

```
File file = new File("C:/work/sample.dat");
boolean deleted = file.delete();
System.out.println(deleted);
```

　ファイルが正しく削除されたかどうかを確認するには、戻り値をチェックする必要があります。delete

メソッドは、ファイルが正常に削除された場合は「true」を、そうでない場合は「false」を返します。

　deleteメソッドは、対象がディレクトリの場合でも削除することができます。ただし、ディレクトリを削除する場合は、そのディレクトリの中が空である必要があります。ディレクトリの中が空ではない場合は、削除に失敗したことを表す「false」を返します。

Java 7以降でファイルを削除するには

　Java 7以降では、Filesクラスのdeleteメソッドを用いて、ファイルの削除ができます。Fileクラスのdeleteメソッドと異なり、このメソッドには戻り値がありません。ファイルの削除に失敗した場合、例外が発生するようになっています。削除対象のファイルがない場合はNoSuchFileExceptionが、対象がディレクトリで空ではない場合はDirectoryNotEmptyExceptionが発生します。次のコードは、厳格にエラー検出をおこなう場合の例です。

```java
Path path = Paths.get("C:/work/sample.dat");
try {
    Files.delete(path);

} catch (NoSuchFileException ex) {
    // 削除対象のファイルが存在しない
    System.err.println(ex);

} catch (DirectoryNotEmptyException ex) {
    // 対象がディレクトリで、空ではない
    System.err.println(ex);

} catch (IOException ex) {
    // その他のエラー
    System.err.println(ex);
}
```

　Java 7以降でも、Fileクラスのdeleteメソッドと同じような振る舞いをするAPIとして、FilesクラスのdeleteIfExistsメソッドも用意されています。deleteIfExistsメソッドは、ファイルを削除した場合は「true」を、削除対象がなかった場合は「false」を返します。ただし、対象がディレクトリで空でない場合はDirectoryNotEmptyExceptionが発生することが、Fileクラスのdeleteメソッドとは異なります。

```java
Path path = Paths.get("C:/work/sample.dat");
try {
    boolean deleted = Files.deleteIfExists(path);
    System.out.println(deleted);

} catch (DirectoryNotEmptyException ex) {
    System.err.println(ex);

} catch (IOException ex) {
```

241

```
        System.err.println(ex);
}
```

8-3-3　ファイルを作成する

ソースコード上でファイルを新規作成するには、どのようにすればいいでしょうか。Java 6以前と
Java 7以降に分けて解説します。

Java 6以前でファイルを作成するには

Java 6以前でファイルを作成するには、FileクラスのcreateNewFileメソッドを使います。
createNewFileメソッドは、ファイルの作成に成功した場合は「true」を、指定したファイルがすでに
存在した場合は「false」を返します。

```
File file = new File("C:/work/new.dat");
try {
    boolean created = file.createNewFile();
    System.out.println(created);

} catch (IOException ex) {
    System.err.println(ex);
}
```

Java 7以降でファイルを作成するには

Java 7以降では、FilesクラスのcreateFileメソッドを用いて、ファイルの作成ができます。本API
には、FileクラスのcreateNewFileメソッドと異なり、ファイルの作成の成功／失敗を戻り値では判定
しません。指定したファイルがすでに存在する場合は、FileAlreadyExistsExceptionが発生します。

```
Path path = Paths.get("C:/work/new.dat");
try {
    Files.createFile(path);

} catch (FileAlreadyExistsException ex) {
    System.err.println(ex);

} catch (IOException ex) {
    System.err.println(ex);
}
```

8-3-4　ディレクトリを作成する

ディレクトリの作成についても、ファイル作成と同様に、Java 6以前とJava 7以降で違いがあります。

Java 6以前でディレクトリを作成するには

　Java 6以前でディレクトリを作成するには、Fileクラスのmkdirメソッドを使います。mkdirメソッドは、ディレクトリの作成に成功した場合は「true」を、ディレクトリの作成に失敗した場合は「false」を返します。

　引数として、複数のディレクトリ階層の下のディレクトリを指定することもできますが、途中のディレクトリが存在しない場合は、ディレクトリの作成に失敗し、「false」を返します。たとえば次の例において、Cドライブの直下にworkディレクトリがなければ、newDirディレクトリは作成されず、mkdirメソッドは「false」を返します。

```
File file = new File("C:/work/newDir");
boolean created = file.mkdir();
System.out.println(created);
```

　Fileクラスのmkdirメソッドで複数のディレクトリ階層を作成するには、親にあたるディレクトリから順に1つずつディレクトリを作成していく必要があります。複数のディレクトリ階層を作成する場合は、mkdirメソッドの代わりにmkdirsメソッドを用いると、一度にすべてのディレクトリ階層を作成できるため便利です。

　次の例では、Cドライブにworkディレクトリがない場合、workディレクトリ、newDirディレクトリ、newSubDirディレクトリを作成しています。

```
File file = new File("C:/work/newDir/newSubDir");
boolean created = file.mkdirs();
System.out.println(created);
```

　よく失敗としてあるのは、アプリケーション起動時にデータの出力先ディレクトリを作ろうとして、その親が存在せず起動エラーなどになることです。そのような面倒を避けるためにも、まとめてディレクトリを作成してしまったほうが安全な場合が多いでしょう。

　mkdirsメソッドは、必要な親ディレクトリも含めてディレクトリの作成に成功した場合は「true」を、ディレクトリの作成に失敗した場合は「false」を返します。「false」の場合でも、親ディレクトリのいくつかは作成されている可能性があることに注意してください。

Java 7以降でディレクトリを作成するには

　次に、Java 7を用いたパターンを見てみましょう。

```
Path path = Paths.get("C:/work/newDir");
try {
    Files.createDirectory(path);

} catch (NoSuchFileException ex) {
    System.err.println(ex);
```

```
} catch (IOException ex) {
    System.err.println(ex);
}
```

　Java 7以降では、FilesクラスのcreateDirectoryメソッドを使うことができます。戻り値はなく、指定したディレクトリを作成する先の親ディレクトリが存在しない場合はNoSuchFileExceptionが発生します。

　Fileクラスのmkdirメソッドと同様、FilesクラスのcreateDirectoryメソッドで複数のディレクトリ階層を作成するには、親にあたるディレクトリから順に1つずつディレクトリを作成していく必要があります。複数のディレクトリ階層を作成する場合は、createDirectoryメソッドの代わりにcreateDirectoriesメソッドを用いると、一度にすべてのディレクトリ階層を作成できるため便利です。

```
Path path = Paths.get("C:/work/newDir/newSubDir");
try {
    Files.createDirectories(path);

} catch (IOException ex) {
    System.err.println(ex);
}
```

8-3-5　一時ファイルを作成する

　「メモリを圧迫するようなサイズの大きなデータを、一時的にファイルに出力する」といった目的で、プログラム上で一時ファイルを作成する場合があります。たとえば、Webシステムでユーザーのアップロードしてきたファイルをいったんディスク上に書き出し、そのあと加工や解析などの処理をするようなケースです。そのようなときに、用の済んだファイルを削除したり、複数ユーザーが同じ名前のファイルをアップロードしても衝突しないように名前を変更したりするのは、実装量が増え、面倒な処理になります。

　Javaには、そのような問題に対応した一時ファイルを作成するためのしくみも用意されています。これについても、Java 6以前とJava 7以降で利用できるAPIが変わってくるので、合わせて見てみましょう。

Java 6以前で一時ファイルを作成するには

　まずは、Java 6以前の方法です。FileクラスのcreateTempFileメソッドを使って、新しい空のファイルを作成します。createTempFileメソッドによって作成されるファイル名は、ほかと重複しないものとなることが保証されていることが特徴です。

　第1引数ではファイル名の接頭辞を指定し、第2引数でファイル名の接尾辞を指定します。接尾辞はnullを指定することもでき、その場合、接尾辞は「.tmp」が利用されます。

　次の例では、第3引数でファイルを作成するディレクトリを指定していますが、ディレクトリは省略することもできます。省略した場合は、OSデフォルトの一時ファイルディレクトリが利用されます。

加えて、Fileクラスの deleteOnExit メソッドを呼び出しています。これで、仮想マシンの終了時に、ファイルが削除されるようにすることができます。

```java
File directory = new File("C:/work/newDir");
try {
    File tempFile = File.createTempFile("pre", ".tmp", directory);
    System.out.println(tempFile.getAbsolutePath());

    // 仮想マシン終了時にファイルが削除されるように要求する
    tempFile.deleteOnExit();

} catch (IOException ex) {
    System.err.println(ex);
}
```

```
C:\work\newDir\pre15069889035692875817.tmp
```

　createTempFile メソッドと deleteOnExit メソッドと合わせて使うことで、一時ファイルを作っても、プログラムが終了したあとにサーバマシン上に不要に残ってしまうのを避けることができます。

　ただし、deleteOnExit メソッドを使っても、状況によってはファイルが削除されない場合があります。たとえば、Java VM が異常終了した場合は、ファイルは削除されません。

Java 7 以降で一時ファイルを作成するには

　では、次に Java 7 の場合の例を見てみましょう。Java 7 の場合、Files クラスの createTempFile メソッドを用いることで、Path オブジェクトから一時ファイルを作成することができます。Java 6 の例と同様に、ファイルを作成するディレクトリへのパス、ファイル名の接頭辞、接尾辞をそれぞれ指定しています。また、ファイルを作成するディレクトリのパスを省略した場合、OS のデフォルトの一時ファイルディレクトリが利用されます。

```java
Path path = Paths.get("C:/work/newDir");
try {
    Path tempPath = Files.createTempFile(path, "pre", ".tmp");
    System.out.println(tempPath);

} catch (IOException ex) {
    System.err.println(ex);
}
```

```
C:\work\newDir\pre4716288141653242151.tmp
```

　作成した一時ファイルを閉じたときに削除するには、「8-2　ファイルを読み書きする」で紹介した

Filesクラスの newOutputStream メソッドの引数に、StandardOpenOption クラスの DELETE_ON_CLOSE を指定します。

また、Java 7では、Filesクラスの createTempDirectory メソッドを使うことで、一時ディレクトリを作成できます。任意の接頭辞を付与したディレクトリを作成します。パスを指定しなかった場合は、OSのデフォルトの一時ファイルディレクトリ上に、一時ディレクトリが作成されることになります。

```
Path path = Paths.get("C:/work/newDir");
try {
    Path tempPath = Files.createTempDirectory(path, "pre");
    System.out.println(tempPath);

} catch (IOException ex) {
    System.err.println(ex);
}
```

8-4 さまざまなファイルを扱う

8-4-1 プロパティファイル

　Javaプログラムを実行するためには、ソースコードのコンパイルが必要です。しかし、動作環境によってパラメータが異なったり、利用者ごとの設定内容を変更するたびにコンパイルをおこなう必要があると、非常に使いづらいといえます。

　そこで、あとから変更する可能性が高いパラメータは、ソースコードの内部に直接記述するのではなく、必要に応じて変更できるようにしておくと便利です。このことを「外部定義化」、砕けた言い方では「外出し」（そとだし）といいます。

　特に、ほかのシステムのIPアドレスやログインユーザー名などの接続設定、動作に必要なディレクトリやファイルなどのパス設定などは、だいたいは外部定義化が必要になります。その理由は、動作する環境に応じて変更することが多いからです。たとえば、開発環境や試験で使っていた環境のIPアドレスをJavaコードの中に直接書いていると、本番環境に入れるときに変え忘れて、環境が変わって動作しなくなるなどの問題が発生します。コードの中に書かれた定義は探しにくいため、定義ファイルという明確な役割を持ったファイルを作成し、そこにまとめて記述することで問題を防げます。

　外部定義化をする際に利用できるかんたんな形式の1つが、プロパティファイルです。プロパティファイル以外の方法でパラメータを外部定義化しても同じメリットを得ることができますが、記述がかんたんで、Java言語そのものに読み込みの機構があることから、プロパティファイルが頻繁に利用されています。

　また、以下のような用途では特にプロパティファイルがよく使われます。

- メッセージや画面のメニューといった文字列を外部定義化し、変更しやすくする
- システムを利用する国や言語環境によって、文字列を日本語、英語といった異なる言語に切り替えて表示できるようにする（これを「国際化対応」といいます）

　プロパティファイルを用いて、プログラム内で用いるパラメータを外部定義化した例を見てみましょう。プロパティファイルでは、1行ごとに項目名（キー）と値を「=」でつなげて記述します。コメントは、先頭に「#」を付けて記述します。

●mail.properties

```
# メール設定
system.mail.address=okada@acroquest.co.jp
system.mail.enable=true
```

247

```
system.mail.errormessage=Cannot send mail.
```

　上記の例では、システム内部で利用するメールアドレスと、メールの有効／無効の定義、エラーメッセージをプロパティファイルに記述してみました。筆者が関わったシステムでは、上記のように「.」区切りのキー名にして、キーを体系化することで管理していました。

プロパティファイルを読み込む

　次に、プロパティファイルを読み込む実装を見てみましょう。プロパティファイルの読み込みには、java.util.Properties クラスを用います。先ほど作成したファイルから、InputStream オブジェクトを取得し、Properties クラスの load メソッドの引数に指定することで、プロパティファイルを読み込むことができます。プロパティファイルの読み込みが完了すると、Properties クラスの getProperty メソッドでキーを指定して、値を取得します。Java 6 以前の書き方と、Java 7 以降の書き方の例を紹介します。

● Java 6 以前

```
File file = new File("mail.properties");

InputStream is = null;
try {
    is = new FileInputStream(file);
    Properties properties = new Properties();
    properties.load(is);

    String address = properties.getProperty("system.mail.address");
    System.out.println(address);
} catch (IOException ex) {
    // 例外処理は省略
} finally {
    if (is != null) {
        try {
            is.close();

        } catch (IOException ex) {
            System.err.println(ex);
        }
    }
}
```

```
okada@acroquest.co.jp
```

● Java 7 以降

```
Path path = Paths.get("mail.properties");
try (BufferedReader reader = Files.newBufferedReader(
        path, StandardCharsets.UTF_8)) {
```

```java
    Properties properties = new Properties();
    properties.load(reader);

    String address = properties.getProperty("system.mail.address");
    System.out.println(address);

} catch (IOException ex) {
    // 例外処理は省略
}
```

```
okada@acroquest.co.jp
```

上記の例では、プロパティファイルのパスを直接指定して、ファイルを読み込みました。

国際化対応

　国際化対応をするには、Propertiesクラスではなく、java.util.ResourceBundleクラスを使ってプロパティファイルを読み込むようにします。ResourceBundleクラスのgetBundleメソッドでプロパティファイルを読み込みますが、拡張子を指定しない点に注意してください。値を取得するには、getStringメソッドを使います。

```java
ResourceBundle bundle = ResourceBundle.getBundle("mail");

String message = bundle.getString("system.mail.errormessage");
System.out.println(message);
```

```
Cannot send mail.
```

　そして国際化対応では、利用する言語の数だけ、ファイルを用意する必要があります。ファイル名は、次のようにします。

　　ベースの名前＋＿＋ロケール＋.properties

　ロケールとは特定の地理的、国家的、または文化的地域を表すものです。日本は「ja」となります。
　「system.mail.errormessage」の値がわかりにくい文字の羅列になっていますが、ResourceBundleクラスを使う場合は、UTF-8のファイルを読み込むことができず、ISO 8859-1で記述する必要があるため、日本語の部分はエンコードした形式で記述しています[3]。

※3　JDKに付属のnative2asciiコマンドを用いて、変換をしなければなりません。しかし、EclipseなどのIDEでは、ファイルを保存する時にこの変換を自動的におこなってくれるものもあるため、開発者はあまり意識しなくても済むようになっています。

● 国際化対応したプロパティファイルの設定例（mail_ja.properties）

```
system.mail.address=okada@acroquest.co.jp
system.mail.enable=true
# メール送信エラー
system.mail.errormessage=\u30e1\u30fc\u30eb\u9001\u4fe1\u30a8\u30e9\u30fc
```

　mail_ja.propertiesファイルを配置して再度プログラムを実行すると、実行しているPCの言語設定が日本語になっていれば、mail_ja.propertiesファイルに記述した文字（日本語）が出力されます。

　国際化対応したプロパティファイルを配置したときの実行例は次のとおりです。

メール送信エラー

　なお、Propertiesクラスを使って直接プロパティファイルを読み込む場合は、プロパティファイルをISO 8859-1で記述する必要はありません。日本語をそのまま記述できます。

　このように、ResourceBundleクラスは、プロパティファイルを読み込む際に、実行したPCの言語に対応したファイルを自動的に読み込んでくれます。ただし、ResourceBundleクラスを用いるためには、プロパティファイルがクラスパス上に配置されている必要があることに注意してください。なお、Java 6からは、Propertiesクラスのloadメソッドに、Readerオブジェクトを指定できるものが追加されたため、Readerオブジェクトを生成する際に文字コードを指定して読み込めるようになりました。Java 5.0以前のloadメソッドには、InputStreamオブジェクトを指定するものしかないため、Java 5.0を使う場合は、プロパティファイルはISO 8859-1形式で記述する必要があります。

8-4-2　CSVファイル

　いくつかのフィールド（項目）をカンマ（,）で区切って、データを格納したファイルを、CSVファイルと呼びます。CSVとは「Comma-Separated Values」の略で[4]、通常、CSVファイルは「.csv」の拡張子を持ちます。

　次の例は、名前、歳、生年月日、メールアドレス、備考の5つの項目を記述したCSVファイルです。

```
name,age,birth,email,note
山田 太郎 ,35,1978/4/1,yamada@xxx.co.jp," 所有免許：第一種運転免許 , 応用情報技術者 "
鈴木 花子 ,28,1985/10/23,suzuki@xxx.co.jp,
```

※4　区切り文字として、カンマ以外にタブや半角スペースを用いることもあります。これらのファイル形式を総称して「Character-Separated Values」と呼ぶこともあります。

1行目に定義項目の名称、2行目以降にデータを記述します。文字をカンマで区切っただけというシンプルな構造で、複数の情報をかんたんに表せることから、データを保持する際に広く利用されています。Microsoft Excelでもそのまま読み込むことができます。

ただし、シンプルな構造ではあるものの、厳密に扱い始めると以下のようなことを考えなければなりません。

- ・フィールドにカンマ、ダブルクォート、改行を含む場合は、ダブルクォーテーション（"）で囲むといったエスケープ処理が必要
- ・空行、コメント行を読み飛ばす処理
- ・エンコード、改行コードの扱い
- ・出力したCSVファイルをExcelで読みたい場合は、MS932でエンコードしなければならない

そのため、CSVファイルの読み込みや書き出しをする場合は、自分で処理プログラムを作成するのではなく、専用のライブラリを利用したほうがいいでしょう。CSVファイルを処理するライブラリはいくつか存在しますが、本書では「Chapter 14　ライブラリで効率を上げる」にて、「SuperCSV」というライブラリを紹介しています。

8-4-3　XML

プロパティファイルは利用がかんたんなのですが、その分、繰り返し要素や、親子関係などの構造を表現するのが苦手です。キーの名前をがんばれば表現できないこともないですが、たいていの場合、そのようながんばりの結果で複雑になった定義内容はわかりづらくなるため、ユーザーに嫌われます。

外部化する定義を整理するのに構造化が必要な場合は、XML形式を用いることがあります。XMLとは、「eXtensible Markup Language」の略で、データの論理的な構造や意味を、データの内容とともに、テキストファイルで表現する記述方法です。

実際のXMLファイルの内容を見てみましょう。まずは、社員情報を保持するXMLファイルの例です（staff.xml）。「Takuya」「Okada」といったデータの内容に対して、それらが何を表すかを示すために、<firstname>や<lastname>といったタグで構造化したり、id="1024"のようにタグに属性を追加して、追加情報を設定したりしています。

● staff.xml

```xml
<?xml version="1.0" encoding="UTF-8"?>
<staffs>
  <staff id="1024">
    <name>
      <firstname>Takuya</firstname>
      <lastname>Okada</lastname>
    </name>
    <gender>male</gender>
    <job>Engineer</job>
```

```
    </staff>
</staffs>
```

　次は、XMLの中でも身近なものの1つである、XHTMLファイル（HTMLをXMLの仕様に基づいて定義しなおした仕様）の内容の例です。<head>や<title>といったタグを用いることによって、「Acroquest Technology 株式会社 トップページ」というデータの内容が、Webページのタイトルであることを表しています。

● **index.html**

```
<!DOCTYPE html PUBLIC "-//W3C//DTD XHTML 1.0 Transitional//EN" "http://www.w3.org/TR/
xhtml1/DTD/xhtml1-transitional.dtd">
<html xmlns="http://www.w3.org/1999/xhtml" xml:lang="ja" lang="ja">
  <head>
    <title>Acroquest Technology 株式会社 トップページ </title>
  </head>
  <body>
    （略）
  </body>
</html>
```

　このように、XMLを用いることによって、異なる情報システムの間で構造化された文書や構造化されたデータを共有できます。

　では、Javaのソースコード中でXMLを読み込むには、どのようにすればいいのでしょうか。じつは、JavaでXMLを読み込むAPIは複数存在しており、XMLを扱う目的によって使い分けが必要です。1つずつ見ていきましょう。

(1) DOM

　DOM（Document Object Model）は、XML文書をオブジェクトのツリー構造で読み込むAPIです。先ほどのstaff.xmlをツリー構造で表した例を見てみましょう。

　各要素はそれぞれ以下を表しています。

- ・Document　→　XML文書全体
- ・Element　　→　タグ
- ・Attr　　　　→　属性
- ・TextNode　→　タグで囲まれた文字列

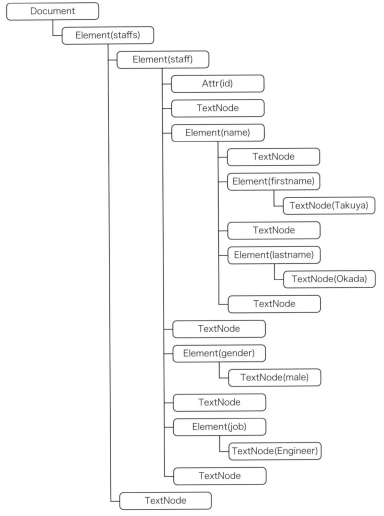

●staff.xmlをツリー構造で表すと

　DOMのAPIは、XMLファイルを読み込んで、まずはこのツリー構造をメモリ上に展開します。そして、XMLファイルから必要なデータを取り出すために、ツリー構造をroot要素であるstaffsから順にたどりながら、要素を読み込みます。

　具体的な実装例を見てみましょう。次の例では、入れ子になっているタグを再帰的[※5]に読み込んで、タグの内容を表示しています（readRecursiveメソッドの中でreadRecursiveメソッドを呼んでいます）。

　タグの内容はorg.w3c.dom.Nodeクラスのオブジェクトに格納されており、タグの中のタグ（子タグ）はgetFirstChildメソッド（最初の子タグ）とgetNextSiblingメソッド（次の子タグ）で取得します。

※5　ある内容を記述する際に、それ自身の記述を参照することを指します。XMLファイルの場合、「タグを読み込む」処理の中で子タグが出てきた場合、自身の「タグを読み込む」処理を呼べば、子タグも読み込むことができます。再帰的な処理は、XMLファイル以外にも、ディレクトリのようなツリー構造を持ったものを読み書きする際に用います。

属性は、getAttributes メソッドで取得します。

```java
public void parse(String xmlFile) {
    try (InputStream is = Files.newInputStream(Paths.get(xmlFile))) {
        DocumentBuilder builder = DocumentBuilderFactory
                .newInstance().newDocumentBuilder();
        Node root = builder.parse(is);
        readRecursive(root);
    } catch (ParserConfigurationException | IOException | SAXException ex) {
        // 例外処理は省略
    }
}

private void readRecursive(Node node) {
    Node child = node.getFirstChild();
    while (child != null) {
        printNode(child);
        NamedNodeMap attributes = child.getAttributes();
        if (attributes != null) {
            for (int index = 0; index < attributes.getLength(); index++) {
                Node attribute = attributes.item(index);
                System.out.print("Attribute: ");
                printNode(attribute);
            }
        }
        readRecursive(child);
        child = child.getNextSibling();
    }
}

private void printNode(Node node) {
    System.out.println(node.getNodeName() + "=" + node.getNodeValue());
}
```

```
staffs=null
#text=

staff=null
Attribute: id=1024
#text=

name=null
#text=

firstname=null
#text=Takuya
#text=

lastname=null
```

```
#text=Okada
#text=

#text=

gender=null
#text=male
#text=

job=null
#text=Engineer
#text=

#text=
```

　XMLファイルをツリー構造で読み込むため、javax.xml.parsers.DocumentBuilderクラスのparseメソッドを用いています。

　ツリー構造の読み込みが完了すると、ツリーのroot要素から順にたどりながら、要素を出力していきます。出力結果には、「#text=」のあとに空行が続くものが出力されていますが、これはXMLファイル中でタグとタグの間の改行や空白も要素として読み込まれているためです。

　システムの中でDOMを用いる場合は、「XMLファイルを順にたどっていき、必要な要素を見つけたところで値を保持する」という使い方となります。また、人間に見やすいようにインデントした箇所が、DOMではTextNodeとしてオブジェクト化されます。そのため、スペースのみのTextNodeは無視したり、文字列の先頭と末尾のスペースを削除したりする処理が必要になります。

　DOMは、ツリー構造をすべて読み込むため、メモリを大量に消費する傾向があります。実装方式にもよりますが、大きなドキュメントの操作や、同時に大量のXMLファイルを読み込む処理には不向きといえます。

(2) SAX

　DOMの場合、まずXML文書を構文解析し、文書の構造に対応したオブジェクトのツリーを取得していました。一方、XML文書の構文解析を実施する点は同じですが、構文解析を終えてから処理をするのではなく、構文解析を進めながらイベントドリブンで必要な情報を取得していくのがSAX（Simple API for XML）です。

　ここで「イベント」と呼んでいるのは、XMLのタグやテキストといった要素の、読み込みの開始や終了といった処理を指しています。つまり、XMLファイルを読み込んでいき、タグやテキストが見つかると、あらかじめ定義した処理を実行するという形でXMLファイルを処理していきます。

　次の例では、org.xml.sax.helpers.DefaultHandlerクラスを継承したSampleHandlerクラスを作成し、タグの中身を表示しています。XMLファイルの解析が始まるとstartDocumentメソッドが、解析が終了するとendDocumentメソッドが呼ばれます。また、開始タグが現れるとstartElementメソッドが、終了タグが現れるとendElementメソッドが呼ばれます。タグで挟まれた文字列が見つかると、charactersメソッドが呼ばれます。

```java
public void parse(String xmlFile) {
    try (InputStream is = Files.newInputStream(Paths.get(xmlFile))) {
        SAXParserFactory factory = SAXParserFactory.newInstance();
        SAXParser parser = factory.newSAXParser();
        SampleHandler handler = new SampleHandler();

        parser.parse(is, handler);

    } catch (ParserConfigurationException | SAXException | IOException ex) {
        // 例外処理は省略
    }
}
```

● SampleHandlerクラス

```java
class SampleHandler extends DefaultHandler {
    @Override
    public void startDocument() {
        System.out.println("Start Document");
    }

    @Override
    public void endDocument() {
        System.out.println("End Document");
    }

    @Override
    public void startElement(String namespaceURI, String localName,
            String qName, Attributes atts) {
        if (atts != null) {
            for (int index = 0; index < atts.getLength(); index++) {
                System.out.println("Attribute: " + atts.getQName(index)
                        + "=" + atts.getValue(index));
            }
        }
        System.out.println("Start Element: " + qName);
    }

    @Override
    public void endElement(String namespaceURI, String localName, String qName) {
        System.out.println("End Element: " + qName);
    }

    @Override
    public void characters(char[] ch, int start, int length) {
        String text = new String(ch, start, length);
        System.out.println("Text: " + text);
    }
}
```

```
Start Document
Start Element: staffs
Text:

Attribute: id=1024
Start Element: staff
Text:

Start Element: name
Text:

Start Element: firstname
Text: Takuya
End Element: firstname
Text:

Start Element: lastname
Text: Okada
End Element: lastname
Text:

End Element: name
Text:

Start Element: gender
Text: male
End Element: gender
Text:

Start Element: job
Text: Engineer
End Element: job
Text:

End Element: staff
Text:

End Element: staffs
End Document
```

　SAXは、その名のとおり、シンプルで処理の軽いAPIです。XMLファイルの中から、ユニークな要素名の入った要素のみを取得したい場合には、迅速な処理ができます。一方で、XMLファイルに対していろいろ箇所にあるタグを同時に取得するなどの複雑な処理にはあまり向いていません。

(3) StAX

　StAX（Streaming API for XML）は、Java 6から標準に取り入れられたAPIです。StAXは、イ

ベントドリブンで処理をおこなうという点でSAXと似ていますが、SAXはプッシュ型、StAXはプル型という違いがあります。「プッシュ」とはAPI側からコードを呼び出すこと、「プル」とはイベントを引っ張り出すという動きです。これだけだとわからないと思いますので、もう少しくわしく説明します。

SAXは、XMLファイルの読み込みはAPIでおこない、要素の読み込み（＝イベント発生）時に、記述したコードを呼び出す形で動作します。SAXの例では、org.xml.sax.ContextHandlerオブジェクト（DefaultHandlerクラスはこの実装クラス）を作成して、SAXのAPIに登録しました。

SAXのAPIは、XMLをパース（解析）しながら、「要素が開始された」といったイベントを検知し、ContentHandlerオブジェクトのstartElementなどのコールバックメソッド（イベントが発生したときに呼び出されるメソッド）を呼び出します。「API側からコードを呼び出す」という意味で、プッシュ型なのです。

これに対して、StAXではパーサがイベントを投げるのではなく、プログラムがイベントがあるかどうかを判断して処理をおこないます。イベントがあればパーサから取得する＝イベントを引っ張り出すという動きから、プル型と呼ばれるのです。

SAXはパースが始まってしまうと、コード側から制御できません。対して、StAXではパース処理の制御ができるので、たとえば「パースの途中で中止する」といったことを実現できます。

それでは、StAXを用いたコードを見てみましょう。StAXには、「Cursor API」と「Event Iterator API」の2種類のAPIが用意されており、それぞれXMLのパースのしかたが異なります。

まずは、Cursor APIで実装する方法を見てみましょう。Cursor APIは、javax.xml.stream.XMLStreamReaderインタフェースを用いてXMLファイル内のイベントを順に読み込んでいき、処理対象としたイベントが見つかった場合に対応した処理を実行します。

◉StAXのCursorAPIを利用してXMLを読み込む

```java
public void parse(String xmlFile) {
    try (InputStream is = Files.newInputStream(Paths.get(xmlFile))) {
        XMLInputFactory factory = XMLInputFactory.newInstance();
        XMLStreamReader reader = factory.createXMLStreamReader(is);

        while (reader.hasNext()) {
            reader.next();

            int eventType = reader.getEventType();

            if (eventType == XMLStreamConstants.START_ELEMENT) {
                System.out.println("Name: " + reader.getName());

                int count = reader.getAttributeCount();
                if (count != 0) {
                    System.out.println("Attribute:");
                    for (int index = 0; index < count; index++) {
                        System.out.println("  Name: "
                                + reader.getAttributeName(index));
                        System.out.println("  Value: "
                                + reader.getAttributeValue(index));
```

```
                    }
                }

            } else if (eventType == XMLStreamConstants.CHARACTERS) {
                String text = reader.getText().trim();
                if (!text.isEmpty()) {
                    System.out.println("Text: " + text);
                    System.out.println();
                }

            }
        }
    } catch (IOException | XMLStreamException ex) {
        // 例外処理は省略
    }
}
```

```
Name: staff
Attribute:
  Name: id
  Value: 1024
Name: name
Name: firstname
Text: Takuya

Name: lastname
Text: Okada

Name: gender
Text: male

Name: job
Text: Engineer
```

　一方、Event Iterator APIは、javax.xml.stream.XMLEventReaderインタフェースを用いて、XMLファイル内のイベントを順に読み込んでいきます。

●StAXのEvent Iterator APIを利用してXMLを読み込む

```
public void parse(String xmlFile) {
    try (InputStream is = Files.newInputStream(Paths.get(xmlFile))) {
        XMLInputFactory factory = XMLInputFactory.newInstance();
        XMLEventReader reader = factory.createXMLEventReader(is);

        // 処理対象のイベントを絞り込むフィルタを設定する
        EventFilter filter = new EventFilter() {
            public boolean accept(XMLEvent event) {
                return event.isStartElement() || event.isCharacters();
```

```
            }
        };
        reader = factory.createFilteredReader(reader, filter);

        while (reader.hasNext()) {
            XMLEvent event = reader.nextEvent();

            if (event.isStartElement()) {
                StartElement startElement = event.asStartElement();
                System.out.println("Name: " + startElement.getName());

                Iterator<Attribute> attributes = startElement.getAttributes();
                if (attributes.hasNext()) {
                    System.out.println("Attribute:");

                    while (attributes.hasNext()) {
                        Attribute attribute = attributes.next();
                        System.out.println("  Name: " + attribute.getName());
                        System.out.println("  Value: " + attribute.getValue());
                    }
                }

            } else if (event.isCharacters()) {
                Characters characters = event.asCharacters();
                String text = characters.getData().trim();
                if (!text.isEmpty()) {
                    System.out.println("Text: " + text);
                    System.out.println();
                }

            }
        }

    } catch (IOException | XMLStreamException ex) {
        // 例外処理は省略
    }
}
```

```
Name: staffs
Name: staff
Attribute:
  Name: id
  Value: 1024
Name: name
Name: firstname
Text: Takuya

Name: lastname
Text: Okada
```

```
Name: gender
Text: male

Name: job
Text: Engineer
```

　ソースコードのみを見れば、Cursor APIと流れは非常に近いと思うかもしれません。しかし、Event Iterator APIの場合は、イベントをjavax.xml.stream.events.XMLEventクラスのオブジェクトとして扱うことができる点が異なります。XMLEventオブジェクトをほかのクラスやメソッドに受け渡すことによって、イベントごとの処理をほかに移譲するなど、より見通しのよいソースコードにすることができます。また、上記の例にあるように、対象とするイベントを、あらかじめjavax.xml.stream.EventFilterを用いて絞り込むことができます。

　このように、StAXを用いると、XMLファイルをツリー形式ですべて読み込むことなく迅速に処理できるうえ、必要なイベントのみを実装することでソースコードも簡潔に記述できます。本書では紹介するに留めますが、StAXを用いると、XMLファイルの書き出しも、比較的容易に実装できます。興味があれば、ぜひ調べてみてください。

(4) XPath

　XPath（Xml Path language）は、XMLファイルの中から、条件に適合した部分のみを取り出す形で処理をするAPIです。XMLファイル中の特定の箇所を表す文字列（ロケーションパス）を指定することで、条件に合致した要素を、直接取得できます。あらかじめXMLファイルの構造がわかっており、ファイル中の一部の値を取り出したい場合に、便利なAPIです。

　XPathでは、タグの位置を「/」区切りで指定します。「@」を使って属性を指定したり、「text()」を用いてタグに囲まれた文字列を取得したり、カギ括弧（[ ]）を使って条件を指定したりできます。

```java
public void parse(String xmlFile) {
    try (InputStream is = Files.newInputStream(Paths.get(xmlFile))) {
        DocumentBuilder builder = DocumentBuilderFactory
                .newInstance().newDocumentBuilder();
        Document document = builder.parse(is);

        XPathFactory factory = XPathFactory.newInstance();
        XPath xpath = factory.newXPath();

        // staff タグの id 属性を取得する
        System.out.println("id=" + xpath.evaluate(
                "/staffs/staff/@id", document));

        // staff タグ内、name タグ内の firstname タグで囲まれた文字列を取得する
        System.out.println("firstname=" + xpath.evaluate(
                "/staffs/staff/name/firstname/text()", document));
```

```
        // staffタグ内のnameタグで、firstnameタグで囲まれた文字列が「Takuya」である
        // nameタグの、
        // lastnameタグで囲まれた文字列を取得する
        System.out.println("lastname=" + xpath.evaluate(
                "/staffs/staff/name[firstname='Takuya']/lastname/text()", document));

    } catch (ParserConfigurationException | IOException
            | SAXException | XPathExpressionException ex) {
        // 例外処理は省略
    }
}
```

```
id=1024
firstname=Takuya
lastname=Okada
```

　DOMのソースコードと見比べるとわかるように、「XMLファイルをツリー構造で読み込む」という点ではDOMと変わりません。そのため、DOMと同様にメモリを消費するため、大きなドキュメントの操作や、同時に大量のXMLを読み込む処理には不向きといえます。

(5) JAXB

　JAXB（Java Architecture for XML Binding）は、これまでに紹介してきたAPIと毛色が異なります。XMLファイルを読み込むというよりも、「XMLファイルとJavaのオブジェクトを結びつける」動作をします。JAXBを利用することで、XMLとJavaオブジェクトを相互変換できます。

　具体的な利用例を見てみましょう。まず、staff.xmlの内容と結びつくJavaのクラスを作成します。staffタグに対応するStaffクラスと、その中のnameタグに対応するStaffNameクラスを用意します。StaffNameクラスは、Staffクラスの<name>タグに対応するクラスで、firstnameオブジェクト、lastnameオブジェクトの値を保持するためのクラスです。

　オブジェクトの中身をかんたんに表示できるように、toStringメソッドを実装しておきます。ToStringBuilderクラスは、フィールドの内容を文字列に変換するユーティリティクラスです。詳細は、「Chapter 14　ライブラリで開発を効率化する」で説明します。

●Staffs.java

```
import java.util.List;

import javax.xml.bind.annotation.XmlElement;
import javax.xml.bind.annotation.XmlRootElement;

import org.apache.commons.lang3.builder.ToStringBuilder;

@XmlRootElement(name = "staffs")
```

```java
public class Staffs {
    private List<Staff> staffList;

    @XmlElement(name = "staff")
    public List<Staff> getStaffList() {
        return staffList;
    }

    public void setStaffList(List<Staff> staffList) {
     this.staffList = staffList;
    }

    @Override
    public String toString() {
        return ToStringBuilder.reflectionToString(this);
    }
}
```

● Staff.java

```java
import org.apache.commons.lang3.builder.ToStringBuilder;

import javax.xml.bind.annotation.XmlAttribute;
import javax.xml.bind.annotation.XmlRootElement;

public class Staff {
    private int id;

    private StaffName name;

    private String gender;

    private String job;

    @XmlAttribute(name="id")
    public int getId() {
        return this.id;
    }

    public void setId(int id) {
        this.id = id;
    }

    public StaffName getName() {
        return name;
    }

    public void setName(StaffName name) {
        this.name = name;
    }
```

```java
    public String getGender() {
        return gender;
    }

    public void setGender(String gender) {
        this.gender = gender;
    }

    public String getJob() {
        return job;
    }

    public void setJob(String job) {
        this.job = job;
    }

    @Override
    public String toString() {
        return ToStringBuilder.reflectionToString(this);
    }
}
```

● StaffName.java

```java
import org.apache.commons.lang3.builder.ToStringBuilder;

public class StaffName {
    private String firstname;

    private String lastname;

    public String getFirstname() {
        return firstname;
    }

    public void setFirstname(String firstname) {
        this.firstname = firstname;
    }

    public String getLastname() {
        return lastname;
    }

    public void setLastname(String lastname) {
        this.lastname = lastname;
    }

    @Override
    public String toString() {
        return ToStringBuilder.reflectionToString(this);
```

```
        }
}
```

では、XMLファイルとStaffクラスを結びけるソースコードを見てみましょう。次の例では、JAXBクラスのunmarshalメソッドで、ストリームのXMLファイルをJavaオブジェクトに変換します。

```
public void parse(String xmlFile) {
    try (InputStream is = Files.newInputStream(Paths.get(xmlFile))) {
        Staffs staffs = JAXB.unmarshal(is, Staffs.class);
        System.out.println(staffs);
    } catch (IOException ex) {
        // 例外処理は省略
    }
}
```

```
Staffs@27bc2616[staffList=[Staff@3941a79c[id=1024,name=StaffName@506e1b77[firstname=
Takuya,lastname=Okada],gender=male,job=Engineer]]]
```

Staffクラスのオブジェクトに、XML中に記載された値が格納されていることがわかります。このように、一度、XMLファイルと対応したクラスを生成してしまえば、XMLファイルとJavaオブジェクトの変換を容易にできるのが、JAXBの特徴です。

ここではクラスを自分で作成しましたが、XMLファイルの文書構造を表すXML Schemaファイルが存在する場合であれば、XML SchemaファイルからJavaクラスを自動で生成することもできます。

また、ここではXMLファイルからJavaオブジェクトへの変換について取り上げましたが、Javaオブジェクトから XMLファイルへの出力もできます。XMLファイルの内容をすべてJavaオブジェクトに変換して使用したい場合、JAXBは有効な手段といえるでしょう。

■ 8-4-4 JSON

JSON（JavaScript Object Notation）とは、構造のあるデータをシンプルに記述できるデータ形式のことです。基本的には項目と値の組み合わせで記述しますが、配列や連想配列（Mapに相当）も表現できます。以下に、JSONファイルの例を示します。

```
{
  "name"     : "山田 太郎",
  "age"      : 35,
  "licenses" : ["第一種運転免許", "応用情報技術者"]
}
```

JavaScriptではJSON形式のデータを容易に読み込むことができるため、Webアプリケーションや

REST通信[6]におけるデータのやりとりによく利用されています。

　JSONをJavaで扱うには、JavaオブジェクトをJSON形式の文字列に変換したり、逆に文字列をJavaオブジェクトに変換したりする必要があります。Java EE 7からは標準でJSONを扱うAPIが提供されるようになりましたが、JSONデータを直接Javaオブジェクトにマッピングできないなど、使いづらい部分があります。そのため、JSONとJavaオブジェクトとの変換には、専用のライブラリを利用したほうがいいでしょう。

　JSONファイルを処理するライブラリはいくつか存在しますが、本書では「Chapter 14　ライブラリで効率を上げる」にて「Jackson」というライブラリを紹介しています。

※6　RESTとは、REpresentational State Transferの略で、ネットワーク上のコンテンツ（リソース）を一意なURLで表し、HTTPのメソッドを用いて、リソースに対する操作をおこなう仕組みのこと。そのデータ形式として、JSONがよく用いられる。

Chapter 9

日付処理を極める

9-1　DateとCalendarを使い分ける ──────────────── 268

9-2　Date and Time APIを利用する ──────────────── 274

9-3　日付クラスと文字列を相互変換する ──────────────── 282

9-4　Date and Time APIで日付／時間クラスと文字列を相互変換する ─────── 285

9-5　和暦に対応する ──────────────── 288

9-1 DateとCalendarを使い分ける

　現場のプログラムでは、データの作成時刻や更新時刻といった形で日付情報を保持したり、ログ情報として処理をおこなった時刻を出力したりするなど、日付処理はなくてはならないもです。Javaには、プログラム中で日付や時刻を扱うためのクラスとして、java.util.Dateクラスとjava.util.Calendarクラスの2種類が存在し、用途に合わせて使い分ける必要があります。また、Java 8では「Date and Time API」という日時操作APIが加わり、日付や時刻が扱いやすくなっています。Date and Time APIについては、「9-2　Date and Time APIを利用する」で説明します。

　ここでは、従来から存在するDateクラスとCalendarクラスについて、使い方と、クラス間で相互に変換をおこなう方法を説明します。

クラス	説明
Date	日時、特定の時刻を保持するクラス
Calendar	年、月、日、時、分、秒の単位で個別に設定／取得／加算／減算することができるクラス

●日付処理をおこなうクラス

9-1-1　Dateクラスを利用する

　Dateクラスの利用例を次に示します。ここでは、現在時刻や時刻を指定してDateオブジェクトを生成しています。

```
// 現在時刻で Date クラスを生成する
Date now = new Date();
System.out.println(now);

// 時刻を指定して Date クラスのインスタンスを生成する
// 1970 年 1 月 1 日午前 0 時（GMT）から 5,000 ミリ秒経過した時刻
Date date = new Date(5000);
System.out.println(date);
```

```
Tue Feb 07 19:06:43 JST 2017
Thu Jan 01 09:00:05 JST 1970
```

　Dateクラスのコンストラクタを引数なしで呼び出すと、現在時刻を保持したDateクラスのインスタンスを生成します。もし、時刻を指定してインスタンスを生成する場合は、long型を引数に持つコンスト

ラクタを用います。コンストラクタの引数に「1970年1月1日午前0時（GMT）から経過した時間をミリ秒に換算した値」を設定することで、指定した時刻を保持したインスタンスを生成します。

「1970年1月1日午前0時（GMT）から経過した時間」を計算するのは面倒と感じるかもしれません。じつは、Dateクラスには、年、月、日、時、分を引数に持つコンストラクタが存在します。しかし、このコンストラクタは非推奨（deprecated）となっており、利用してはいけません。年、月、日、時、分を指定してDateクラスのインスタンスを取得する場合は、あとで説明するCalendarクラスから変換する方法があります。

また、Dateクラスのserialize setTimeメソッドを用いると、Dateクラスのインスタンスが保持する時刻を変更できます。このメソッドの引数はlong型で、コンストラクタと同様、「1970年1月1日午前0時（GMT）から経過した時間」を指定します。Dateクラスには、年、月、日、時、分、秒をそれぞれ個別に設定するメソッド（setYear、setMonth、setDate、setHours、setMinutes、setSeconds）が存在しますが、これらのメソッドも非推奨（deprecated）となっており、利用してはいけません。同様に、Dateクラスには、年・月・日・時刻を直接指定したり取得したりするメソッドも存在しますが、同じく非推奨（deprecated）です。これらの処理をする場合は、Calendarクラスを使うことが推奨されています。

setTimeメソッドにより、インスタンスが保持する時刻を変更ができることから、Dateクラスはイミュータブルではありません（イミュータブルの詳細は「Chapter 10　オブジェクト指向をたしなむ」を参照）。Dateクラスを用いて時刻の情報を保持する場合、意図せず値が変更される可能性があることを意識しなければなりません。

出力の形式は、DateFormatクラスを用いることで、好きなように整形することができます。詳細については「9-3　日付クラスと文字列を相互変換する」で説明します。実際の開発現場では、Dateクラスはログに処理時間を出力したり、特定の処理の実行時刻を記録したりするために用います。

9-1-2　Calendarクラスを利用する

Calendarクラスの利用例を次に示します。ここでは、現在時刻を保持したCalendarオブジェクトを生成しています。

```
Calendar calendar = Calendar.getInstance();
System.out.println(" ■ Calendar の値 ");
System.out.println(calendar);
System.out.println(" ■ getTime の値 ");
System.out.println(calendar.getTime());
```

```
■ Calendar の値
java.util.GregorianCalendar[time=1486462496510,areFieldsSet=true,areAllFieldsSet=true,⤸
lenient=true,zone=sun.util.calendar.ZoneInfo[id="Asia/Tokyo",offset=32400000,⤸
dstSavings=0,useDaylight=false,transitions=10,lastRule=null],firstDayOfWeek=1,⤸
minimalDaysInFirstWeek=1,ERA=1,YEAR=2017,MONTH=1,WEEK_OF_YEAR=6,WEEK_OF_MONTH=2,⤸
DAY_OF_MONTH=7,DAY_OF_YEAR=38,DAY_OF_WEEK=3,DAY_OF_WEEK_IN_MONTH=1,AM_PM=1,HOUR=7,⤸
```

```
HOUR_OF_DAY=19,MINUTE=14,SECOND=56,MILLISECOND=510,ZONE_OFFSET=32400000,DST_OFFSET=0]
■ getTime の値
Tue Feb 07 19:14:56 JST 2017
```

　Calendarクラスは抽象クラスです。そのため、コンストラクタを呼び出すのではなく、例のように
getInstanceメソッドを用いて、インスタンスを取得します。出力結果からわかるように、getInstance
メソッドは、現在時刻を保持したGregorianCalendarクラスのインスタンスを返します。また、年、
月、日、時、分、秒といった情報を、個別に保持していることもわかるでしょう。

　Calendarクラスをそのまま出力すると出力結果が煩雑になるため、実際の開発現場では、上記のよ
うにgetTimeメソッドの処理結果を出力することが一般的です。この場合、Dateクラスに変換された結
果を出力することになります。CalendarクラスとDateクラスとの変換については、「9-1-3　Dateクラ
スとCalendarクラスの相互変換をおこなう」で詳細を説明します。

　Calendarクラスは、Dateクラスとは違い、年、月、日、時、分、秒の単位で、個別に設定、取得、
加算、減算することができます。次の例では、setメソッドやaddメソッドを使って値を設定しています。

```java
Calendar calendar = Calendar.getInstance();
// 分だけを指定する
calendar.set(Calendar.MINUTE, 18);
System.out.println(" 分の指定 : " + calendar.getTime());
// 全部指定する（月は 0 ～ 11 で表すことに注意）
calendar.set(2013, 9, 22, 18, 36, 42);
System.out.println(" 全部指定 : " + calendar.getTime());
// 日を表示する
System.out.println(" 日の表示 : " + calendar.get(Calendar.DATE));
// 秒を表示する
System.out.println(" 秒の表示 : " + calendar.get(Calendar.SECOND));
// 年を 2 追加する（2 年後の日時に変更する）
calendar.add(Calendar.YEAR, 2);
System.out.println(" 年の加算 : " + calendar.getTime());
// 月を 2 減らす（2 ヶ月前の日時に変更する）
calendar.add(Calendar.MONTH, -2);
System.out.println(" 月の減算 : " + calendar.getTime());
```

```
Tue Feb 07 19:19:45 JST 2017
分の指定 : Tue Feb 07 19:18:45 JST 2017
全部指定 : Tue Oct 22 18:36:42 JST 2013
日の表示 : 22
秒の表示 : 42
年の加算 : Thu Oct 22 18:36:42 JST 2015
月の減算 : Sat Aug 22 18:36:42 JST 2015
```

　setメソッドを用いると、年、月、日、時、分、秒の値を個別に設定することができます。

メソッド	説明
set(int field, int value)	指定したカレンダーフィールドに値を設定する

●setメソッド

第1引数はカレンダーフィールド、第2引数は設定する値です。

カレンダーフィールドは、年、月、日、時、分、秒のどの値を変更するかを表す値です。それぞれ、以下のように対応します。

- ・年 → Calendar.YEAR
- ・月 → Calendar.MONTH
- ・日 → Calendar.DAY_OF_MONTH
- ・時 → Calendar.HOUR
- ・分 → Calendar.MINUTE
- ・秒 → Calendar.SECOND

この中で、月を指定する場合は注意が必要です。Calendarクラスは、月を0〜11の値で保持しています。そのため、1月であれば0、10月であれば9、というように、数値を-1する必要があります。

こうした計算を忘れることで想定外の月を設定することがないよう、次のCalendarクラスの定数を利用するのが安全です。

定数	定数が表す月
Calendar.JANUARY	1月
Calendar.FEBRUARY	2月
Calendar.MARCH	3月
Calendar.APRIL	4月
Calendar.MAY	5月
Calendar.JUNE	6月
Calendar.JULY	7月
Calendar.AUGUST	8月
Calendar.SEPTEMBER	9月
Calendar.OCTOBER	10月
Calendar.NOVEMBER	11月
Calendar.DECEMBER	12月

●Calendarクラスの定数

年、月、日、時、分、秒をまとめて指定するには、次に示すメソッドを用います。

- ・年、月、日をまとめて設定し、ほかのカレンダーフィールドの値を保持する場合
  - → set(int year, int month, int date)

・年、月、日、時、分をまとめて設定する場合

　→ set(int year, int month, int date, int hourOfDay, int minute)

・年、月、日、時、分、秒をまとめて設定する場合

　→ set(int year, int month, int date, int hourOfDay, int minute, int second)

ここでも、月を設定する場合は0〜11の値を用いることに注意が必要です。

年、月、日、時、分、秒の値を取得するには、getメソッドを用います。getメソッドの引数はカレンダーフィールドで、引数で指定したカレンダーフィールドの値を取得します。

年、月、日、時、分、秒の値を加算／減算するには、addメソッドを用います。

メソッド	説明
add(int field, int amount)	指定したカレンダーフィールドに値を加算または減算（マイナス値の場合）する

●addメソッド

第1引数でカレンダーフィールドを指定し、第2引数で指定した時間量を加算または減算します。

addメソッドは、インスタンスが保持する時刻を変更します。このことから、Calendarクラスはイミュータブルではありません。Dateクラスと同様、Calendarクラスを用いて時刻の情報を保持する場合、意図せず値が変更される可能性があることを意識しなければなりません。

9-1-3　DateクラスとCalendarクラスの相互変換をおこなう

Dateクラスはある特定の日時を表すクラスで、「9-3　日付クラスと文字列を相互変換する」で説明する方法により、日時の画面への表示やユーザーからの入力を読み取って保持することができます。しかし、日時の計算はおこなえません。一方、Calendarクラスは日時の計算はおこなえますが、文字列との相互変換はできません。DateクラスとCalendarクラスの欠点を補うために、相互変換が必要になります。

CalendarクラスからDateクラスへの変換には、次の2種類の方法があります。

(1) Calendarクラスのメソッドを利用する

```
Calendar calendar = Calendar.getInstance();
Date date = calendar.getTime();
```

CalendarクラスのgetTimeメソッドは、Calendarインスタンスが保持する時刻を持つDateクラスのインスタンスを返します。

(2) 1970年1月1日午前0時（GMT）からの経過時間（ミリ秒）を用いる

```
Calendar calendar = Calendar.getInstance();
Date date = new Date(calendar.getTimeInMillis());
```

　CalendarクラスのgetTimeInMillisメソッドは、Calendarインスタンスが保持する時刻を「1970年1月1日午前0時（GMT）から経過した時間」の値にして返します。この値をDateクラスのコンストラクタの引数に指定することで、同じ時刻を持つDateクラスのインスタンスを取得できます。

　上記の2つの方法を比べると、処理が直感的であることから、現場では（1）の方法を用いることが多いです。しかし、（2）の方法では時刻情報をプリミティブ型（long）で扱うことができます。状況によっては、「1970年1月1日午前0時（GMT）からの経過時間（ミリ秒）」を利用して時刻情報を保持することもあり、その場合に必要に応じてDateクラスのインスタンスを生成することができるため、（2）の方法も覚えておいたほうがいいでしょう。

　DateクラスからCalendarクラスへの変換は、次のようにします。

```
Date date = new Date()
Calendar calendar = Calendar.getInstance();
calendar.setTime(date);
```

　CalendarクラスのsetTimeメソッドは、Dateクラスのインスタンスを引数に取り、Calendarクラスの保持する時刻を変更します。

9-2 Date and Time APIを利用する

　既存の日付クラス（java.util.Date、java.util.Calendar）には、次のように、利用しづらい点がありました。

- Dateクラスでは年月日などを指定したインスタンスの生成が非推奨となっている
- Dateクラスでは年月日の各フィールドの値を個別に取得する処理が非推奨となっている
- Dateクラスでは年月日の計算ができない
- Dateクラス、Calendarクラスともに、イミュータブルでない

　そもそも、DateクラスとCalendarクラスという2種類のクラスを使い分けたり、相互に変換しなければならなかったりすることが、日付の処理を複雑にしていました。また、これらのクラスがイミュータブルではないことで、意図せず値が変更される可能性があることを考慮する必要があり、不具合の原因にもなっていました。

　これらの問題を解消するため、Java 8ではDate and Time APIが追加されました。本節では、このDate and Time APIについて、既存の方法との違いや、利用方法を説明します。

▌9-2-1　Date and Time APIのメリット

　先ほど、既存の日付クラス（java.util.Date）の課題を説明しましたが、Date and Time APIを用いると、どのようなメリットがあるのでしょうか。Date and Time APIのメリットを次に示します。

- 日付・時間・日時をそれぞれ別クラスで扱うため、必要に応じて使い分けできる（不要な情報を保持する必要がない）
- 年月日などを指定してインスタンスを生成できる
- 年月日の各フィールドの値を個別に取得できる
- 年月日の計算ができる
- イミュータブルである

　それぞれの特徴について見ていきましょう。

9-2-2　日付・時間・日時をそれぞれ別クラスで扱う

Date and Time APIでは、日付・時間・日時を扱うクラスが次のように3つに分かれています。

- 日付　→　java.time.LocalDateクラス
- 時間　→　java.time.LocalTimeクラス
- 日時　→　java.time.LocalDateTimeクラス

次の例では、それぞれのクラスのnowメソッドを用いて、現在の日付、現在の時刻、現在の日時を取得しています。

```java
// 日付
LocalDate date = LocalDate.now();
System.out.println(date);

// 時刻
LocalTime time = LocalTime.now();
System.out.println(time);

// 日時
LocalDateTime dateTime = LocalDateTime.now();
System.out.println(dateTime);
```

```
2017-02-07
20:16:03.649
2017-02-07T20:16:03.649
```

各クラスのnowメソッドを用いることで、現在時刻を表すインスタンスをそれぞれ取得できました。出力結果からわかるように、それぞれのクラスは次の情報を保持していることがわかります。

- LocalDateクラス　　　→　年、月、日（日付のみ）
- LocalTimeクラス　　　→　時、分、秒、ナノ秒（時間のみ）
- LocalDateTimeクラス　→　年、月、日、時、分、秒、ナノ秒（日付と時間）

9-2-3　年月日などを指定してインスタンスを生成できる

これまでDateクラスやCalendarクラスのインスタンスを作る場合、次のいずれかのコンストラクタを用いる必要がありました。

- 「現在時刻」を作成するコンストラクタ
- 「1970年1月1日午前0時（GMT）からの経過時間（ミリ秒）」を指定するコンストラクタ

一方、Date and Time APIで提供されたLocalDateTimeクラスのインスタンスを作成するには、次に示す3つの方法があります。

- 現在の日時を指定する
- 年、月、日、時、分、秒を指定する
- 日付文字列（ISO 8601形式）を指定する

実際のコードを見てみましょう。

(1) 現在の日時を指定する

```
// 現在の日時
System.out.println(LocalDateTime.now());
```

```
2017-02-07T20:17:04.327
```

nowメソッドを用いて、現在の日時を指定してインスタンスを取得できることは、先ほども説明しました。

(2) 年、月、日、時、分、秒を指定する

年、月、日、時、分、秒を指定してインスタンスを取得するには、次に示すメソッドを用います。

メソッド
of(int year, int month, int dayOfMonth)
of(int year, Month month, int dayOfMonth)

●**LocalDate クラスのメソッド（いずれも static）**

メソッド
of(int hour, int minute)
of(int hour, int minute, int second)
of(int hour, int minute, int second, int nanoOfSecond)

●**LocalTime クラスのメソッド（いずれも static）**

メソッド
of(int year, int month, int dayOfMonth, int hour, int minute)
of(int year, int month, int dayOfMonth, int hour, int minute, int second)
of(int year, int month, int dayOfMonth, int hour, int minute, int second, int nanoOfSecond)
of(int year, Month month, int dayOfMonth, int hour, int minute)
of(int year, Month month, int dayOfMonth, int hour, int minute, int second)
of(int year, Month month, int dayOfMonth, int hour, int minute, int second, int nanoOfSecond)

●**LocalDateTime クラスのメソッド（いずれも static）**

Monthクラスは、月を表すenumで、次に示す値を持ちます。

Enumの値	値が表す月
Month.JANUARY	1月
Month.FEBRUARY	2月
Month.MARCH	3月
Month.APRIL	4月
Month.MAY	5月
Month.JUNE	6月
Month.JULY	7月
Month.AUGUST	8月
Month.SEPTEMBER	9月
Month.OCTOBER	10月
Month.NOVEMBER	11月
Month.DECEMBER	12月

●Monthクラスのenumの値

次の例では、ofメソッドを使って日時を指定しています。

```
// 年月日などを指定。秒未満は省略可
System.out.println(LocalDateTime.of(2017, Month.JANUARY, 1, 1, 23, 45));
System.out.println(LocalDateTime.of(2017, 1, 1, 1, 23, 45, 678_000_000));
```

```
2017-01-01T01:23:45
2017-01-01T01:23:45.678
```

上記の例を見てもわかるとおり、月を数値で指定する場合は、1〜12を指定します。既存の
Calendarクラスでは、月は0〜11で指定する必要があったことを考えると、直感的にわかりやすくなっ
たこともありがたい変更ですね。

(3) 日付文字列 (ISO 8601形式) を指定する

日付文字列を指定してインスタンスを取得するには、各クラスのparseメソッドを用います。parseメ
ソッドの引数に指定する文字列の形式を次に示します。

クラス	文字列の形式
LocalDate	"2012-02-03"
LocalTime	"21:30:15.123"
	"21:30:15"（ミリ秒を省略）
LocalDateTime	"2012-02-03T21:30:15.123"
	"2012-02-03T21:30:15"（ミリ秒を省略）

●parseメソッドの引数に指定する文字列の形式

実行例を見てみましょう。次の例では、ミリ秒まで指定しています。

```
// 文字列を指定
System.out.println(LocalDateTime.parse("2017-01-01T01:23:45.678"));
```

```
2017-01-01T01:23:45.678
```

9-2-4　年月日の各フィールドの値を個別に取得できる

　Date and Time APIでは、年月日の各フィールドの値を個別に取得するメソッドが利用できます。次に示すように、それぞれのクラスに応じて、利用できるメソッドが決まっています。

メソッド	説明
getYear	年を取得する
getMonth	月を取得する（戻り値はMonthクラス）
getMonthValue	月を取得する（戻り値は1〜12）
getDayOfMonth	日を取得する

●**LocalDate クラスのメソッド**

メソッド	説明
getHour	時を取得する
getMinute	分を取得する
getSecond	秒を取得する
getNano	ナノ秒を取得する

●**LocalTime クラスのメソッド**

メソッド	説明
getYear	年を取得する
getMonth	月を取得する（戻り値はMonthクラス）
getMonthValue	月を取得する（戻り値は1〜12）
getDayOfMonth	日を取得する
getHour	時を取得する
getMinute	分を取得する
getSecond	秒を取得する
getNano	ナノ秒を取得する

●**LocalDateTimeクラスのメソッド**

　実行例を見てみましょう。次の例では、2017年1月2日の3時45分6秒890のLocalDateTimeオブジェクトを生成し、年月日時分秒それぞれのフィールドに分けて値を取っています。

```
LocalDateTime dateTime = LocalDateTime.of(2017, Month.JANUARY, 2, 3, 45, 6,
890_000_000);
```

```java
System.out.println("年     : " + dateTime.getYear());
System.out.println("月(Enum): " + dateTime.getMonth());
System.out.println("月(数字): " + dateTime.getMonthValue());
System.out.println("日     : " + dateTime.getDayOfMonth());
System.out.println("時     : " + dateTime.getHour());
System.out.println("分     : " + dateTime.getMinute());
System.out.println("秒     : " + dateTime.getSecond());
System.out.println("ナノ秒  : " + dateTime.getNano());
```

```
年      : 2017
月(Enum) : JANUARY
月(数字): 1
日      : 2
時      : 3
分      : 45
秒      : 6
ナノ秒   : 890000000
```

9-2-5　年月日の計算ができる

　これまで面倒だった日時の演算も、Date and Time APIではかんたんになっています。Dateクラスは演算ができず、Calendarクラスを利用する場合は引数にフィールドを指定する必要がありました。一方、Date and Time APIでは、plusDays、minusHoursといったメソッドを利用して演算ができるようになり、直感的になりました。各クラスで利用できるメソッドを表にまとめます。

メソッド	説明
plusYears	年を加算する
minusYears	年を減算する
plusMonths	月を加算する
minusMonths	月を減算する
plusWeeks	週を加算する
minusWeeks	週を減算する
plusDays	日を加算する
minusDays	日を減算する

●LocalDateクラスのメソッド

メソッド	説明
plusHours	時を加算する
minusHours	時を減算する
plusMinutes	分を加算する
minusMinutes	分を減算する
plusSeconds	秒を加算する
minusSeconds	秒を減算する
plusNanos	ナノ秒を加算する
minusNanos	ナノ秒を減算する

●**LocalTime クラスのメソッド**

メソッド	説明
plusYears	年を加算する
minusYears	年を減算する
plusMonths	月を加算する
minusMonths	月を減算する
plusWeeks	週を加算する
minusWeeks	週を減算する
plusDays	日を加算する
minusDays	日を減算する
plusHours	時を加算する
minusHours	時を減算する
plusMinutes	分を加算する
minusMinutes	分を減算する
plusSeconds	秒を加算する
minusSeconds	秒を減算する
plusNanos	ナノ秒を加算する
minusNanos	ナノ秒を減算する

●**LocalDateTime クラスのメソッド**

実行例を見てみましょう。次の例では、日付単位や秒単位で加減算しています。

```
// 2017/02/03 21:30:15
LocalDateTime dateTime = LocalDateTime.of(2017, 2, 3, 21, 30, 15);

// 3 日後
System.out.println("3 日後  : " + dateTime.plusDays(3));

// 100 日前
System.out.println("100 日前: " + dateTime.minusDays(100));

// 30 秒前
System.out.println("30 秒前 : " + dateTime.minusSeconds(30));

// 元のインスタンスの値
```

```
System.out.println("元の値 : " + dateTime);
```

```
3 日後   : 2017-02-06T21:30:15
100 日前 : 2016-10-26T21:30:15
30 秒前  : 2017-02-03T21:29:45
元の値  : 2017-02-03T21:30:15
```

　コード例の最後の出力結果からもわかるように、LocalDateTimeクラスでは、最初に作った
dateTimeインスタンスの日時が変化していません。LocalDateクラス、LocalTimeクラス、
LocalDateTimeクラスのインスタンスはそれぞれイミュータブルなため、日付の演算操作などで情報が
変化してしまうことがありません。これは、これまでの日付クラス（java.util.Date、java.util.
Calendar）とは異なる特徴です。

9-3 日付クラスと文字列を相互変換する

　プログラムの中では日時を計算しやすいように日付クラスのインスタンスで値を保持しておきますが、画面やファイルに日時を出力するときなどは、ユーザーが理解しやすいように整形して文字列にする必要があります。逆に、画面でユーザーが入力した日時（文字列型）は、プログラムで扱いやすい日付クラスのインスタンスに変換する必要があります。日付クラスのインスタンスを特定の形式で表示したり、特定の形式で記述された日付文字列を日付クラスのインスタンスに変換したりするには、DateFormatクラスを用います。

　なお、Date and Time APIを使用する場合は、DateTimeFormatterクラスを用います。Date and Time APIにおける日時クラスと文字列の相互変換は、「9-4　Date and Time APIで日付／時間クラスと文字列を相互変換する」で説明します。

9-3-1　日付クラスを任意の形式で文字列出力する

　出力形式を文字列で指定して、日時を文字列に変換します。Dateオブジェクトを文字列に変換するには、java.text.SimpleDateFormatクラスのformatメソッドを使います。

```
Date date = new Date();

// DateFormat を生成する
DateFormat format = new SimpleDateFormat("yyyy 年 MM 月 dd 日 HH 時 mm 分 ss 秒 ");
System.out.println(format.format(date));
```

```
2017 年 02 月 07 日 20 時 51 分 59 秒
```

　SimpleDateFormatクラスのコンストラクタの引数には、パターン文字を用いて日付文字列の形式を示した文字列を指定します。SimpleDateFormatクラスで利用できるパターン文字を表にまとめます。

文字	説明
G	紀元
y	年
M	月
w	年における週
W	月における週
D	年における日
d	月における日
F	月における曜日
E	曜日
a	午前／午後
H	1日における時（0～23）
k	1日における時（1～24）
K	午前／午後の時（0～11）
h	午前／午後の時（1～12）
m	分
s	秒
S	ミリ秒
z	タイムゾーン
Z	タイムゾーン（4桁の数字）

●**SimpleDateFormatクラスで利用できるパターン文字**

桁数は、パターン文字を連続した数によって決まります。たとえば、年を表す「y」の場合、「yy」とすると年を2桁で表し、「yyyy」とすると年を4桁で表します。

9-3-2　文字列で表現された日付をDateクラスに変換する

次は、文字列で表現された日付を、Dateクラスに変換する例を見てみましょう。今度は、SimpleDateFormatクラスのparseメソッドを使います。SimpleDateFormatクラスのコンストラクタには、Dateオブジェクトを文字列に変換するときと同じように、パターン文字を使用します。

```
// DateFormat を生成する
DateFormat format = new SimpleDateFormat("yyyy 年 MM 月 dd 日 HH 時 mm 分 ss 秒 ");

// 文字列を Date クラスに変換する
try {
    Date date = format.parse("2017 年 01 月 01 日 01 時 23 分 45 秒 ");
    System.out.println(date);
} catch (ParseException ex) {
    System.out.println(" パースエラー ");
}
```

```
Sun Jan 01 01:23:45 JST 2017
```

指定した文字列が、想定する日付文字列のパターンと合っていない場合、ParseExceptionが発生することに注意しましょう。

9-3-3　SimpleDateFormatクラスはスレッドセーフではない

　ここまで見てきたように、日付クラスと文字列を相互変換するために、DateFormatクラス（実際はSimpleDateFormatクラス）を利用してきました。複数ヵ所で変換処理をする場合、「一度生成したDateFormatクラスのインスタンスを使い回したい」と考えるのが自然ですが、ここに落とし穴があります。

　DateFormatクラスには、スレッドセーフではないという問題があります（スレッドセーフの詳細は「Chapter 11　スレッドセーフをたしなむ」を参照）。DateFormatクラスのインスタンスを使い回していると、同時に利用された場合に、想定しない値が返ってくる危険があるのです。そのため、DateFormatクラスの使い回しは、絶対にやってはいけません。開発の現場では、「日付を表す文字列を定数として保持し、変換をおこなう直前でDateFormatクラスのインスタンスを生成して利用する」という方法をとります。

9-4 Date and Time APIで日付／時間クラスと文字列を相互変換する

LocalDateTimeクラスなどのDate and Time APIのクラスを用いるときは、DateFormatクラスではなく、DateTimeFormatterクラスを用います。

9-4-1　日付／時間クラスを任意の形式で文字列出力する

変換したい文字列の形式を指定するには、java.time.format.DateTimeFormatterクラスのofPatternメソッド（staticメソッド）を使います。SimpleDateFormatクラスと同じように、パターン文字を使い、formatメソッドを使って文字列に変換します。

```
LocalDateTime date = LocalDateTime.now();
System.out.println(DateTimeFormatter.ofPattern("yyyy/MM/dd HH:mm:ss.SSS").format(date));
```

```
2017/02/25 19:09:59.637
```

formatメソッドの引数の型はjava.time.temporal.TemporalAccessorインタフェースとなっていますが、Date and Time APIで扱う日付／時間クラスは、すべてTemporalAccessorインタフェースを実装しています。そのため、これらのオブジェクトから文字列への変換には、DateTimeFormatterクラスのformatメソッドが共通的に使えます。

ただし、日付／時間クラスで定義されていない値を文字列の形式に指定した場合は、例外が発生するため、注意してください。たとえば、日付オブジェクトを、時間も含めた形式に変換しようとすると、UnsupportedTemporalTypeException例外が発生します。

```
LocalDate date = LocalDate.now();
System.out.println(DateTimeFormatter
        .ofPattern("yyyy/MM/dd HH:mm:ss.SSS")
        .format(date));
```

```
java.time.temporal.UnsupportedTemporalTypeException: Unsupported field: HourOfDay
```

285

9-4-2 文字列で表現された日付を日付／時間クラスに変換する

文字列から日付／時間クラスに変換する際も、DateTimeFormatterクラスを用います。今度は、formatメソッドではなく、parseメソッドを使います。

```
TemporalAccessor parsed = DateTimeFormatter
        .ofPattern("yyyy/MM/dd HH:mm:ss")
        .parse("2017/02/25 19:09:59");
LocalDateTime date = LocalDateTime.from(parsed);
```

parseメソッドの戻り値の型はTemporalAccessorインタフェースとなっていますが、このままでは扱いづらいため、LocalDateTimeクラスなどに変換します。変換するには、変換したいクラスのfromメソッドを用います。

もし、日付のみの文字列をTemporalAccessorインタフェースに変換したものを、時刻を含むLocalDateTimeクラスに変換しようとすると、DateTimeException例外が発生します。

```
TemporalAccessor parsed = DateTimeFormatter
        .ofPattern("yyyy/MM/dd")
        .parse("2017/02/25");
LocalDateTime date = LocalDateTime.from(parsed);
```

```
java.time.DateTimeException: Unable to obtain LocalDateTime from TemporalAccessor: {}, ↲
ISO resolved to 2017-02-25 of type java.time.format.Parsed
```

また、変換元の文字列の形式が、ofPatternメソッドで指定した形式と一致していない場合、DateTimeParseException例外が発生します。

```
TemporalAccessor parsed = DateTimeFormatter
        .ofPattern("yyyy/MM/dd HH:mm:ss")
        .parse("2017/02/25");
```

```
java.time.format.DateTimeParseException: Text '2017-02-25 ' could not be ↲
parsed at index 10
```

9-4-3 DateTimeFormatterクラスはスレッドセーフ

SimpleDateFormatと異なり、DateTimeFormatterクラスはスレッドセーフです。そのため、DateTimeFormatterインスタンスを使いまわすことができます。

DateTimeFormatterのインスタンス生成は、ここまでofPatternメソッドを利用してパターンを指定して生成してきましたが、DateTimeFormatterクラスにはいくつかのパターンに対応したインスタンスが定義されており、それを使用することができます。

定義されたインスタンス	説明
ISO_LOCAL_DATE	yyyy-MM-dd形式の日付を扱う
ISO_LOCAL_TIME	HH:mm形式やHH:mm:ss形式の時刻を扱う
ISO_LOCAL_DATE_TIME	yyyy-MM-dd'T'HH:mm:ss形式の日時を扱う

●定義されたDateTimeFormatterインスタンスの例

　日付のみの文字列を扱うためのISO_LOCAL_DATEを使う場合には、次のように書きます。

```
TemporalAccessor parsed = DateTimeFormatter.ISO_LOCAL_DATE.parse("2017-02-25");
LocalDate date = LocalDate.from(parsed);
```

287

9-5 和暦に対応する

　ここまで、日付に関する処理を見てきました。しかし、日本人である以上、日付について避けてはとおれない課題があります。そうです、和暦です。システム内で扱う日付がすべて西暦であればいいのですが、和暦を扱う必要がある場合はどのようにすればいいのでしょうか？　西暦と和暦を相互の変換する処理を自分で作成するとなると、考えただけでも大変そうですね。

　でも、安心してください。Java 8からは、標準で和暦に対応したクラスが用意されたので、自分で西暦から和暦に変換するような処理を実装する必要はありません。さっそく、このクラスを使ってみましょう。

9-5-1　西暦を和暦に変換する

　java.time.chrono.JapaneseDateクラスを使用すると、かんたんに西暦を和暦に変換できます。

```
JapaneseDate date = JapaneseDate.of(2017, 2, 4);
System.out.println(date);
```

```
Japanese Heisei 29-02-04
```

　java.time.chrono.JapaneseEraクラスを用いることで、和暦を指定して日付インスタンスを生成できます。和暦は、JapaneseEraクラスで定義されています。

```
JapaneseDate date = JapaneseDate.of(JapaneseEra.HEISEI, 29, 2, 4);
System.out.println(date);
```

```
Japanese Heisei 29-02-04
```

　なお、和暦を用いた場合の制限として、「平成」「昭和」「大正」「明治」まではきちんと表示されますが、明治より前（厳密には明治6年より前）は指定できません。これは、日本にグレゴリオ暦（太陽暦の一種で、現在世界の多くの国で採用されている暦法）が導入されたのが明治6年であるためです。

9-5-2　和暦を利用した日付の文字列表現と日付クラスとの相互変換

　日付クラスと日付の文字列表現の相互変換は、LocalDateTimeクラスと同じく、DateTime Formatterクラスを用いておこないます。和暦を表示するには、パターン文字に「G」を指定します。

```
JapaneseDate date = JapaneseDate.of(2017, 2, 4);
System.out.println(DateTimeFormatter
        .ofPattern("GGGGy 年 M 月 d 日 ")
        .format(date));
```

平成 29 年 2 月 4 日

Note　Java 6での和暦

　じつは、Java 6から和暦に対応していますが、Java 8の記法と少し異なります。Java 6には JapaneseDateクラスは存在しないため、代わりにDateFormatクラスにロケールを指定して和暦を取得します。

```
Date date = new Date();

// 和暦で表示する
Locale locale = new Locale("ja", "JP", "JP");
DateFormat format = new SimpleDateFormat("GGGGy 年 M 月 d 日 ", locale);
System.out.println(format.format(date));
```

平成 29 年 2 月 4 日

Chapter 10

オブジェクト指向をたしなむ

10-1 プリミティブ型の値渡しと参照型の値渡し ———————————— 292

10-2 可視性を適切に設定してバグの少ないプログラムを作る ———————— 299

10-3 オブジェクトのライフサイクルを把握する ———————————— 303

10-4 インタフェースと抽象クラスを活かして設計する ————————— 308

10-1 プリミティブ型の値渡しと参照型の値渡し

Javaでは、メソッド呼び出しの引数に値を渡したり、変数に代入したりする際に、大きく分けて2つのパターンがあります。プリミティブ型の値渡しと、参照型の値渡しです。これらをきちんと理解していないと、思わぬところで値が書き換わってしまったり、逆に期待どおりに値が書き換わらなかったりという問題が発生します。本節では、プリミティブ型の値渡しと参照型の値渡しのそれぞれの特徴について理解していきましょう。

10-1-1 プリミティブ型と参照型の値の渡し方

まずは、プリミティブ型の値の渡し方について見てみましょう。以下の呼び出し先（callByValueメソッドの中）では引数で渡された値に1を加算して2になりましたが、呼び出し元（mainメソッド）には反映されず1のままとなっています。

```
public class CallByValueSample {
    public static void main(String... args) {
        int value = 1;
        callByValue(value);
        System.out.println(" 呼び出し元：" + value);
    }

    public static void callByValue(int value) {
        value++;
        System.out.println(" 呼び出し先：" + value);
    }
}
```

```
呼び出し先：2
呼び出し元：1
```

このように、プリミティブ型の値を渡す場合は、呼び出し先で値を変更しても、呼び出し元には影響しません。

次に、参照型の値の渡し方について見てみましょう。呼び出し先（callByReferenceメソッドの中）で変更された値が、呼び出し元（mainメソッド）に反映されて、いずれも2となっています。

```
public class Entity {
    public int value;
}

public class CallByReferenceSample {
    public static void main(String... args) {
        Entity entity = new Entity();
        entity.value = 1;
        callByReference(entity);
        System.out.println(" 呼び出し元：" + entity.value);
    }

    public static void callByReference(Entity entity) {
        entity.value++;
        System.out.println(" 呼び出し先：" + entity.value);
    }
}
```

```
呼び出し先：2
呼び出し元：2
```

　参照型の場合は、オブジェクトそのものではなく、オブジェクトへの「参照」を表す値を渡します。そのため、呼び出し先のメソッドでおこなった変更が、呼び出し元に反映されるという特徴があります。

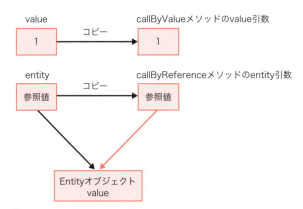

● プリミティブ型の値渡しと参照型の値渡し

　ただし、参照型の値渡しの場合であっても、呼び出し元の値が変わるのは引数のオブジェクトに対する操作をした場合です。引数に別の値（参照）を代入した場合には、呼び出し元の値は変わりません。

```
public class Entity {
    public int value;
}
```

```java
public class CallByReferenceSample {
    public static void main(String... args) {
        Entity entity = new Entity();
        entity.value = 1;
        callByReference(entity);
        System.out.println("呼び出し元：" + entity.value);
    }

    public static void callByReference(Entity entity) {
        entity = new Entity();
        entity.value = 2;
        System.out.println("呼び出し先：" + entity.value);
    }
}
```

```
呼び出し先：2
呼び出し元：1
```

　引数に別のオブジェクトを代入すると、参照そのものが書き換わり、以降は新しいオブジェクトへの操作になります。

　このように、引数にオブジェクトを渡した際には、そのメソッド内での変更が呼び出し元にも影響します。そのため、オブジェクトをメソッドの引数に渡す際には、メソッドの中で値が書き換わるのか、書き換わらないのかを明確にすることが必要です。そのために筆者がよく用いるルールは、次のとおりです。

- 原則として、引数オブジェクトの修正は避ける
- 戻り値がvoidの場合は、引数オブジェクトを修正してもいい
- 戻り値がvoid以外の場合は、引数オブジェクトを変更してはならない

　なぜなら、戻り値が存在する場合、引数も変更されるのは想像しにくいからです。ただ、いずれにせよ、呼び出し元に影響するかどうかは、Javadocコメントなどで明示的に記載したほうがいいでしょう（Javadocについては、「Chapter 13　周辺ツールで品質を上げる」を参照）。

10-1-2　操作しても値が変わらないイミュータブルなクラス

　メソッドの引数にオブジェクトを指定する場合、参照の値を渡すことになることは前項で説明しました。また、原則として、メソッドの中で引数に渡された値を書き換えないようにすべきことも説明しました。ただ、現実問題として、値を書き換えられるようなコードを書ける以上、無意識／意識的に、メソッドの中でオブジェクトの値を書き換えてしまう可能性があります。

　そのような可能性を排除するために、オブジェクト自体の値を書き換えられないようにしたのがイミュータブルなクラスです。イミュータブルなクラスは、名前（Immutable＝不変の）のとおり、値を

書き換えられないクラスです。単純に言ってしまえば、値を書き換えるメソッドがないクラスです。たとえば、Integerなどのラッパー型クラスやStringクラス、Java 8で追加されたDate and Time APIのクラスは、イミュータブルなクラスです。また、このようなイミュータブルなクラスから生成されるオブジェクトを、イミュータブルオブジェクト（Immutable Object）と呼びます。

では、本当に値が変わらないのか見てみましょう。たとえばStringクラスには、値を置換するreplaceメソッドがあります。このreplaceメソッドを呼び出しても、元のオブジェクトの値は変わりません。

```java
String text1 = "This is an apple.";
String text2 = text1.replace("apple", "orange");
System.out.println(" 元のオブジェクト :" + text1);
System.out.println(" 戻り値          :" + text2);
```

```
元のオブジェクト：This is an apple.
戻り値          ：This is an orange.
```

Stringクラスのほかのメソッドも同様です。

また、Integerクラスには、そもそも値を変化させるような（数値なので、加算や減算をおこなうような）メソッドは存在しません。Integerの変数の値を変更したい場合は、別のIntegerオブジェクトを代入するしかないのです。

このように、イミュータブルなクラスでは、すべてのメソッドにおいて、オブジェクト自身の値を変えず、操作した結果はメソッドの戻り値として返すようになっています。そのため、イミュータブルなオブジェクトをメソッドの引数に渡して、メソッドの中でどのような操作をしても、メソッドの呼び出し元の値は変わりません。

Note　StringやIntegerの値が変わる！？

次に示すコードを実行すると、「+=」や「++」の部分で、StringやIntegerの値が変わったように見えます。

```java
String text = "This is ";
text += "an apple.";
System.out.println(text); // "This is an apple." と表示される

Integer number = 1;
number++;
System.out.println(number); // "2" と表示される
```

じつは、これらにはトリックがあり、実際にはオブジェクトの値は変わっていません。これらのコードはJavaの言語仕様上、次のように解釈され、実行されます（イメージであり、厳密には異なります）。

295

```
String text = "This is ";
String text2 = text + "an apple.";
text = text2;
System.out.println(text);

Integer number = 1;
int number2 = number.intValue();
number2++;
number = Integer.valueOf(number2);
System.out.println(number);
```

　Integerは、オートボクシング＆アンボクシングです（くわしくは「Chapter 3　型を極める」を参照）。このコードを見るとわかるとおり、StringオブジェクトもIntegerオブジェクトも新しいオブジェクトが作られ、変数の参照は新しいオブジェクトに差し替わっています。この操作により、値が変わったように見えていたのです。これは同一メソッド内でおこなっているのでわかりづらいのですが、別メソッドで文字列結合や数値の演算をしても、メソッドの呼び出し元では値が変わっていないことが確認できます。

　なお、StringクラスやIntegerクラスの演算は、演算ごとにオブジェクトの生成が必要となりパフォーマンスが悪いため、頻繁に演算が必要になる場合には、これらのクラスの利用は避けたほうがいいでしょう。コンパイラは賢く、不要な処理は取り除いてくれますが、コンパイラ頼りのコードを率先して書くべきではありません。

　では、どうすればいいのでしょうか。それは、次の項で紹介する、ミュータブルなクラスを利用することです。

10-1-3　操作すると値が変わるミュータブルなクラス

　イミュータブルなクラスとは反対に、操作すると値が変わるミュータブルなクラスについても見てみましょう。たとえばStringBuilderクラスや、複数のスレッドから安全に値の更新と取得ができるAtomicIntegerクラスには、実行することでオブジェクト自身の値を書き換えるメソッドがあります。StringBuilderクラスならappendメソッド、AtomicIntegerクラスならincrementAndGetメソッドがそれに該当します。

```
StringBuilder text = new StringBuilder("This is ");
System.out.println("操作前：" + text);
text.append("an apple.");
System.out.println("操作後：" + text);        // 操作前と同じ変数

AtomicInteger number = new AtomicInteger(1);
System.out.println("操作前：" + number);
number.incrementAndGet();
System.out.println("操作後：" + number);        // 操作前と同じ変数
```

```
操作前：This is
操作後：This is an apple.
操作前：1
操作後：2
```

　このように、オブジェクト自身の値を書き換えるメソッドが「1つでも」存在する場合、そのクラスはミュータブルなクラスとみなすことができます。

　ミュータブルなクラスでは、メソッドの引数にオブジェクトを渡した際に、呼び出し先で値を変更すると、呼び出し元にもその影響が反映されます。

```
public void someMethod() {
    StringBuilder text = new StringBuilder("This is ");
    AtomicInteger number = new AtomicInteger(1);
    System.out.println("書き換え前：" + text + "  " + number);

    write(text, number);

    System.out.println("書き換え後：" + text + "  " + number);
}

public static void write(StringBuilder text, AtomicInteger number) {
    text.append("an apple.");
    number.incrementAndGet();
}
```

```
書き換え前：This is    1
書き換え後：This is an apple.  2
```

10-1-4　イミュータブルなクラスのメリットとデメリット

　筆者は、ミュータブルなクラスよりも、イミュータブルなクラスのほうを好んで利用しています。イミュータブルなクラスが良い理由は、意図しない書き換えによるバグを起こさないこと、そして値が変わらないという「安心感」をプログラマが持てることにあります。

　たとえば、メソッドの引数がイミュータブルなクラスであれば、その引数には副作用（メソッドの内部で勝手に値が書き換わる）がないと安心できます。一方、メソッドの引数がStringクラスではなくStringBuilderクラスであれば、値が変わる可能性があると推測できます。しかし、引数がDateクラスだと……変わるかもしれないし、変わらないかもしれません。呼び出し先のメソッドのソースコードを詳細に確認する必要がありますし、呼び出し先で書き換えられて困る場合には、オブジェクトをコピーして、引数に渡す必要があります。イミュータブルなクラスであれば、そのような心配をする必要はないので、効率よくコーディングがおこなえます。

　しかしながら、イミュータブルなクラスも万能ではありません。イミュータブルなクラスの場合、オブ

ジェクトが大量に生成されてしまう（生成する必要がある）ことがデメリットとなります。

たとえば、次のコードでStringクラスを用いて文字列を結合する場合、Stringオブジェクトが大量に生成されます。

```
String text = "";
for (int i = 0; i < 10000; i ++) {
    text += String.valueOf(i) + ", ";
}
```

具体的な処理の流れは次のとおりです。

（1）1行目、空文字用にStringオブジェクトを生成（最初の1回のみ）

（2）3行目、カンマ文字用にStringオブジェクト生成（最初の1回のみ）

（3）3行目、String.valueOf(i)でStringオブジェクトを生成

（4）3行目、（3）の文字列と（2）の文字列を結合した文字列用にStringオブジェクトを生成

（5）3行目、textと（4）の文字列を結合した文字列用にStringオブジェクトを生成

（6）以降、（3）～（5）をforループ回数分繰り返し

上記はStringクラスでしたが、ほかのイミュータブルなクラスも同様です。たとえばJava 8から追加されたLocalDateクラスは、イミュータブルなクラスで、日付の計算が可能です。このクラスを用いて日付の計算をした場合、計算結果として毎回新しいオブジェクトが生成されます。大量のオブジェクトを生成すると、メモリの消費が一時的にでも増えるのはもちろん、オブジェクトの生成は時間がかかる処理のため、パフォーマンスにも影響しますので、イミュータブルなクラスを使用する際は注意してください。

オブジェクトの生成が数個程度であれば、あまり気にする必要はありません。ただ、その数個が大量に繰り返されるループの中にある場合は、パフォーマンスへの影響は無視できなくなってきます。つまり、ループ処理の中で、イミュータブルなクラスの値が変更されるのは避けることが大切です。

10-2 可視性を適切に設定してバグの少ないプログラムを作る

10-2-1 Javaが使える可視性

Javaの変数やメソッドを利用できる範囲のことを「可視性」と呼びます。可視性を適切に設定することにより、誤使用を減らしたり、拡張性を高くしたりできます。

Javaには次に示す4種類の可視性があり、アクセス修飾子によって指定します。

可視性	説明	アクセス修飾子
public	すべてのクラスから利用できる	public
protected	サブクラス、同一パッケージのクラスから利用できる	protected
package private	同一パッケージのクラスから利用できる	（指定なし）
private	自身のクラスからのみ利用できる	private

●可視性とアクセス修飾子

public → protected → package private → privateの順に、利用できる範囲が狭くなっていきます。

クラスやインタフェースに対しては、publicとpackage privateのいずれかのみを使用できます。メソッドやフィールドには、上記の4種類の可視性を使用できます。

たとえばprotectedなメソッドは、「派生クラスであれば、ほかのパッケージに属していても参照可能」ということになります。

また、クラス自身もアクセス修飾子を持つことができ、メンバーのアクセス修飾子はクラスの可視性にも依存します。たとえば、package privateなクラスのメソッドやフィールドにpublicアクセス修飾子を指定しても、ほかのパッケージからはクラスにアクセスできないため、メソッドやフィールドにもアクセスすることはできません。

```
class Entity { // アクセス修飾子が指定されていないので、package private クラスとなる

    // メンバー自体は public だが、クラスが package private なので、
    // 同一パッケージのクラスからのみアクセスできる
    public int value;
}
```

299

10-2-2　可視性のグッドプラクティス

可視性は、広ければ広いほどほかのクラスから利用しやすくなりますが、逆にいえば思わぬクラスから呼び出されてしまう可能性も高くなります。そのため、可視性を適切に設定することが重要になります。

4種類の可視性は、適切に使用することにより、バグの少ないプログラムを作ることができます。ここでは、そのグッドプラクティスをいくつか紹介します。

(1) 原則、最も範囲が狭い可視性にする

publicにすると、別のクラスから呼び出されたり、変数の値を書き換えたりできてしまいます。そのようなリスクを下げるために、範囲が狭い可視性を使用します。原則として、次の方針とするのがいいでしょう。

- クラスで宣言するフィールドは、privateとする
- 外部からアクセスするメソッドのみ、publicにする

(2) 拡張性を上げるためにprotectedにする

「原則はprivate」と説明しましたが、何でもprivateにすると、使いづらくなります。たとえば、機能拡張をおこないたくなった場合に、privateなメソッドだと、継承しても書き換えることができません。そのため、拡張する可能性のあるメソッドはprotectedにして、将来のために拡張性を上げておきます。

次の例を見てください。XxxDataLoaderクラスのloadメソッドをオーバーライドして、ファイル以外から読み込むように変更したい場合を考えます。XxxDataLoaderクラスを継承したYyyDataLoaderクラスを作成してloadメソッドをオーバーライドしようとしても、スーパークラスのメソッドがprivateのため、オーバーライドできず、コンパイルエラーとなります。スーパークラスのloadメソッドをprotectedにしておくことで、コンパイルエラーが解消され、オーバーライドできるようになります。

```java
public class XxxDataLoader {
    private String fileName;

    private List<String> load() throws IOException {
        List<String> lines = Files.readAllLines(Paths.get(this.fileName));
        return lines;
    }

    ...

}

public class YyyDataLoader extends XxxDataLoader {
    // コンパイルエラーとなる
    // protected List<String> load() throws IOException {
    //     ...
    // }
}
```

賛否両論があるとは思いますが、筆者はprivateよりprotectedを好んで利用します。protected
は、publicほど可視性が広くなく、意図しない箇所で書き換えられるリスクが少ないうえ、将来のため
の拡張性も確保できるためです。

(3) テスト容易性を上げるためにprotectedにする

　テストコードを作成する際、テスト対象クラスのフィールドの値を書き換えたり、任意の値を返すよう
にメソッドを変更したりしたい場合があります。そんなときに、対象のフィールドやメソッドがprivateの
場合、テストで上書きすることが面倒になります。そのため、対象のフィールドやメソッドをprotected
やpackage privateにすることで、テストコードからアクセスしやすくするという方法があります（テス
トについては「Chapter 13　周辺ツールで品質を上げる」を参照）。

　対象のprivateフィールドをpackage privateフィールドにすることで、同じパッケージに配置したテ
ストコードから値を上書きできるようになり、試験条件を設定するために任意の値に変更したり、オブ
ジェクトをモック（テストのために、本物の処理をまねるオブジェクト）に差し替えたりすることが容易に
なります。

　また、対象のprivateメソッドをpackage privateメソッドにすることで、対象のメソッドをテスト
コードから呼び出すことができるようになります。

　さらに、対象のフィールドやメソッドをprotectedにすることで、同じパッケージからだけでなく、継
承したクラスからも操作が可能になります。

　テスト用にモックを作成してメソッドの内容を書き換えたり、モックからフィールドの値を読み書きした
い場合には、フィールドやメソッドをprotectedにしておくと便利です。このような点も、筆者が
privateよりprotectedを好む理由です。

● XxxDataLoaderクラス

```java
public class XxxDataLoader {
    protected String fileName; // protected

    protected List<String> load() throws IOException { // protected
        List<String> lines = Files.readAllLines(Paths.get(this.fileName));
        return lines;
    }

    ...
}
```

● XxxDataLoaderTestクラス

```java
// XxxDataLoader クラスのテストクラス（XxxDataLoader クラスと同一パッケージにあるものとする）
public class XxxDataLoaderTest {

    @Test
    public void testLoad() {

        XxxDataLoader loader = new XxxDataLoader();
```

```
                // protected のフィールドやメソッドに対しては、
                // リフレクションなどを用いずに値の上書きや処理の呼び出しがおこなえる
                loader.fileName = "sample.txt";
                List<String> result;
                try {
                    result = loader.load();

                    …

                }

                …

            }
        }
```

　なお、テストコードからprivateフィールドやメソッドにアクセスするための方法として、リフレクションがあります。リフレクションとは、クラス構造の読み取りや書き換えをおこなうことができる機能です。これを用いることで、privateフィールドの値を書き換えたり、privateメソッドを外部から呼び出したりできるようになります。

　ただ、リフレクションは対象のフィールドを文字列で指定して操作するため、ソースコードのリファクタリンク（同じ動作を保ちつつ、よりわかりやすく修正しやすくすること）に弱くなってしまいます。

　リフレクションを用いてうまくテストをおこなうことは可能ですし、そのような目的のライブラリも存在しますが、筆者としてはリフレクションを使うよりも、フィールドやメソッドの可視性を広くするほうが手軽であるため、そちらをよく利用しています。

10-3 オブジェクトのライフサイクルを把握する

■ 10-3-1　3種類のライフサイクル

　Javaのオブジェクトの生存期間のことを「ライフサイクル」と呼びます。平たくいえば、オブジェクトが生成されてから、破棄されるまでの期間です。Javaアプリケーションの性能向上や品質向上、特にマルチスレッド（詳細は「Chapter 11　スレッドセーフをたしなむ」を参照）で安全にプログラミングをおこなうためには、このライフサイクルの理解が欠かせません。

　Javaには、次に示す3種類の変数のライフサイクルがあります。

(1) ローカル変数

　ローカル変数は、処理のブロック内（{〜}で囲まれた中）でのみ利用可能な変数です。変数を宣言した箇所で生成され、ブロックが終了した時点で破棄されます。

　たとえばメソッドの先頭で宣言した変数は、そのメソッド内でのみ使えるローカル変数になります。ifブロックの中で宣言した変数は、ifブロックの中でのみ使えるローカル変数となります。

(2) インスタンス変数

　インスタンス変数は、クラスのフィールドとして宣言する変数です。インスタンス変数のライフサイクルは、親のインスタンスと同じなります。つまり、親オブジェクトの生成時に生成され、親オブジェクトがガベージコレクション（プログラムが確保したメモリ領域のうち、不要になった領域を解放すること）される時に一緒に破棄されます。

(3) クラス変数

　クラス変数は、クラスのstaticフィールドとして宣言する変数です。Javaの変数の中で最も長いライフサイクルを持ちます。クラスロード時に生成され、クラスアンロード時に破棄されます。多くの場合、Javaのプロセス起動時に生成され、プロセス終了時に破棄されます。

　なお、インスタンス変数とクラス変数には、可視性（アクセス修飾子）を指定することができます。

```java
public class LifeCycleSample {
    public static int classVariable = 1; // クラス変数
    public int instanceVariable = 1; // インスタンス変数

    public void someMethod() {
        // メソッド内で使えるローカル変数
```

```
    int localVariable = 1;

    if (instanceVariable > 0) {
        // if ブロックの中で使えるローカル変数
        int localSubVariable = 1;

        …

    } // localSubVariable はここで破棄される

    …

  } // localVariable はここで破棄される
}
```

10-3-2　ライフサイクルのグッドプラクティス

　3種類のライフサイクルも、可視性と同様、適切に使用することにより、バグの少ないプログラムを作ることができます。ここでは、そのグッドプラクティスをいくつか紹介します。

(1) ライフサイクルを短くして事故を防ぐ

　ライフサイクルは、長ければ長いほど、意図せず値が書き換えられてしまう可能性が大きくなります。そのため、ライフサイクルは短くします。

　たとえば、インスタンス変数を使用している場合、ローカル変数に置き換えられないか検討してください。よくあるパターンとして、「メソッドの引数に渡す変数が多い」「引数を書くのが面倒」という理由で、クラスにインスタンス変数を宣言して、メソッドの中で使用するコードを見かけます。そのようなコードは、避けたほうがいいでしょう。特にマルチスレッド下では、値をセットしてから目的の処理を実行する前に、意図しない値の書き換えがおこなわれてしまう可能性があります。「値はメソッドの引数に渡す」「数が多い場合はクラスにまとめる」などして、インスタンス変数を利用しないようにします。

　まず、書いてはいけないパターンを見てみましょう。次の例では、EmployeeServiceインスタンスに対してidやname、birthの値をセットしてから、createメソッドを呼んでファイルに保存する形になっています。このようなコードでは、値をセットしてからファイルに保存するまでの間、EmployeeServiceインスタンス内に値を保持しておく必要があります。このため、idやname、birthの値をセットした後、createメソッドを呼ぶ前に、すぐに別の処理が割り込んで値の書き換えを実行されてしまった場合、元の処理では意図しない値がファイルに書き込まれ、バグとなってしまいます。

```
public class EmployeeService {
    private int id;
    private String name;
    private LocalDate birth;
    // setter / getter は省略

    public void create() {
```

```
            // id、name、birth の値をファイルに保存する
    }

    public void get(int id) {
        // 指定された id と合致するデータをファイルから読み取り、
        // id、name、birth に値をセットする
    }
}

public void MainService {
    private EmployeeService employeeService = new EmployeeService();

    public void register() {
        this.employeeService.setId(1);
        this.employeeService.setName("佐藤");
        this.employeeService.setBirth(LocalDate.of(1980, 2, 7));
        this.employeeService.create();
    }

    public void show() {
        this.employeeService.get(1);
        System.out.println(this.employeeService.getName());
        System.out.println(this.employeeService.getBirth());
    }
}
```

このコードの改善例を見てみましょう。次の例では、値を保持する専用のクラスを作成し、そのインスタンスをメソッドに渡すことで、ライフサイクルを短くし、割り込み処理による値の書き換えを防いでいます。

```
public class Employee {
    public int id;
    public String name;
    public LocalDate birth;
}

public class EmployeeService {
    public void create(Employee employee) {
        // employee.id、employee.name、employee.birth の値をファイルに保存する
    }

    public Employee get(int id) {
        // 指定された id と合致するデータをファイルから読み取り、返す
    }
}

public void MainService {
```

```java
    private EmployeeService employeeService = new EmployeeService();

    public void register() {
        Employee employee = new Employee();
        employee.id = 1;
        employee.name = " 佐藤 ";
        employee.birth = LocalDate.of(1980, 2, 7);
        this.employeeService.create(employee);
    }

    public void show() {
        Employee employee = this.employeeService.get(1);
        System.out.println(employee.name);
        System.out.println(employee.birth);
    }
}
```

　変更が可能な変数については、クラス変数を利用するよりも、インスタンス変数を利用するようにします。クラス変数はどのようなタイミングでも書き換えが可能であり、特にマルチスレッドからの同時アクセスによる意図しない書き換えが発生する確率がインスタンス変数よりも高くなるため、可能な限り使用しないようにしてください。

(2) ライフサイクルを長くして性能を上げる

　先ほどの（1）の記述と逆の内容になり矛盾するように見えますが、意図的にライフサイクルを長くすることがあります。

　ライフサイクルを短くすると、短命なオブジェクトがたくさんでき、それだけガベージコレクション（GC）の発生回数が増加します。GCはアプリケーションのパフォーマンスを悪化させる要因の1つでもあるため、回数、時間ともに減らしたほうがパフォーマンスは良くなります。

　ライフサイクルを長くすることで、値の再利用ができるため、GCの量を減らすことができます。ちょうど、キャッシュの概念とよく似ています。

　ただし、ライフサイクルの長いオブジェクトが増えすぎると、かえってGCが増えることがあるため、どのオブジェクトのライフサイクルを長くするかは検討が必要です。インスタンス変数やクラス変数などのフィールドを持たないクラス（「ステートレスなクラス」と呼ばれます）は、複数スレッドからのアクセスによる事故の心配もないため、積極的にライフサイクルを長くするといいでしょう。

　ところで、すべてのメソッドをstaticとする、ユーティリティクラスを作成することがよくあります。ユーティリティクラスのメソッドがすべてstaticである理由は、インスタンス生成の無駄を省くことにあります。ユーティリティクラスを毎回newしてメソッドを呼び出すよりも、直接メソッドを呼び出したほうが効率的だからです。ただし、staticメソッドばかりでは拡張性がなく、またテストをおこなう際にメソッドをモック化できないため、筆者は普段、ユーティリティクラス自体は非staticメソッドで構成して、インスタンスをstaticにする手法を採用しています。

●ユーティリティクラス

```java
public class StringUtils {
    // static はつけない
    public String isEmpty(String text) {
        return (text == null || text.length() == 0);
    }
}
```

●利用側のクラス

```java
public class MainService {
    // ユーティリティクラスのインスタンスを生成し、static 扱いにする
    private static StringUtils stringUtils = new StringUtils();

    public void execute(String text) {
        // static インスタンスのメソッドを呼び出す
        if (stringUtils.isEmpty(text)) {
            // ・・・
        }
    }
}
```

10-4 インタフェースと抽象クラスを活かして設計する

10-4-1 ポリモーフィズムを実現するためのしくみ

　Javaのオブジェクト指向たる特徴を把握するためには、インタフェースと抽象クラスという2つの概念・機能の理解が欠かせません。インタフェースと抽象クラスは、いずれもポリモーフィズム（多態性）と呼ばれる概念を実現するための機能です。これらをよく理解することで、良いクラス、良いAPIを設計できるようになります。

　ポリモーフィズムとは、同じ型やメソッドを記述して、異なる動作をおこなえるようにすることをいいます。たとえば、仮にですがjava.util.ArrayListクラスとjava.util.LinkedListクラスが、似たようなListの操作を、異なる名前のメソッドで持ってしまっていたりすれば、プログラマはその差分を気にしなければならず、また覚えることも多くなり、とても面倒になります。

　そこで、次に示すように、値を保持するList変数の型をjava.util.Listインタフェースにしておけば、List変数に代入するインスタンスがjava.util.ArrayListクラスでもjava.util.LinkedListクラスでも、どちらであるか気にすることなく、同じように使用することができます。これは、ArrayListクラスとLinkedListクラスがいずれもListインタフェースを実装しているために可能になります。

● **ArrayListクラス**

```
List<Integer> list = new ArrayList<>();
list.add(1);
list.add(2);
list.add(10);
System.out.println(list);
```

● **LinkedListクラス**

```
List<Integer> list = new LinkedList<>();
list.add(1);
list.add(2);
list.add(10);
System.out.println(list);
```

　上のコードでは、ともにListインタフェースのaddメソッドを呼び出して、リストに要素を追加していますが、実際にプログラムを動作させると、前者はArrayListクラスのaddメソッド、後者はLinkedListクラスのaddメソッドが実行され、内部的に異なる処理が実行されます。プログラマは、この動作の違い、つまりlist変数の中に何のインスタンスが入っているかを気にする必要はありません。逆

にいえば、プログラマはlist変数の中のインスタンスが何かを気にしてはいけません。

　たとえば次のコードは、instanceofでlistインスタンスの種類をチェックして処理を変えているため、ポリモーフィズムの意味がありません。

```
List<Integer> list = new LinkedList<>();
list.add(1);
list.add(2);
if (list instanceof LinkedList) {
    ((LinkedList<Integer>)list).addLast(10);
}
System.out.println(list);
```

10-4-2　インタフェースと抽象クラスの性質と違い

インタフェースと抽象クラスの性質について、かんたんに表にまとめます。

種類	性質
インタフェース	インスタンス変数を持つことができない。定数を持つことはできる
抽象クラス	abstractメソッドを宣言することができる。抽象クラス自体はインスタンスを生成できない。それ以外はクラスと同じ

●インタフェースと抽象クラスの性質

　なお、インターフェースは、Java 7以前では上記の性質に加え、メソッドの実装を持つことができませんでした。しかし、Java 8からは「デフォルトの実装」という形でメソッドの実装を持つことができるようになっています。くわしくは、「10-4-3　インタフェースのデフォルト実装」で説明します。

　インターフェースと抽象クラスの性質をくわしく見ていきましょう。

インタフェースの性質

　設計者目線では、インタフェースは「特性」の定義といえます。インタフェースを実装することで、同じ特性を持ったクラスを複数作ることができます。

　一方、実装者目線では、インターフェースは「クラスに対するアクセスを制限する制約」といえます。インタフェースを実装したクラスでは、インタフェースで定義したメソッド以外にpublicメソッドを作成したとしても、外部から（型を明確にしない限りは）呼び出すことを防げます。

　インタフェースでは、定数を持つことができます。そのため、インタフェースに定数のみを定義し、定数を利用するクラスでインタフェースを実装することで、複数のクラスで定数を共有することができます。このように、定数のみを定義したインタフェースを「定数インタフェース」と呼びます。

　しかし、次の理由から、定数インタフェースを作成することは好ましくありません。

　・インタフェースの本来的な利用目的でない。異なる特性を持ったクラスが、同一のインタフェースを実装することになる

・定数インタフェースが不要になった場合の変更が容易でない

・利用しない定数までも、定数インタフェースの実装クラスが保持することになる

　そのため、複数のクラスで定数を共有する場合には、定数を保持するクラスを作成し、「定数クラス名.定数名」と指定するほうがいいでしょう。筆者はあまり定数クラスを作成しないようにしていますが、どうしても作成する必要に迫られた場合には、あまり肥大化しないよう、カテゴリごとに分割するようにしています。

　さらに、定数を頻繁に参照し、定数クラス名が冗長となる場合には、staticインポートを利用したほうがいいでしょう。

　次のコードは、ファイルを読み込む際の名前、住所、メールの列の位置をUserCsvColumnクラスに定義しておき、定義した値をCsvProcessorクラスで使っています。

● 定数クラス

```
package type.constant;

// 定数クラス
public class UserCsvColumn {
    public static final int NAME = 0;
    public static final int ADDRESS = 1;
    public static final int MAIL = 2;
}
```

● 定数を利用するクラス

```
import static type.constant.UserCsvColumn.*; // static インポート

public class CsvProcessor {

    public void processColumn(int column) {

        // 通常、「定数クラス名 . 定数名」で指定するが、
        // static インポートの場合は「定数名」だけでいい
        if (column == NAME) {

            ...
        }

        ...
    }
}
```

抽象クラスの性質

　設計者目線では、抽象クラスはその名のとおり、クラスを抽象化したものといえます。複数のクラスで同一の部分をスーパークラスに切り出して抽象化し、共通化したものになります。

　一方、実装者目線では、抽象クラスはクラスの雛形であるといえます。共通部分は実装されており、

処理を変える必要のある部分のみabstractメソッドになっているため、継承したクラスでは、必要な部分のみを実装すればいいことになります。

実際の考え方

インタフェースと抽象クラスの性質がわかったところで、実際にどのように使い分けるかを見ていきましょう。基本的な考え方は次のとおりです。

- **インタフェースは「定義」に使う**
- **抽象クラスは「雛形」や「共通処理」に使う**

たとえば「ネットワークを介したサービスを呼び出す機能」を実装するとします。インタフェースを使わないと、サービスを呼び出すロジックが通信方式に依存するという問題が起きる可能性があります。一方、インタフェースを実装するクラスの中に通信処理を記述するようにすれば、このクラスを利用する側ではネットワークの通信方式がHTTPなのかSOAPなのか、あるいはそのほかの方法なのかを気にする必要はありません。あくまで、ネットワーク先のサービスを利用する際は、「何を渡せば、何が返ってくるのか」という「定義」がわかれば十分です。逆に、ここでインタフェースではなく抽象クラスにしてしまうと、実装が含まれ、依存関係が強くなってしまうため、あとから修正がしづらくなります。

次のインタフェース定義では、ユーザー情報の登録、一覧取得、削除がおこなえることがわかります。

```java
public interface UserManagementService {
    void register(User user);
    List<UserDto> list();
    void delete(Integer userId);
}
```

利用者は、インタフェースより先の処理を気にせずに、ほかの実装に集中することができます。

また、ユーザー情報の操作、UserManagementServiceインタフェースを実装したクラスを差し替えることで、具体的な処理の切り替えができます。たとえば、次のようにすることで、必要に応じて差し替えができます。

- 外部のサービスをHTTPで呼び出すクラスを「HttpUserManagementService implements UserManagementService」として作成する
- データベースに読み書きするクラスを「DatabaseUserManagementService implements UserManagementService」として作成する

なお、各実装クラスの共通処理を書きたいのであれば、インタフェースと実装クラスの間に抽象クラスを作成し、各実装クラスから利用します。

```java
public abstract class AbstractUserManagementService implements UserManagementService {
    protected UserDto convertFrom(User user) {
        // User クラスから UserDto クラスへの変換処理
    }
}

public class HttpUserManagementService extends AbstractUserManagementService {
    public List<UserDto> list() {
        // convertFrom() を使用した処理
    }
    ...
}

public class DatabaseUserManagementService extends AbstractUserManagementService {
    public List<UserDto> list() {
        // convertFrom() を使用した処理
    }
    ...
}
```

バッドパターン

　インタフェースを作成したあと、共通処理などの実装を追加したくなることがあります。しかし、このときにインタフェースを抽象クラスに変更してしまうのはバッドパターンです。先述のとおり、抽象クラスにしてしまうことで、クラス間の依存関係を強めてしまい、あとで処理の変更が難しくなってしまうからです。

　実装を追加したくなった場合は、上のAbstractUserManagementServiceクラスに記載したとおり、インタフェースはそのままにして、抽象クラスを間に入れるようにしましょう。

インタフェースであることの安心感

　抽象クラスではなくインタフェースを使用することの良い点は、テストコード（詳細は「Chapter 13 周辺ツールで品質を上げる」を参照）を実装する際にもあらわれます。次のようなクラスをテストすることを考えてみましょう。

```java
public class AService {
    protected BService service;

    public void someMethod() {
        service.execute();
        ...
    }
}
```

　たとえば、service.execute()の呼び出し先でほかのシステムへアクセスしており、そのままテストできない場合、この呼び出しをモック化することになります。もしserviceオブジェクトの型がインタフェー

スの場合、その呼び出し先では何がおこなわれていようと、呼び出し元に影響がないため、呼び出し先の処理を気にせずモック化することができます。

しかし、上の例のようにserviceオブジェクトの型が抽象クラスの場合、その抽象クラスには実装が含まれているため、全体をモック化することができません（必要な処理を消してしまう可能性があります）。

インタフェースを使用することは、余計なことを気にする必要がなくなり、テストも含めてコーディング時の安心感につながります。

10-4-3　インタフェースのデフォルト実装

Java 8では、インタフェースがデフォルト実装を持つことができるようになりました。たとえば、java.util.Listインタフェースには、次のような「実装」が入ったメソッドが追加されています。

```
public interface List<E> extends Collection<E> {

    ...

    default void sort(Comparator<? super E> c) {
        Collections.sort(this, c);
    }

    ...

}
```

これにより、一見、インタフェースと抽象クラスの違いがなくなったように見えますが、背景はまったく異なります。

Java 8では、大きな機能として、Stream APIが追加されました（詳細は「Chapter 5　ストリーム処理を使いこなす」を参照）。Stream APIでは、コレクションに対する数々の操作をおこなえるようにするため、java.util.List（以下、List）インタフェースにもメソッドを追加する必要がありました。しかし、そうするとそれを継承しているクラスをすべて書き換える必要があり、Listインタフェースのように非常に多くの場所で使用されている場合はかなりの影響が出てしまいます。アプリケーションのみならず、サードパーティー製の（ライブラリなどの）Listインタフェースの実装クラスにも影響します。こうなると、Java 7までとの互換性を完全に失ってしまうことになります。

互換性を失うのを避けるため、Listインタフェースにデフォルト実装としてメソッドが追加されました。これにより、Listインタフェースを実装したクラスに、Java 8で追加されたメソッドが実装されていなくても、プログラムが動作できるようになりました。つまり、インタフェースのデフォルト実装は、Javaの「過去のバージョンとの互換性」のために生まれたのです。

このような背景をふまえると、共通の実装を持つクラスを作成したい場合は、インタフェースのデフォルト実装を使用せず、Java 7以前と同じように、抽象クラスを作るのがわかりやすくていいでしょう。

インタフェースのデフォルト実装を使用するパターンとして、多重継承やmix-in（状態を持たず、継承されて使用されることを前提としたクラス）などを使った特別なクラスデザインをおこなう場合が考えられますが、本書で扱う範囲から外れるため、詳細は割愛します。

10-4-4　インタフェースのstaticメソッド

Java 8からは、インタフェースがメソッドの実装を持てるようになったことから、staticメソッドも定義できるようになりました。

● インタフェースBar

```java
public interface Bar {
    String say();

    static Bar newInstance(String message) {
        return new DefaultBar(message);
    }
}
```

● 実装クラスDefaultBar

```java
class DefaultBar implements Bar {

    private String message;

    DefaultBar(String message) {
        this.message = message;
    }

    @Override
    public String say() {
        return this.message;
    }
}
```

● インタフェースのstaticメソッドを呼ぶnewInstanceメソッド

```java
Bar bar = Bar.newInstance("Hello Bar!"); // インタフェースのstaticメソッドを呼ぶことが
                                         // できる
System.out.println(bar.say()); // Hello Bar!
```

インタフェースにstaticメソッドが定義できるようになったことで、インタフェースを実装するクラスのインスタンスを返すファクトリメソッドがインタフェースに定義できるようになりました。

ファクトリメソッドとは、オブジェクトを生成して返すメソッドのことをいいます。通常、戻り値の型はインタフェースもしくは抽象クラスにしておき、生成されたオブジェクトが何かを意識しないようにし、処理の共通化や再利用性を高めます。

ファクトリクラスとは、ファクトリメソッドを実装するクラスです。ファクトリメソッドとファクトリクラス

は、「Chapter 12　デザインパターンをたしなむ」で解説するデザインパターンのFactory Method パターンで使用されます。

　この点を、もう少し掘り下げて考えてみましょう。インタフェースとは、publicメソッドを定義するもので、パッケージを超えてどこからでもアクセスできるようにメソッドを公開することを意味します。インタフェースを使うことで、利用する側はその実装クラスがどのような実装であるかを知る必要がないわけですが、そのインスタンスを生成するためには、実装クラスをpublicにし、コード上でも右辺には実装クラスを書く必要があります。

```
type
├─ api
│   ├─ DefaultFoo.java
│   └─ Foo.java
└─ client
    └─ ApiClient.java
```

●パッケージ構成

　たとえば上記のようなパッケージ構成である場合、インタフェースFoo、実装クラスDefaultFoo、利用クラスApiClientは次のようになります。

●インタフェースFoo

```java
package type.api;

public interface Foo {
    String say();
}
```

●実装クラスDefaultFoo

```java
package type.api;

public class DefaultFoo implements Foo {   // ほかのパッケージから利用できるように、
                                            // public である必要がある

    private String message;

    public DefaultFoo(String message) {
        this.message = message;
    }

    @Override
    public String say() {
        return this.message;
    }
}
```

●利用クラス ApiClient

```java
package type.client;

import type.api.DefaultFoo; // 実装クラスの import が必要
import type.api.Foo;

public class ApiClient {

    public static void main(String... args) {

        Foo foo = new DefaultFoo("Hello Foo!"); // 右辺に実装クラスを指定する必要がある

        System.out.println(foo.say()); // Hello Foo!
    }
}
```

　利用する側としては、実装クラスは指定する必要があるものの、利用する際にはインタフェースを通してのみ操作をおこなうため、実装クラスにアクセスできる必要はありません。本当は、実装クラス側も、クラス全体をpublicにする必要はありません。

　これがJava 8になりstaticメソッドが定義できるようになると、次のようにすることができ、利用側は実装クラスであるDefaultFooクラスをまったく意識する必要がなくなります。また同時に、インタフェースを作成する人は、実装クラスであるDefaultFooクラスを完全に「隠す」ことができます。

　パッケージ構成は、先ほどと変わりません。

```
type
├── api8
│     ├── DefaultFoo.java
│     └── Foo.java
└── client
      └── ApiClient.java
```

●パッケージ構成 (Java 8)

●インタフェース Foo

```java
package type.api8;

public interface Foo {
    String say();

    static Foo newInstance(String message) {
        return new DefaultFoo(message); // 同一パッケージ内の DefaultFoo を参照可能
    }
}
```

●実装クラス DefaultFoo

```java
package type.api8;
```

```java
class DefaultFoo implements Foo {  // package private

    private String message;

    DefaultFoo(String message) {
        this.message = message;
    }

    @Override
    public String say() {
        return this.message;
    }
}
```

● 利用クラス ApiClient

```java
package type.client;

import type.api8.Foo; // DefaultFoo の import が不要

public class ApiClient {

    public static void main(String... args) {

        Foo foo = Foo.newInstance("Hello Foo!"); // Foo インタフェースの static メソッド
                                                 // を利用

        System.out.println(foo.say()); // Hello Foo!
    }
}
```

　Java 8のstaticメソッドを利用することで、インタフェースのみを知っていればよく、アクセス修飾子による可視性の定義も意味のあるものになります。

　このような実装は、Java 7まででもファクトリクラスを作ることで同様のことができますが、Java 8のstaticメソッドを使ったほうがよりシンプルになります。参考として、ファクトリクラスを作る例を次に示します。

● ファクトリクラス FooFactory

```java
package type.api;

public class FooFactory { // ファクトリクラスは public クラスとなる

    public static Foo newInstance(String message) {
        // DefaultFactory をパッケージプライベートにしても、同一パッケージなので参照可能
        return new DefaultFoo(message);
    }
}
```

317

●利用クラス ApiClient

```java
package type.client;

import type.api.Foo;
import type.api.FooFactory;

public class ApiClient {

    public static void main(String... args) {

        Foo foo = FooFactory.newInstance("Hello Foo!");

        System.out.println(foo.say()); // Hello Foo!
    }
}
```

Chapter 11

スレッドセーフをたしなむ

11-1　マルチスレッドの基本 ———————————————————————————— 320

11-2　スレッドセーフを実現する ————————————————————————— 329

11-1 マルチスレッドの基本

11-1-1 マルチスレッドとは

　複数の仕事を同時におこなうしくみをマルチスレッドといいます。マルチスレッドのプログラムと、そのプログラムで実行されるタスクは、しばしば複数の人が仕事を片付けていく様子に比喩されます。人1人を、CPU1つ（1コア）だとイメージしてください。

　「1人が」積み上げられた仕事の山を「1つずつ順番に」処理している状態がシングルスレッドです。仕事を依頼する人が複数いても、基本的には先にやってきた仕事から順番に片付けていきます。そのため、長い時間がかかる仕事を処理していると、先にやってほしいかんたんな仕事があっても、待たされることになります。結果として、依頼した人からすると、「かんたんな仕事を依頼したのに、なんでこんなに時間がかかるんだ？」となります。

●シングルスレッドの場合

　一方で、「1人または複数の人が」1つの仕事の山から「複数の仕事を同時に」処理している状態がマルチスレッドになります。1人でも、複数の仕事を同時にやることができますよね。たとえば、10分ずつに区切ってA→B→C→D→……のように少しずつ仕事を進めていけば、全体としては同時に仕事を進めているように見えます。

　マルチスレッドの実現方式も似たような考え方があり、これを「時分割方式」と呼びます。1人でも、複数の仕事を同時に進めることができれば、あとから来たかんたんなタスクであっても、長いタスクに邪魔されずに早く終わらせることができるようになります。

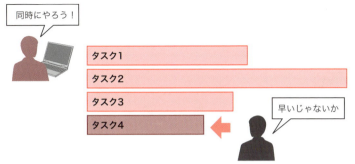

●マルチスレッドの場合（シングルコア）

　もちろん、この場合は1人が単位時間あたりにできる仕事の量は変わりません。たとえば、1つあたり1時間かかるタスク4つを同時に処理すると、4つとも4時間後に完了することになります。

　そこで、複数の人で1つの仕事の山を分担して片付けていくと、より早く終了させられるようになります。実際には、プロセッサ／コアの数しか並列処理しないのではあまり効率化できないので、上に挙げたように、時分割方式と組み合わせるのが一般的です。

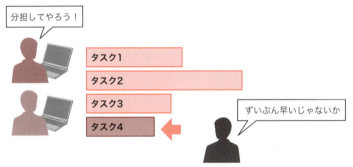

●マルチスレッドの場合（マルチコア）

11-1-2　マルチスレッドにするメリット

マルチスレッドを使うと何がいいのか、まとめましょう。

(1) 1つの長い仕事のせいで、後ろのかんたんな仕事が待たされなくなる

　複数のタスクをシングルスレッドで処理すれば、タスクは順次処理されざるをえません。途中に長い時間を必要とするタスクがあれば、その後ろのタスクはその間はずっと待たされてしまいます。一方、マルチスレッドにすれば、その待ち時間なしに処理を開始できるようになります。

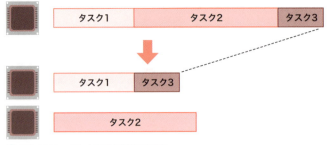

●マルチスレッドによる待ち時間の解消

　たとえば、Webサーバで複数のユーザーからアクセスがあった時に、あるユーザーの処理が終わらない限り、次のユーザーの処理ができないようなシングルスレッド処理になってしまっていたら、とてつもなく応答の遅いシステムになってしまいます。そこで、マルチスレッドで複数のユーザーのアクセスを同時並行に処理することで、各ユーザーはほかのユーザーの処理時間を気にすることなく、画面を操作することができます。

(2) タスクの待ち時間を有効に活用できる

　プログラム外部のリソースへのアクセスや、ほかのシステムとの通信を待つような状況で、「結果を待つこと自体は必要だが、その間にJavaのプロセスは待っているだけで、働いていない」ということがあります。そのような処理をスレッドに切り出し、その間に別のスレッドを動作させることで、待ち時間を減らし、CPUを効率的に使うことができるようになります。

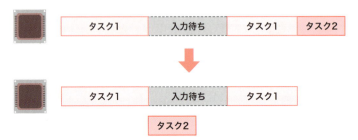

●待ち時間の有効活用

　たとえば、ファイル入出力などでハードディスクなどにアクセスする処理は、CPUが計算するより遅いので、その処理の間はCPUとしてはほぼ空いている状況になります。その時、別のスレッドの処理が働いていれば、CPUのパワーをより有効に活用できます。

　また、Webアプリケーションで、画面の操作が終わったあとに何かメールを送信する処理があったとして、その終了を待つ必要があるでしょうか？　画面に送信の結果を表示するなどでなければ、メール送信は「裏で走らせて」おけばよく、その終了まで画面表示を待たせたりする必要はありません。そのような時、メール送信処理を別スレッドでおこなうようにし、そのあとに画面をすぐ表示するようにすると、画面の待ち時間が短縮され、画面を見ているユーザーからは素早く動いてくれるシステムに見えます。

(3) 大量のタスクを早く終わらせられる

　CPUがマルチコアの場合であっても、プログラムをシングルスレッドで動かせば、せいぜいCPU1コア分の計算しかこなせません。一方、マルチスレッドにして複数あるコアを活用すれば、Java VMがスレッドの各処理を複数のプロセッサ／コアに割り当て、マシンの持つパワーを最大限利用してくれるので、全体のレスポンスタイム（要求してから応答が得られるまでの時間）を改善することができます。

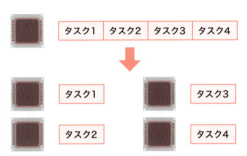

●マルチスレッドによるレスポンスタイムの改善

　たとえば、大量のログデータや計測データなどから集計結果を得ようとする場合、スレッドごとにデータを分配して処理させ、最後にその結果を統合することで、コア数の分だけ、処理が終わる時間を早めることができます。ただし、これには次のことが条件になります。

・なるべく各スレッドの処理が同時に終わるようにデータを分割する
・スレッド間で互いを待たせるような処理がない／少ない

11-1-3　マルチスレッドで困ること

　逆に、マルチスレッドにすることで起きる問題もあります。

(1) メモリの使用量が増える

　スレッドが増えると、同時に処理するためのメモリ使用量も増えます。また、そもそもスレッド自体を管理するためにもメモリを消費します。スレッド数が数個程度であればさほど影響はないかもしれませんが、100や1000のスレッドをむやみに作成してしまうと、メモリの使用量が問題になることがあります。

(2) スループットが低下する

　スレッドを切り替える際にはオーバーヘッドが発生するため、合計処理時間は増加し、結果としてスループット（単位時間あたりの処理量）が低下します。前述した時分割方式でCPUコアが複数のスレッドを処理する場合、現在処理しているスレッドの状態を保存し、次に処理するスレッドの状態を復元することが必要になります。これが頻繁に発生するような状態だと、効率が悪くなってしまいます。

(3) 同時に作業する場合、特有の問題が発生する

これが、この章で説明したい一番重要な問題です。前述のたとえでいうならば、今まで1人でやっていた仕事をパートナーと2人でやるようになった時に、どのような問題（気を付けなければならないこと）があるかを考えてみてください。

- 2人で同じデータを書き込もうとしたので、先に保存したデータがあとから保存したデータで上書きされてしまった
- 使おうとしたパソコンをパートナーが使っており、作業をすることができない
- 気が付いたら、パートナーがほかの作業をしていた。パートナーが終わらせてくれないと自分の仕事ができないのに……

これらの例に示すように、複数のスレッドが協調して動作する必要がある時、同時に共有のメモリやファイルにアクセスしてデータを壊してしまったり、互いの完了を待つことで予期しない待機時間が発生したりする問題が発生します。

こういった問題を起こさないようにするために満たす条件のことを、スレッドセーフと呼びます。

11-1-4 同時に作業する場合に起こる問題

実際的なプログラムを通して、同時に作業する場合に特有の問題を見てみましょう。

(1) データの上書きが発生する

よくある例ですが、銀行の預金引き落としを複数の人でおこなう場合を考えてみましょう。AさんとBさんが、同じ銀行口座Xからお金を引き落とす操作をします。この時、「銀行口座からお金を引き落とす」というのは、次に示す2つの手順でおこなわれます。

（1）銀行口座の残高を確認する
（2）引き落とす金額で残高を計算し、銀行口座の残高を更新する

この操作がスレッドセーフでおこなわれないと、あとから引き落とす人が正しい結果を得られない可能性があります（それどころか、銀行口座の金額も不正になってしまいます）。

●データの確認と上書き

　たとえば、Ａさんが残高を確認（A-1）し、Ｂさんも残高を確認（B-1）します。この時、まだ口座からお金を引き出していないため、２人はともに1,000,000円という回答を得ます。
　この状態で、Ａさんが600,000円を引き出し（A-2）、Ｂさんが700,000円を引き出そう（B-2）としたら、どうなるでしょうか？
　普通に考えると、Ａさんが600,000円を引き出したあと、Ｂさんが700,000円を引き出そうとしても、残高がないので失敗するはずです。しかし、先ほど説明したように、（B-1）のタイミングでＢさんも1,000,000円あると認識しているので、Ｂさんが処理をした結果は300,000円の残高になってしまいます。逆のタイミングで、ＡさんがＢさんよりも後に引き出した場合は、400,000円の残高になってしまいます。
　いずれにしても、２人で銀行の元の残高（1,000,000円）よりも多い金額を引き出したのに、残高はプラスで残っているので、計算が合いません。

(2) デッドロックが発生して、処理が停止する

　同時に実行されている２つ（以上）のプログラム（ここではスレッド）が、お互いにリソースの解放待ち状態になってしまって、動けなくなってしまうことをデッドロックといいます。実際のプログラムを見ながら考えてみましょう。

●DeadLockSample.java

```java
import java.util.ArrayList;
import java.util.List;

public class DeadLockSample {

    public static void main(String... args) {
        List<String> list1 = new ArrayList<>();
        List<String> list2 = new ArrayList<>();
        list1.add("list1-1");
        list2.add("list2-1");

        new Thread(new ResourceLocker(" スレッド A", list1, list2)).start();
        new Thread(new ResourceLocker(" スレッド B", list2, list1)).start();
```

```
        }
    }
```

● ResourceLocker.java

```
import java.util.List;

public class ResourceLocker implements Runnable {
    private String name;
    private List<String> fromList;
    private List<String> toList;

    public ResourceLocker(String name, List<String> fromList, List<String> toList) {
        this.name = name;
        this.fromList = fromList;
        this.toList = toList;
    }

    public void run() {
        String str = null;
        try {
            System.out.printf("[%s] started.%n", name);
            Thread.sleep(500L);
            System.out.printf("[%s] attempt to lock fmList(%s).%n", name, fromList);
            synchronized (fromList) {
                System.out.printf("[%s] fmList(%s) was locked.%n", name, fromList);
                str = fromList.get(0);
                System.out.printf("[%s] %s <- fmList(%s)%n", name, str, fromList);
                Thread.sleep(500L);

                System.out.printf("[%s] attempt to lock toList(%s).%n", name, toList);
                synchronized (toList) {
                    System.out.printf("[%s] toList(%s) was locked.%n", name, toList);
                    toList.add(str);
                    System.out.printf("[%s] %s -> toList(%s)%n", name, str, toList);
                }
            }
        } catch (InterruptedException e) {
            e.printStackTrace();
        } finally {
            System.out.printf("[%s] finished.%n", name);
        }
    }
}
```

A、Bという2つのスレッドが動いていて、次の動作をさせています。

（1）スレッドAは、list1からオブジェクト（文字列）を取得し、list2に書き込む

（2）スレッドBは、list2からオブジェクト（文字列）を取得し、list1に書き込む

（3）list1／list2からの取得および書き込み操作をおこなう際には、それぞれのリストに対して排他ロック（複数のスレッドが同時に操作できないようにするためのロック）を取得する

このプログラムを動かすと、2つのスレッドはかんたんにデッドロック状態になります。理由は次のとおりです。

・スレッドAは、list2を操作する際にロック取得を試みるが、その際にはスレッドBにlist2のロックを解放してもらわなければならない
・スレッドBは、list1を操作する際にロック取得を試みるが、その際にはスレッドAにlist1のロックを解放してもらわなければならない

この結果、2つのスレッドとも、先に取得したlistのロックを解放することができないまま、互いに相手のスレッドがlistのロックを解放するのを待つ状態（デッドロック）になります。

●デッドロック

(3) 例外が発生する

マルチスレッドで動作しているプログラムは、互いに何らかのリソース（変数やファイルなど）を共有しているものです。これらの状態が正しく保護されていない場合は、マルチスレッドの動作をおこなっている間に例外が発生する場合があります。

たとえば、キューに書き込みをおこなうスレッドAと、読み込みをおこなうスレッドBとスレッドCがある場合を考えてみましょう。スレッドBがキューから読み出せると判断した直後にスレッドCがキューの内容を先に横取りしてしまい、「実際に読み出したら、中身が空だった」という場合、例外が発生します。

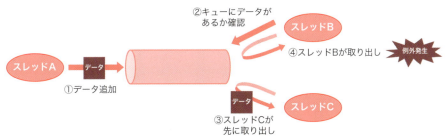

●競合による例外発生

このようなマルチスレッドで動作したことが原因で処理の競合が起きることにより、スレッドで例外が発生し、問題が起きることがあります。

(4) 無限ループが発生する

HashMapは、後述する「スレッドセーフなクラス」ではありません。したがって、HashMapをsynchronizedで保護せずに複数スレッドからputすると、無限ループが発生してしまうことが知られています。

11-1-5　マルチスレッドの問題に対応するのが難しい理由

前述したマルチスレッド特有の問題は、現場でかなり嫌われ、恐れられています。理由は1つで、「タイミングによって発生する場合としない場合がある」からです。ひと言でいえば、バグの再現性が低いのが問題なのです。

たとえば、画面からある特定の入力をすると100%発生する問題であれば、デバッガを立ち上げ、画面からその入力をおこなうことで、その時のオブジェクトの状況や処理の流れから問題の原因を見つけ、修正することができます。しかし、マルチスレッドの問題はそうはいきません。

前の項に出てきた銀行からの引き出しの問題の例を思い出してください。あの問題は、残高にアクセスするタイミングがほぼ完全に一致していないと発生しないのです。0.1秒ずれていただけでも、問題が起きないかもしれません。発生しさえすれば、かんたんに捕まえて修正できるはずの問題を、捕まえることができないのです。そういった場合、プログラマがとれる手段は次のようになります。

- ・問題がたまたま発生するまで待ち続ける
- ・問題が発生しそうな状況（大量の入力を発生させるなど）を意図的に作り、問題が発生する確率を上げ、待つ
- ・問題が発生しそうなプログラムの箇所をよく読み、問題を推測する

どれも、対処に長い時間を要するか、スレッドの深い理解を要する可能性があります。ゆえに、問題の対応が難しくなりがちなのです。

スレッドの問題を減らす確実な方法は、「スレッドを作らない」ことです。このように書くと当たり前のように思えるかもしれませんが、じつはフレームワークではスレッドが必要な場合はフレームワーク側でスレッドを生成し、フレームワークの利用者がスレッドを作らなくていいのです。よって、まずはそのようなしくみを理解し、不要なスレッドを作らないようにすることが安全な策となります。

それでもスレッドを作らなければならない場合は、本章に書いてあることをふまえて、厳密に安全な設計でスレッドを使う必要があるでしょう。チーム開発であれば、たとえば「チームリーダーがチェックして許可しない限り、スレッドを作らない」といったルールにすることも有効です。

11-2 スレッドセーフを実現する

11-2-1 スレッドセーフとは

前述したような問題を起こさない、安全に動作するマルチスレッドプログラムとは、どのようなものでしょうか。答えは、次の条件を満たしているものです。

- 複数のスレッドから読み書きをおこなっても、データが破損しない
- 複数のスレッドから読み書きをおこなっても、処理エラーが発生しない
- 複数のスレッドから読み書きをおこなっても、デッドロック／処理停止が発生しない

これらを実現するためには、JavaのAPIや構文についての知識が必要になります。というところで、ちょっとしたクイズを考えてみましょう。

Q. 次のうち、スレッドセーフなものはどれか？

(1) intのインクリメント処理
(2) SimpleDateFormatのparseメソッド
(3) HashMapのputメソッド
(4) ArrayListのadd／removeメソッド
(5) javax.xml.bind.Marshallerのmarshalメソッド
(6) long（プリミティブ変数）への代入

A. いずれもスレッドセーフ「ではありません」

1つずつ、具体的に見ていきましょう。

(1) intのインクリメント処理

複数スレッドで同時にインクリメントしたのに、値がインクリメントされないことがあります。

```java
public class IntIncrement {

    public static void main(String... args) {
```

329

```
        IntHolder holder = new IntHolder();
        Thread th1 = new Thread(new IntIncrementer("thread-1", holder));
        Thread th2 = new Thread(new IntIncrementer("thread-2", holder));
        th1.start();
        th2.start();

        try {
        th1.join();
            th2.join();
            int result = holder.getResult();
            System.out.println("result: " + result);
        } catch (InterruptedException e) {
            e.printStackTrace();
        }
    }
}
```

```
public class IntHolder {
    private int intNum = 0;

    public int getResult() {
        return intNum;
    }

    public void increment() {
        intNum++;
    }
}
```

```
public class IntIncrementer implements Runnable {
    private String name;
    private IntHolder holder;

    public IntIncrementer(String argName, IntHolder argHolder) {
        name = argName;
        holder = argHolder;
    }

    public void run() {
        System.out.println("[" + name + "] started.");
        for (int counter = 0; counter < 1000000; counter++) {
            holder.increment();
        }
        System.out.println("[" + name + "] finished.");
    }
}
```

　リストでは、1つのIntHolderインスタンスに2つのIntIncrementerインスタンスを持たせます。2つのIntIncrementerインスタンスは、それぞれ異なるスレッドでIntHolderインスタンスのincrementメ

ソッドを呼び出して、値をインクリメントします。

　スレッドでは、それぞれ100万回インクリメントを実行するので、2つのスレッドが処理を完了した後のIntHolderインスタンスの値（result: の後に表示される数字）は、200万（2000000）になると予想できます。

　しかしながら、実際に試してみると、200万を大きく下回る結果になると思います。

●実行例

```
[thread-2] started.
[thread-1] started.
[thread-1] finished.
[thread-2] finished.
result: 1097061
```

　この現象が発生する理由は、前述した残高の例と同じです。というのは、インクリメントの操作は1つの手順ではなく、次に示す2つの手順をおこなっているからです。

　　（a）現在の値を取得する
　　（b）取得した値に1を足して書き戻す

　そして、この2つの手順はアトミック（分割できない最小単位）におこなわれず、（a）と（b）の間に別のスレッドの処理をおこなうことが可能なわけです。

　なので、2つのスレッドがそれぞれ（a）をおこなってから、それぞれのスレッドで（b）を実行すると、2回インクリメントの手順を実施したにもかかわらず、値は1しか増えていないということが起こるのです。

(2) SimpleDateFormatのformatメソッド

　複数スレッドから同時に利用すると、formatメソッドの実行後に、正しくない結果になることがあります。formatメソッドはsynchronizedで保護されていないため、SimpleDateFormatインスタンス内部の各属性が順番に操作される過程で、違う値に設定される可能性があるためです。

(3) HashMapのputメソッド

　複数スレッドから同時にputをおこなうと、無限ループなどが発生することがあります。

●HashMapLoop.java

```java
import java.util.HashMap;
import java.util.Map;

public class HashMapLoop implements Runnable {
    final Map<Integer, Integer> map = new HashMap<>();
```

```java
    @Override
    public void run() {
        for (int i = 0; i < 100000000; i++) {
            int key = i % 10000000;
            if (map.containsKey(key)) {
                map.remove(key);
            } else {
                map.put(key, i);
            }
        }
    }

    public void runLoop() throws InterruptedException {
        Thread th1 = new Thread(this);
        Thread th2 = new Thread(this);

        System.out.println("start.");
        th1.start();
        th2.start();

        th1.join();
        th2.join();
        System.out.println("finished.");
    }

    public static void main(String... args) throws Exception {
        new HashMapLoop().runLoop();
    }
}
```

　リストでは、1つのHashMapインスタンスを2つのスレッドに持たせます。2つのスレッドは、それぞれがHashMapに値を追加（put）し、追加した値を削除（remove）しています。この動作を繰り返しおこなっていると、無限ループが発生することがあります。

　なお、PCのスペック（コア数、周波数など）によっては、なかなか現象が発生しないことがあります。その場合は、スレッド数やkeyに代入する際の剰余の数を増やしてみてください。

(4) ArrayListのadd／removeメソッド

　Iteratorを使用してリストの要素を処理している間に、リストに対してaddやremoveをおこなうと、直後のIteratorを操作する時にConcurrentModificationExceptionが発生します。

　ArrayListは、スレッドセーフなクラスではありません。これは、APIリファレンスでも「この実装はsynchronizedされません」と書かれていることです。しかし、同時に「このクラスのiteratorおよびlistIteratorメソッドによって返されるイテレータは、フェイルファストです」とも書かれています。フェイルファストとは、リストの途中でエラーが見つかった時点で処理を終了させるという意味です。

　ここでは、かんたんにしくみを知っておくといいでしょう。Iteratorは、その元になっているコレクショ

332

ンクラスの要素を順番に取得します。今、どの要素を見ているかを管理するために、Iteratorは要素位置を示すカーソルを内部に持っています。addやremoveの操作をおこなうと、Listのサイズや要素の位置が変更されてしまうので、カーソルで見ている先の要素を正しく取得できなくなってしまうのです。

　そのため、ArrayListなどのコレクションクラスは、そのような要素を変更する操作をおこなったあとの参照時に、ConcurrentModificationExceptionを発生させるしくみになっています。

(5) javax.xml.bind.Marshallerのmarshal

　JavaでXML→オブジェクトへの変換をおこなうのに比較的よく使われているのが、「Chapter 8 ファイル操作を極める」で解説したJAXBです。JAXBでXMLからJavaオブジェクトへの変換をおこなうためにはMarshallerと呼ばれるクラスを使用するのですが、Marshallerインスタンスの初期化にはコストがかかるため、できるだけそのライフサイクルを長くして性能を良くしたいと考えるかもしれません。

```java
public void doMarshal(Employee employee) throws IOException, JAXBException {
    FileOutputStream stream;
    try {
        // Marshaller のインスタンスを作成する
        JAXBContext ctx = JAXBContext.newInstance(Employee.class);
        Marshaller marshaller = ctx.createMarshaller();

        stream = new FileOutputStream("employee.xml");
        marshaller.marshal(employee, stream);
    } catch (JAXBException ex) {
        System.err.println(" マーシャルに失敗しました ");
    } finally {
        if (stream != null) {
            stream.close();
        }
    }
}
```

　そのような場合、あなただったらどうしますか？

　まず思いつくのは、Marshallerインスタンスを呼び出し側クラスの属性にして、一度初期化したらそのまま使いまわせるようにすることだと思います。

```java
// コンストラクタで生成した Marshaller
private Marshaller marshaller;

public MyMarshaller() {
    try {
        // ここで一度だけインスタンスを生成する
        JAXBContext ctx = JAXBContext.newInstance(Employee.class);
        marshaller = ctx.createMarshaller();
    } catch (JAXBException e) {
        System.err.println("Marshaller の作成に失敗しました ");
    }
```

333

```java
    }

    public void doMarshal(Employee employee) throws IOException, JAXBException {
        FileOutputStream stream = new FileOutputStream("employee.xml");
        marshaller.marshal(employee, stream);
    }
```

しかし、この実装のしかたは、Javaのバージョン／提供元によって、スレッドセーフかどうかが変わるので、注意が必要です。たとえば、HotSpot系のJava VMでは、同時にmarshalメソッドを実行すると、NullPointerExceptionが発生します。

(6) long (プリミティブ変数) への代入

プリミティブ型への代入ですが、じつはlongは複数スレッドから同時に値を代入するだけで、想定しない値になることがあります。これは、longが64bitであることに関係があります。32bitのJava VMの場合、64bitのlong型変数を上位32bitと下位32bitを別々に操作するため、操作が重複すると、結果が想定しない値になる場合があるのです。

たとえば、次のコードで確認してみましょう。このコードは、long変数の値に対して、2つのスレッドからひたすら1か-1を代入し続けるというものです。素直に考えると、それぞれの操作をおこなった結果は、1か-1にしかならないと思いますよね。

● IngrementLongSample.java

```java
public class IncrementLongSample {
    public static void main(String... args) {
        LongHolder holder = new LongHolder();
        Thread th1 = new Thread(new LongPlusSetter("thread-1", holder));
        Thread th2 = new Thread(new LongMinusSetter("thread-2", holder));
        th1.start();
        th2.start();

        try {
            th1.join();
            th2.join();
            long result = holder.getResult();
            System.out.println("result: " + result);
        } catch (InterruptedException e) {
            e.printStackTrace();
        }
    }
}
```

● LongHolder.java

```java
public class LongHolder {
    private long longNum = 0;
```

```java
    public long getResult() {
        return longNum;
    }

    public void setPlus() {
        longNum = 1;
        check(longNum);
    }

    public void setMinus() {
        longNum = -1;
        check(longNum);
    }

    public void check(long longNum) {
        if (longNum != 1 && longNum != -1) {
            throw new RuntimeException("longNum: " + longNum);
        }
    }
}
```

● LongPlusSetter.java

```java
public class LongPlusSetter implements Runnable {
    private String name;
    private LongHolder holder;

    public LongPlusSetter(String argName, LongHolder argHolder) {
        name = argName;
        holder = argHolder;
    }

    public void run() {
        System.out.println("[" + name + "] started.");
        for (int counter = 0; counter < 1000000; counter++) {
            holder.setPlus();
        }
    }
}
```

● LongMinusSetter

```java
public class LongMinusSetter implements Runnable {
    private String name;
    private LongHolder holder;

    public LongMinusSetter(String argName, LongHolder argHolder) {
        name = argName;
        holder = argHolder;
    }
```

```java
    public void run() {
        System.out.println("[" + name + "] started.");
        for (int counter = 0; counter < 1000000; counter++) {
            holder.setMinus();
        }
    }
}
```

　リストでは、1つのLongHolderインスタンスをLongPlusSetterインスタンスとLongMinusSetterインスタンスに持たせます。LongPlusSetterインスタンスとLongMinusSetterインスタンスが、それぞれ異なるスレッドで以下の処理をおこないます。

・LongPlusSetter　→　LongHolderのsetPlusメソッドを呼び出して、値に1を設定する

・LongMinusSetter　→　LongHolderのsetMinusメソッドを呼び出して、値を-1に設定する

　それぞれ、値の設定時にcheckメソッドが呼ばれ、値が1でも-1でもない場合はRuntimeExceptionをスローするようになっています。

　2つのスレッドがそれぞれ100万回ずつ処理をおこないますが、値が1か-1にしかならないならば、例外は発生しないはずです。

　しかし、このプログラムを実際に32bitのJava VMの上で実行してみると、次のように（プログラム中に記述している）例外が発生することがあります（毎回必ず発生するわけではないので、面倒ですが、何度か試してみてください）。

```
>"C:\Program Files (x86)\java\jdk1.7.0_71\bin\java" -showversion javabook.sample. ↲
thread.IncrementLongSample
java version "1.7.0_71"
Java(TM) SE Runtime Environment (build 1.7.0_71-b14)
Java HotSpot(TM) Client VM (build 24.71-b01, mixed mode, sharing)

[thread-1] started.
[thread-2] started.
Exception in thread "Thread-1" java.lang.RuntimeException: longNum: 4294967295
        at javabook.sample.thread.LongHolder.check(IncrementLongSample.java:42)
        at javabook.sample.thread.LongHolder.decrement(IncrementLongSample.java:37)
        at javabook.sample.thread.LongDecrementer.run(IncrementLongSample.java:79)
        at java.lang.Thread.run(Thread.java:745)
```

　「1つの変数に対する代入なのに、なぜ、複数スレッドから代入するだけで値がおかしくなるのか？」と思われるかもしれません。

　じつは、32bitJava VMの場合は、long（64bitフィールド）の値を代入する操作をアトミックにはおこなえないのです。つまり、1つのlong変数に対する「上位32bitの代入」と「下位32bitの代入」は、別々におこなわれます。

よって、値「1」の代入処理は

```
上位 32bit = 0x00000000
下位 32bit = 0x00000001
```

となり、値「-1」の代入処理は

```
上位 32bit = 0xffffffff
下位 32bit = 0xffffffff
```

となり、この組み合わせ次第で

```
longNum = 0x00000000_ffffffffL;   // 4294967295
```

や

```
longNum = 0xffffffff_00000001L;   // -4294967295
```

となる可能性があるわけです。

　このような例があるので、プログラムを作成する際には、使用するクラスがスレッドセーフかどうか、常に疑うべきなのです。
　スレッドセーフなプログラミングをする場合、どのようなことを考慮すればいいのでしょうか？　2つのポイントについて解説します。

11-2-2　ステートレスにする

　「クラス変数、インスタンス変数さえ持たなければ（＝ステートレスなら）、複数スレッドからアクセスされても問題が発生しない」

　これを実現できるのが、スレッドセーフなプログラムにする最もかんたんな方法です。クラス変数、インスタンス変数さえなければ、マルチスレッドに関する問題は起こりえませんから。
　実際には、どうしてもインスタンス変数を持たせなければならない場合も多いでしょう。しかし、このように普段からクラス変数やインスタンス変数を不必要に使わないように習慣づけておくことが、マルチスレッドで起こる問題を回避するためには重要です。
　では、どのようなケースで「不必要なインスタンス変数」を使わないようにできるでしょうか？

(1) 属性は処理するメソッドの引数に変更して、削除する

　「引数リストが長くなるから、Serviceクラスの属性にセットして処理を呼び出すようにしている」とい

うことがあると思いますが、クラスの属性として持たせると、その属性が複数スレッドから操作されることを考慮しなければならなくなります。引数として使うだけの情報であり、状態として保持する必要がない（処理の結果で書き換わることがない）属性は、処理するメソッドの引数に変更して、削除してしまいましょう。

● Before

```java
public class BadPractice {
    private Map<String, String> map = new HashMap<>();
    public void doSomething(String value) {
        map.put("foo", value);
        doInternal();
    }
    private void doInternal() {
        System.out.println(map.get("foo"))
    }
}
```

● After

```java
public class GoodPractice {
    public void doSomething(String value) {
        Map<String, String> map = new HashMap<>();
        map.put("foo", "bar");
        doInternal(map);
    }
    private void doInternal(Map<String, String> map) {
        System.out.println(map.get("foo"))
    }
}
```

(2) ロジックで処理した結果をインスタンス変数に保存し、アクセサメソッドを使って取得させる

これをおこなうのは、おもに次に示す2つのパターンがあります。

（a）ロジックで処理した結果の情報量が複数ある場合
　　→結果をまとめるオブジェクトを作って、呼び出し元に返す

（b）ロジックそのものが非同期処理になる（結果を遅延して取得する）場合
　　→コールバック処理を実装する
　　→Futureパターン（マルチスレッドにおけるデザインパターンの1つ）を使用する

コールバック処理を実装する例を見てみましょう。まず、コールバックを受けるインタフェースを定義します。

```java
public interface AsyncCallback {
    void notify(String message);
}
```

次に、このインタフェースを使用して、スレッドを実行するメインクラスを作成します。

```java
import java.util.concurrent.ExecutorService;
import java.util.concurrent.Executors;

public class CallbackSample {

    public static void main(String... args) {
        ExecutorService executor = Executors.newSingleThreadExecutor();
        AsyncProcess proc = new AsyncProcess(new AsyncCallback() {
            public void notify(String message) {
                System.out.println("callback message: " + message);
                executor.shutdown();
            }
        });
        executor.execute(proc);
        System.out.println("AsyncProcess is started.");
    }
}
```

最後は、実際の処理をおこなうスレッドです。このスレッドから、コールバックを呼び出します。

```java
public class AsyncProcess implements Runnable {
    private AsyncCallback callback;

    public AsyncProcess(AsyncCallback asyncCallback) {
        this.callback = asyncCallback;
    }

    public void run() {
        try {
            Thread.sleep(1000L);
            this.callback.notify("Finished.");
        } catch (InterruptedException ex) {
            ex.printStackTrace();
        }
        System.out.println("AsyncProcess is finished.");
    }
}
```

このプログラムを実行すると、開始メッセージが出てから1秒後にコールバック処理がおこなわれたことがわかります。

AsyncProcessスレッドの終了メッセージは、コールバック処理のメッセージのあとに表示されます。これは、コールバック処理がAsyncProcessスレッドの中でおこなわれているためです。このように、どのメソッドが、どのスレッド上で実行されるかを意識することも、マルチスレッドプログラミングをおこなう場合には重要です。

　さらに、Futureパターンを利用した場合の例も見てみましょう。

```java
import java.util.concurrent.Callable;
import java.util.concurrent.ExecutionException;
import java.util.concurrent.ExecutorService;
import java.util.concurrent.Executors;
import java.util.concurrent.Future;

public class FutureSample {
    public static void main(String... args) {
        ExecutorService executor = Executors.newSingleThreadExecutor();
        Future<String> future = executor.submit(new Callable<String>() {
            public String call() {
                try {
                    Thread.sleep(1000L);
                } catch (InterruptedException ex) {
                    // 例外処理
                    return "Execution is failed.";
                }
                return "Finished.";
            }
        });

        System.out.println("ExecutorService is started.");

        try {
            String message = future.get();
            System.out.println("ExecutorService is finished : message=" + message);
        } catch (InterruptedException | ExecutionException ex) {
            ex.printStackTrace();
        } finally {
            executor.shutdown();
        }
    }
}
```

　こちらも実行すると、ExecutorServiceの開始メッセージの1秒後に、終了メッセージが出ます。

　Futureオブジェクトは、ソースコード中10行目で取得していますが、取得した段階ではまだメッセージは処理スレッドから与えられていません。それでも、mainメソッドの処理は開始メッセージのあと、即座にFutureのgetメソッドを呼び出しています。Futureのgetメソッドは、Callable（無名クラス）の処理が終了するまで処理をブロックしてくれるので、終了したメッセージをちゃんと受け取ることができます。

340

なお、いずれの場合でも、結果として得られるオブジェクトはイミュータブルにして、複数スレッドからのアクセスに対して安全な状態にする必要があります。例では、説明をかんたんにするためにStringクラスを使いましたが、Stringクラスも立派なイミュータブルクラスです。

11-2-3 「メソッド単位」ではなく、必要最低限な「一連の処理」に対して同期化する

前述のとおり、HashMapオブジェクトをsynchronizedブロックで保護せずに使用すると、putメソッドの呼び出しで無限ループが発生してしまう場合があります。それならばということで、synchronizedブロックを使って保護しようとなるわけですが、保護する範囲をまちがえると別の問題が発生したり、そもそも問題が解決しなかったりします。

● **よくある間違い1　putメソッドの呼び出しだけをsynchronizedブロックで保護する**

```java
private Map<String, Integer> map = new HashMap<>();

// コンストラクタで map.put("COUNTER", 0) を実施

public void increment() {
    Integer counter = map.get("COUNTER");
    counter++;
    synchronized(this) {
        map.put("COUNTER", counter);
    }
}
```

● **よくある間違い2　ConcurrentHashMapクラスを使う**

```java
private Map<String, Integer> map = new ConcurrentHashMap<>();

// コンストラクタで map.put("COUNTER", 0) を実施

public void increment() {
    Integer counter = map.get("COUNTER");
    counter++;
    map.put("COUNTER", counter)
}
```

これらは、各メソッドの呼び出しを保護することはできますが、メソッドの呼び出しをつなげた、一連の「処理」を保護することはできません。

正しくは、次に示すように「一連の処理」をsynchronizedブロックで保護しなければなりません。

```java
private Map<String, Integer> map = new HashMap<>();

// コンストラクタで map.put("COUNTER", 0) を実施

public synchronized void increment() {
    Integer counter = map.get("COUNTER");
```

```
    counter ++;
    map.put("COUNTER", counter)
}
```

「では、実際のところ、synchronizedで同期化される範囲ってどこまでなの?」と思われたかもしれません。そこで、同期化される範囲について次に示します。

(1) 異なるクラスのsynchronizedメソッドは、同期しない

```
public class SomeProcessorA {
    public synchronized void doSync1() { /* 略 */ }
    public synchronized void doSync2() { /* 略 */ }
}

public class SomeProcessorB {
    public synchronized void doSync3() { /* 略 */ }
}
```

上記のコードのSomeProcessorAとSomeProcessorBは、別のクラスになるので、作られるインスタンスも別々になります。したがって、次のようにsynchronizedメソッドは同じクラス内のメソッド同士でだけ同期され、異なるクラスとは同期しません。

	doSync1	doSync2	doSync3
doSync1	同期	同期	非同期
doSync2	-	同期	非同期
doSync3	-	-	同期

● メソッド間の同期 (1)

(2) 同じロックオブジェクトに対する処理のみ同期される

```
public class SomeProcessor {
    Object lock = new Object();
    public synchronized void doSync1() { /* 略 */ }
    public synchronized void doSync2() { /* 略 */ }
    public void doSync3() {
        synchronized(this) {
            // 略
        }
    }
    public void doSync4() {
        synchronized(lock) {
            // 略
        }
    }
}
```

synchronizedメソッドと、synchronized(this)ブロックは同義です。

synchronizedは、オブジェクトを対象にロックを取得し、同じロックオブジェクトでsynchronizedをおこなっているメソッド（処理）同士で同期をおこなうことができます。doSync4メソッドだけはlockというほかと異なるロックオブジェクトを指定しているため、同期されません。

	doSync1	doSync2	doSync3	doSync4
doSync1	同期	同期	同期	非同期
doSync2	-	同期	同期	非同期
doSync3	-	-	同期	非同期
doSync4	-	-	-	同期

●メソッド間の同期（2）

(3) 同じクラスの同じメソッドでも、インスタンスが異なればロックはかからない

```java
public class SomeProcessor {
    public synchronized void doSync() {
        // 略
    }
}
public class SomeConsumer {
    public void doSync1() {
        SomeProcessor proc = new SomeProcessor();
        proc.doSync();
    }
    public void doSync2() {
        SomeProcessor proc = new SomeProcessor();
        proc.doSync();
    }
}
```

上記のコードでは、ロック対象のオブジェクト（インスタンス）を、doSync1メソッドとdoSync2メソッドでそれぞれ別々に初期化していますね。そのため、synchronizedでお互いをロックすることはできず、同じproc.doSyncメソッドを呼び出していますが、同期はされません。

さらに、doSync1メソッド同士、doSync2メソッド同士でも、呼び出しごとに異なるインスタンスを生成して処理をおこなっているため、同期されません。

	doSync1	doSync2
doSync1	非同期	非同期
doSync2	-	非同期

●メソッド間の同期（3）

(4) まったく同じ処理も、ロックオブジェクトのインスタンスが異なればロックはかからない

```java
public class SomeProcessor {
```

```java
    public void doSync() {
        Object lock = new Object();
        synchronized(lock) {
            // 略
        }
    }
}
```

　これは、（3）の処理をもっと簡潔に表現したものです。（3）のdoSync1メソッド同士、doSync2メソッド同士が同期されない理由がはっきりわかると思います。

	doSync
doSync	非同期

●メソッド間の同期 (4)

　これらを踏まえて、「メソッド実行の同期化」と「一連の処理の同期化」の違いを考えると、次のようになります。

- ・メソッド実行の同期化
  - →「スレッドセーフでない処理」を同時に呼び出すことを防ぐ
  - →「処理の呼び出し」箇所を同期化する

- ・一連の処理の同期化
  - →「自分が書いた、スレッドセーフでない処理」が同時に呼び出されることを防ぐ
  - →「自分の書いた一連の処理」を同期化する

　「だれが（何年後に）呼び出すかわからない」という考えを持って、スレッドセーフになるよう実装するべきです。
　一方で、スレッドセーフにするためにsynchronizedブロックで囲む範囲を広くとりすぎると、次の理由でスループットが低下します。

- ・synchronizedブロックで囲んだ範囲はシングルスレッドになるため、複数の処理を同時に実行できない
- ・多数のスレッドが待ち状態になることで、ロックの取り合いが発生し、処理速度が低下する

　広すぎるsynchronizedはスループットを低下させます。
　狭すぎるsynchronizedは問題を解決しません。
　リソースを保護するのに必要な範囲を見極めて、synchronizedブロックで囲むようにしましょう。

Chapter 12

デザインパターンをたしなむ

12-1 デザインパターンの基本 ──────────── 346

12-2 生成に関するパターン ──────────── 348

12-3 構造に関するパターン ──────────── 356

12-4 振る舞いに関するパターン ──────────── 363

12-1 デザインパターンの基本

12-1-1 デザインパターンとは

　私たちがプログラムを書く時、できあがるものは目的と開発者によって千差万別になります。しかし、そのパーツ単位で内容を見てみると、プログラムごとに似通った部分ができてきます。たとえば、「何かの状態が変わった時、それに反応するクラス群を作る」「ほかのチームが作った部品との橋渡しをするクラスを作る」「再帰的な構造をクラスで表現する」といったようなものです。

　そのような似通った目的に対して、クラス構造のベストプラクティスをパターンとしてまとめようという動きが生まれました。それがデザインパターンです。プログラムの世界にはさまざまなデザインパターンが存在しますが、中でも特に有名なのが、「GoFデザインパターン」です。GoF（ゴフ）とは"The Gang of Four"の略であり、エリック・ガンマ、リチャード・ヘルム、ラルフ・ジョンソン、ジョン・ブリシディースの4人を指しています。彼らは、オブジェクト指向プログラミングに役立つデザインパターンを持ち寄り、"Design Patterns : Elements of Reusable Object Oriented Software"というタイトルの本にまとめました。この本に紹介された23種類のデザインパターンは、GoFデザインパターンと呼ばれます。本章では、GoFデザインパターンの中から、現場のプログラミングで特に利用されることが多いものに絞って紹介します。

　23種類のパターンは、次の3つに分類されています。

- ・オブジェクトの「生成」に関するパターン
- ・プログラムの「構造」に関するパターン
- ・オブジェクトの「振る舞い」に関するパターン

　本書でも、分類ごとに節を分けて説明します。

　デザインパターンは、洗練されたクラス構造のパターン集であり、理解して正しく適用すれば、無駄なくわかりやすいクラス構成を作り出すことができます。ここでその構成を学び、活用してみてください。

12-1-2 デザインパターンを利用するメリットとは

　そもそも、なぜデザインパターンを利用するのでしょうか？

　デザインパターンを利用すると、何がうれしいのでしょう？

　具体的なデザインパターンの説明に入る前に、デザインパターンを利用することのメリットを確認しておきましょう。

(1) 再利用性が高い、柔軟な設計ができる

　プログラムをゼロから設計すると、出来栄えが設計者の直感や経験などに依存してしまいます。しかし、デザインパターンを導入することで、初心者でも先人たちが詰め込んだ「知恵」を利用した設計が可能となります。

(2) 意思疎通が容易になる

　デザインパターンを習得していない技術者に設計を説明する場合、「こんなクラスを作って、このクラスはこんな役割を持っていて……」と延々と説明しなければなりません。一方、デザインパターンを習得している技術者であれば、「○○パターンで作って」のひと言で済んでしまいます。デザインパターンを習得している技術者どうしであれば、設計について相談する時に、デザインパターンの名前で設計の概要の同意を得ることが可能になり、意思疎通がスムーズになります。

　もちろん、デザインパターンは、どんな場合にも適用できる魔法のツールではありません。しかし、デザインパターンを理解し、考え方を身につけておけば、自分が設計する場合にも応用でき、設計のレベルを高めてくれます。

　次節からは、具体的なデザインパターンについて見ていきましょう。

12-2 生成に関するパターン

まずは、オブジェクトの「生成」に関するデザインパターンを紹介します。

パターン名	概要
AbstractFactory	関連する一連のインスタンスを状況に応じて適切に生成する方法を提供する
Builder	複合化されたインスタンスの生成過程を隠ぺいする
Singleton	あるクラスについて、インスタンスが単一であることを保証する

● オブジェクトの生成に関するデザインパターン

12-2-1 AbstractFactoryパターン 〜関連する一連のインスタンス群をまとめて生成する

「設定ファイルに記載されたシステムの環境情報によって、利用するDBMSを切り替えて利用する」というように、条件に応じてシステムの振る舞いを変えるようなプログラムを考えてみましょう。DBMSとはDatabase Management System（データベース管理システム）の略で、まとまった情報（データベース）を管理するソフトウェアのことをいいます。代表的なソフトウェアとして、PostgreSQLやMySQLなどがあります。プログラムからこれらのソフトウェアに接続して（コネクションオブジェクトを生成して）データにアクセスしますが、アクセス方法は、ソフトウェアごとに少しずつ異なる部分があります。

DBMSごとに異なる部分を実装する方法として、「DBMSごとに別々のクラスを作って、処理を切り替える」というプログラムが頭に浮かぶと思います。しかし、コネクションを管理するクラスや設定を保持するクラスも、DBMSごとに切り替える必要があります。そう考えると、DBMSごとに関連したインスタンスをまとめて生成するしくみがあると便利でしょう。

これを実現するための手段が、AbstractFactoryパターンです。AbstractFactoryパターンは、インスタンスの生成を専門におこなうクラス（Factory）を用意することで、整合性を保つ必要のある関連する一連のインスタンス群をまちがいなく生成するためのパターンです。

AbstractFactoryパターンを用いた例を見てみましょう。

● Factory.java

```java
public interface Factory {
    Connection getConnection();

    Configuration getConfiguration();
}
```

● Connection.java

```java
public abstract class Connection {
    // 任意の処理
}
```

● Configuration.java

```java
public abstract class Configuration {
    // 任意の処理
}
```

● PostgreSQLFactory.java

```java
public class PostgreSQLFactory implements Factory {
    @Override
    public Connection getConnection() {
        return new PostgreSQLConnection();
    }

    @Override
    public Configuration getConfiguration() {
        return new PostgreSQLConfiguration();
    }
}
```

● PostgreSQLConnection.java

```java
public class PostgreSQLConnection extends Connection {
    // PostgreSQL のコネクション処理
}
```

● PostgreSQLConfiguration.java

```java
public class PostgreSQLConfiguration extends Configuration {
    // PostgreSQL の設定情報の読み込み処理
}
```

● MySQLFactory.java

```java
public class MySQLFactory implements Factory {
    @Override
    public Connection getConnection() {
        return new MySQLConnection();
    }

    @Override
    public Configuration getConfiguration() {
        return new MySQLConfiguration();
    }
}
```

● **MySQLConnection.java**

```java
public class MySQLConnection extends Connection {
    // MySQL のコネクション処理
}
```

● **MySQLConfiguration.java**

```java
public class MySQLConfiguration extends Configuration {
    // MySQL の設定情報の読み込み処理
}
```

● **SampleMain.java**

```java
public class SampleMain {
    public static void main(String... args) {
        String env = "PostgreSQL";

        Factory factory = createFactory(env);
        Connection connection = factory.getConnection();
        Configuration configuration = factory.getConfiguration();
    }

    private static Factory createFactory(String env) {
        switch (env) {
            case "PostgreSQL":
                return new PostgreSQLFactory();
            case "MySQL":
                return new MySQLFactory();
            default:
                throw new IllegalArgumentException(env);
        }
    }
}
```

　DBMSごとに、関連したクラスを生成するクラス（PostgreSQLFactory、MySQLFactory）を用意します。これらのクラスは、getConnectionメソッドとgetConfigurationメソッドを持つ、Factoryインタフェースを実装したものとします。

　PostgreSQLFactoryクラスのgetConnectionメソッド、MySQLFactoryクラスのgetConnectionメソッドに、それぞれのDBMSに対応したコネクションを生成する処理を実装します（ここでは、説明を簡潔にするため、メソッド内では何もおこないません）。各メソッドの戻り値は、共通の抽象クラスConnectionを継承したものとします。

　同様に、PostgreSQLFactoryクラスのgetConfigurationメソッド、MySQLFactoryクラスのgetConfigurationメソッドに、それぞれのDBMSに対応した設定情報を生成する処理を実装します。ここでも、各メソッドの戻り値は、共通の抽象クラスConfigurationを継承したものとします。

　このようにしておくと、システムの環境情報をもとに、対応したFactoryを生成すれば、個別のFactory内の実装内容を気にすることなく、コネクション情報（Connection）や設定情報

（Configuration）を取得することができます。

　AbstractFactoryパターンの一般的なクラス図を示します。先ほどの例に登場したクラスが、クラス図上で何に対応するか、確認してみてください。

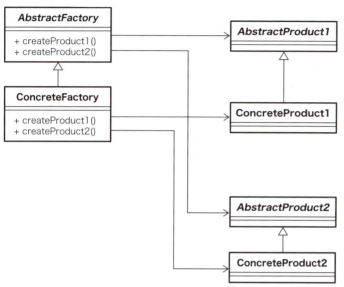

●AbstractFactoryパターンの一般的なクラス図

　AbstractFactoryパターンは、関連する一連のインスタンス群をまとめて生成する場合に威力を発揮します。現場のプログラムでは、フレームワークを作成する際に利用することが多いパターンです。環境や条件によって処理パターンを切り替えて実行するしくみを実現する際に、フレームワークの利用者が、具体的な処理の中身を意識することなく、透過的に呼び出すことができるのが利点です。

12-2-2　Builderパターン　～複合化されたインスタンスの生成過程を隠ぺいする

　インスタンスを生成するのに、複数の処理が必要となる場合を考えてみましょう。たとえば、プログラム上で複数の種別のドキュメントを生成するようなシステムがあるとします。このプログラムで生成するそれぞれのドキュメントの中身は、当然異なるものになります。

　しかし、どのドキュメントも「ヘッダとコンテンツとフッタ」という同じ構成で作られるとすれば、各ドキュメントを作る際に「ヘッダを作成する→コンテンツを作成する→フッタを作成する」という流れは共通になります。

　この、生成の流れを共通化するための手段が、Builderパターンです。Builderパターンとは、複雑な生成過程が必要となるインスタンスについて、その生成過程を隠ぺいすることにより、同じ過程で異なる内部形式のインスタンスを得るためのパターンです。

　Builderパターンを用いた例を見てみましょう。今回の場合、各ドキュメントを作る生成過程を定義したクラス（Builder）と、実際のドキュメントごとの生成処理を持つクラス（Director）を分けることによっ

て、ドキュメントごとに生成過程を用意さえすれば、生成処理自体は使い回すことができます。

● Builder.java

```java
public interface Builder {
    void createHeader();

    void createContents();

    void createFooter();

    Page getResult();
}
```

● Page.java

```java
public class Page {
    private String header;

    private String contents;

    private String footer;

    // setter / getter は省略

}
```

● TopPage.java

```java
public class TopPage extends Page {
    // 内容は Page と同じ
}
```

● Director.java

```java
public class Director {
    private Builder builder;

    public Director(Builder builder) {
        this.builder = builder;
    }

    public Page construct() {
        builder.createHeader();
        builder.createContents();
        builder.createFooter();

        return builder.getResult();
    }
}
```

352

●TopPageBuilder.java

```java
public class TopPageBuilder implements Builder {
    private TopPage page;

    public TopPageBuilder() {
        this.page = new TopPage();
    }

    @Override
    public void createHeader() {
        this.page.setHeader("Header");
    }

    @Override
    public void createContents() {
        this.page.setContents("Contents");
    }

    @Override
    public void createFooter() {
        this.page.setFooter("Footer");
    }

    @Override
    public Page getResult() {
        return this.page;
    }
}
```

●SampleMain.java

```java
public class SampleMain {
    public static void main(String... args) {
        Builder builder = new TopPageBuilder();
        Director director = new Director(builder);

        Page page = director.construct();
    }
}
```

　ドキュメントを作成する過程を表すクラス（Director）と、実際にドキュメント（Page）を作成する
クラス（Builder）の役割の違いに注目してください。上記の例では、ドキュメントのヘッダ、コンテンツ、
フッタを作成するための実際の処理を、TopPageBuilderクラスに実装しています（サンプルのため、
処理の中身はかんたんなものにしています）。

　そして、処理をドキュメントの作成過程に合わせて呼び出すのが、Directorクラスです。このような
作りにしておくと、別のページを作成することになった場合も、Builderインタフェースを実装したクラス
を生成しさえすればいいことがわかるでしょう。

Builderパターンの一般的なクラス図を示します。先ほどの例に登場したクラスが、クラス図上で何に対応するか、確認してみてください。

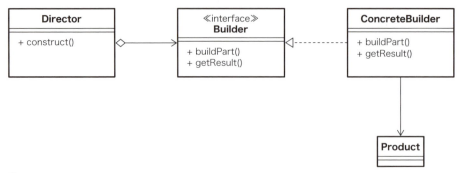

●Builderパターンの一般的なクラス図

　Builderパターンは、複雑な生成過程が必要となる複数のインスタンスを、同じ生成過程でいくつも生成する場合に利用できます。現場のプログラムでは、フレームワークを作成する際に利用することが多いパターンです。フレームワークの利用者が、生成処理の流れを意識する必要がなく、個別の処理のみに注目して実装をおこなうことができるのが利点です。

12-2-3　Singletonパターン　～あるクラスについて、インスタンスが単一であることを保証する

　システム全体で共通的に利用される設定情報をまとめて保持するクラスがあるとします。システム内で変更された設定内容も保持する必要がある場合、設定情報を保持したクラスが複数になってしまうと、整合性がとれなくなってしまいます。そこで、もしシステムで常に同一のインスタンスが参照されるようなクラスがあれば、目的を満たすことできるでしょう。

　これを実現するための手段が、Singletonパターンです。Singletonとは、直訳すると「トランプの1枚札」のことです。Singletonパターンは、あるクラスのインスタンスが唯一の存在であることを保証します。

　Singletonパターンを用いた例を見てみましょう。

●Configure.java

```java
public class Configure {
    private static Configure instance = new Configure();

    private Configure() {
        // 設定情報の読み込み処理
    }

    public static Configure getInstance() {
        return instance;
    }
}
```

```
        // 設定情報を変更する処理等
}
```

● **SampleMain.java**

```java
public class SampleMain {
    public static void main(String... args) {
        Configure configure = Configure.getInstance();
    }
}
```

　上記の例では、Configureクラスはコンストラクタがprivateになっていることから、インスタンスを新たに生成することができません。代わりに、ConfigureクラスのgetInstanceメソッドを用いて取得できる唯一のインスタンスを常に利用することになります。

　Singletonパターンの一般的なクラス図を示します。

Singleton
- singleton
- Singleton() + getInstance()

● **Singletonパターンの一般的なクラス図**

　Singletonパターンは、システム内で常に同一のインスタンスを使い回したい場合に利用できます。このパターンを応用すると、「システム内で常に2つのみのインスタンスしか存在しないクラスを作る」といったことも容易に実現できます。現場のプログラムでは、システム内で一意に情報を保持したい場合に用いるパターンです。

　ただし、Singletonパターンを利用する場合は、複数の処理が同時にインスタンスを操作しても整合性を損なうことがないよう、インスタンスへの多重アクセスを想定した排他処理をおこなうことを考慮する必要があります。

12-3 構造に関するパターン

次に、オブジェクトの「構造」に関するデザインパターンを紹介します。

パターン名	概要
Adapter	インタフェースに互換性のないクラスどうしを組み合わせる
Composite	再帰的な構造の取り扱いを容易にする

●オブジェクトの構造に関するデザインパターン

12-3-1　Adapterパターン　～インタフェースに互換性のないクラスどうしを組み合わせる

　既存のシステムを再利用して、新しいシステムに組み込む場合を考えてみましょう。既存のシステムの処理はそのまま使えそうなのですが、新しいシステムではこれまで利用していたメソッドとは異なるインタフェースを持つとします。この場合、既存のシステムに手を入れて修正するとなると、多大な変更を余儀なくされることがあります。

　この問題を解決するための手段が、Adapterパターンです。Adapterとは、日本語で「適合させる」という意味を持ちます。Adapterパターンでは、インタフェースに互換性のないクラスどうしを組み合わせることを目的とし、既存のシステムと新しいシステムのインタフェースの違いを吸収するAdapterを用意することで、少ない変更で既存のシステムを新しいシステムに適用できるようにします。

　Adapterパターンには、実装の方法によって、2つの方法があります。

- ・継承を利用する方法
- ・委譲を利用する方法

継承を利用する方法

　まずは、継承を利用する方法で実装した例を見てみましょう。

●OldSystem.java

```java
public class OldSystem {
    public void oldProcess() {
        // 既存処理
    }
}
```

● Target.java

```java
public interface Target {
    void process();
}
```

● Adapter.java

```java
public class Adapter extends OldSystem implements Target {
    @Override
    public void process() {
        oldProcess();
    }
}
```

● SampleMain.java

```java
public class SampleMain {
    public static void main(String... args) {
        Target target = new Adapter();
        target.process();
    }
}
```

　既存システム（OldSystem）クラスのoldProcessメソッドを新しいシステムから呼び出したいとします。新しいシステムではTargetインタフェースを実装したクラスを呼び出す作りになっている場合、新しいシステムから直接OldSystemクラスのoldProcessメソッドを呼び出すことはできません。そこで、Adapterクラスを用意します。

　Adapterクラスは、OldSystemクラスを継承し、さらにTargetインタフェースを実装したクラスです。上記のように、Adapterクラスのprocessメソッドが呼び出された場合、継承元であるOldSystemクラスのoldProcessメソッドを呼ぶようにすることで、処理自体は既存システムの内容をそのまま利用できるようになりました。

委譲を利用する方法

　では、次に委譲を利用した方法を見てみましょう。継承を利用した方法では、新しいシステムはTargetインタフェースを実装したクラスを呼び出す作りになっていました。もし、Targetがインタフェースではなく、抽象クラスとして宣言されていた場合を考えてみましょう。委譲を用いた方法と同様の作りをした場合、Adapterクラスは、OldSystemとTargetの2つのクラスを継承する必要が出てきてしまい、うまくいきません。あるいは、OldSystemクラスがfinalで宣言されているような場合も、AdapterクラスがOldSystemクラスを継承することができません。

　この問題は、委譲を利用するとうまく解決できます。委譲を利用した方法で実装した例を見てみましょう。

● OldSystem.java

```java
public class OldSystem {
    public void oldProcess() {
        // 既存処理
    }
}
```

● Target.java

```java
public abstract class Target {
    abstract void process();
}
```

● Adapter.java

```java
public class Adapter extends Target {
    private OldSystem oldSystem;

    public Adapter() {
        this.oldSystem = new OldSystem();
    }

    @Override
    public void process() {
        this.oldSystem.oldProcess();
    }
}
```

● SampleMain.java

```java
public class SampleMain {
    public static void main(String... args) {
        Target target = new Adapter();
        target.process();
    }
}
```

　今回の例では、Targetクラスが抽象クラスで宣言されているため、AdapterクラスはTargetクラスを継承したクラスとします。AdapterクラスがOldSystemクラスを内部に持つことで、processメソッドが呼び出された際に、OldSystemクラスに処理を委譲する形で利用しています。これにより、処理自体は既存システムの内容をそのまま利用できるようになりました。

　Adapterパターンの2つの方法について、一般的なクラス図を示します。先ほどの例に登場したクラスが、クラス図上で何に対応するか、確認してみてください。

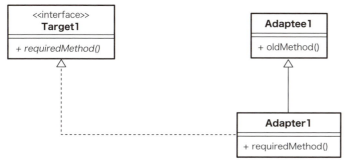
●継承を利用した方法

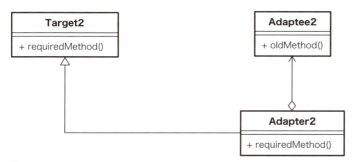
●委譲を利用した方法

　Adapterパターンは、利用したいインタフェースを強制的に変えたい場合に利用できます。現場のプログラムでは、例で見てきたように、すでに存在するクラスを変更することなく、別のインタフェースで呼び出す場合に利用することができます。あまり推奨されることではありませんが、フレームワークを利用している際に、「フレームワーク内部の処理を、どうしても別の方法で呼び出したい」といった場合にも利用できるでしょう。

12-3-2　Compositeパターン　〜再帰的な構造の取り扱いを容易にする

　ファイルシステムをプログラム上で表現する場合、どうすればいいでしょうか。
　一般的なファイルシステムでは、ディレクトリとファイルが存在し、フォルダが階層構造を持ち、ファイルはフォルダの中に入っています。ここで、あるフォルダ以下のファイルやディレクトリをすべて削除したい場合、対象がファイルかディレクトリかを意識せずに同じように処理できたほうが都合がいいでしょう。
　これを実現するための手段が、Compositeパターンです。Compositeパターンは、再帰的な構造の取り扱いを容易にするパターンで、ファイルシステムに適用するにはまさにピッタリであるといえます。
　Compositeパターンを用いた例を見てみましょう。

●Entry.java
```
public interface Entry {
```

```java
    void add(Entry entry);

    void remove();

    void rename(String name);
}
```

● File.java

```java
public class File implements Entry {

    private String name;

    public File(String name) {
        this.name = name;
    }

    @Override
    public void add(Entry entry) {
        throw new UnsupportedOperationException();
    }

    @Override
    public void remove() {
        System.out.println(this.name + " を削除しました。");
    }

    @Override
    public void rename(String name) {
        this.name = name;
    }
}
```

● Directory.java

```java
public class Directory implements Entry {
    private String name;

    private List<Entry> list;

    public Directory(String name) {
        this.name = name;
        this.list = new ArrayList<>();
    }

    @Override
    public void add(Entry entry) {
        list.add(entry);
    }

    @Override
```

```java
    public void remove() {
        Iterator<Entry> itr = list.iterator();

        while (itr.hasNext()) {
            Entry entry = itr.next();
            entry.remove();
        }

        System.out.println(this.name + "を削除しました。");
    }

    @Override
    public void rename(String name) {
        this.name = name;
    }
}
```

● SampleMain.java

```java
public class SampleMain {
    public static void main(String... args) {
        File file1 = new File("file1");
        File file2 = new File("file2");
        File file3 = new File("file3");
        File file4 = new File("file4");

        Directory dir1 = new Directory("dir1");
        dir1.add(file1);

        Directory dir2 = new Directory("dir2");
        dir2.add(file2);
        dir2.add(file3);

        dir1.add(dir2);

        dir1.add(file4);

        dir1.remove();
    }
}
```

　Compositeパターンでは、再帰的な構造を表すために、ディレクトリとファイルを同一視して扱います。同一視するために、共通のインタフェースEntryを用意し、ディレクトリ（Directory）とファイル（File）のそれぞれのクラスはEntryインタフェースを実装するようにします。

　Entryインタフェースでは、追加（add）、削除（remove）、改名（rename）をメソッドとして用意しました。Directoryクラス、Fileクラスでは、それぞれの処理が呼ばれた場合の動作を、個別に実装しています。

361

このようにすることで、Entryインタフェースを通じて、Directoryクラス、Fileクラスを同一視して扱うことができるようになりました。

たとえば、Directoryクラスのremoveメソッドを見てみましょう。Directoryの内部に保持しているEntryが、DirectoryクラスのインスタンスかFileクラスのインスタンスかを気にすることなく処理できているのがわかります。仮に、ファイルシステムとして別の要素、たとえばリンクなどを追加することになっても、DirectoryクラスやFileクラスには手を入れることなく、Entryインタフェースを実装したクラスを追加して、対応することができます。

Compositeパターンの一般的なクラス図を示します。先ほどの例に登場したクラスが、クラス図上で何に対応するか、確認してみてください。

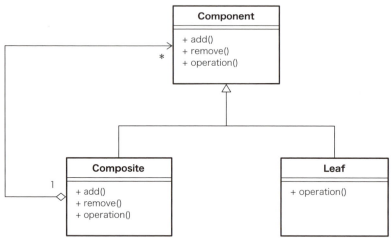

●Compositeパターンの一般的なクラス図

Compositeパターンを用いることで、再帰的な構造の記述が容易になり、メンテナンス性も向上させることができます。現場のプログラムでは、ツリー構造のデータを表現する際に利用します。使いどころは限られますが、まちがいなく効果的なパターンです。確実に利用できるようにしましょう。

12-4 振る舞いに関するパターン

最後に、オブジェクトの「振る舞い」に関するデザインパターンを紹介します。

パターン名	概要
Command	「命令」をインスタンスとして扱うことにより、処理の組み合わせなどを容易にする
Strategy	戦略をかんたんに切り替えられるしくみを提供する
Iterator	保有するインスタンスの各要素に順番にアクセスする方法を提供する
Observer	あるインスタンスの状態が変化した際に、そのインスタンス自身が状態の変化を通知するしくみを提供する

●オブジェクトの振る舞いに関するデザインパターン

12-4-1　Commandパターン　〜「命令」をインスタンスとして扱うことにより、処理の組み合わせなどを容易にする

　処理内容が似た命令をパターンに応じて使い分けたり、組み合わせたりして実行する処理が必要になることがあります。たとえば、販売サイトでの割引計算を考えてみましょう。商品の金額に割引率をかけるだけであれば単純なのですが、季節や商品の内容によって割引のパターンを変えて処理したり、割引した額にさらに割引をおこなう必要があったりします。

　これを実現するための手段が、Commandパターンです。Commandパターンとは、「命令」自体をインスタンスとして扱うことにより、処理の組み合わせなどを容易にするパターンです。上記の例をプログラムで実現する場合、Commandパターンを用いることによって、見通しがよくなります。Commandパターンを用いた例を見てみましょう。ここでは、書籍の販売をイメージしています。

●Command.java

```java
public abstract class Command {
    protected Book book;

    public void setBook(Book book) {
        this.book = book;
    }

    public abstract void execute();
}
```

●Book.java

```java
public class Book {
    private double amount;
```

```java
    public Book(double amount) {
        this.amount = amount;
    }

    public double getAmount() {
        return this.amount;
    }

    public void setAmount(double amount) {
        this.amount = amount;
    }
}
```

● DiscountCommand.java

```java
public class DiscountCommand extends Command {
    @Override
    public void execute() {
        double amount = book.getAmount();
        book.setAmount(amount * 0.9);
    }
}
```

● SpecialDiscountCommand.java

```java
public class SpecialDiscountCommand extends Command {
    @Override
    public void execute() {
        double amount = book.getAmount();
        book.setAmount(amount * 0.7);
    }
}
```

● SampleMain.java

```java
public class SampleMain {
    public static void main(String... args) {
        // 500 円のコミック
        Book comic = new Book(500);

        // 2500 円の技術書
        Book technicalBook = new Book(2500);


        // 割引価格計算用コマンド
        Command discountCommand = new DiscountCommand();

        // 特別割引価格計算用コマンド
        Command specialDiscountCommand = new SpecialDiscountCommand();
```

```
        // コミックに、割引を適用
        discountCommand.setBook(comic);
        discountCommand.execute();
        System.out.println("割引後金額は、" + comic.getAmount() + "円");

        // 技術書に、割引を適用
        discountCommand.setBook(technicalBook);
        discountCommand.execute();
        System.out.println("割引後金額は、" + technicalBook.getAmount() + "円");

        // 技術書に、さらに特別割引を適用
        specialDiscountCommand.setBook(technicalBook);
        specialDiscountCommand.execute();
        System.out.println("割引後金額は、" + technicalBook.getAmount() + "円");
    }
}
```

　割引処理を表すクラスに共通となるインタフェースを提供する抽象クラスとして、Commandクラスを用意しました。このCommandクラスを継承する形で、割引クラス（DiscountCommand）と、特別割引クラス（SpecialDiscountCommand）を作成しています。

　これらの割引処理を表すクラスに、書籍のインスタンスをセットし、executeメソッドを呼び出すことで、割引が適用されるようにしています。割引処理を表すCommandのインスタンスを使い回す形で、「複数の種類の書籍に割引を適用する」「割引後の書籍にさらに別の割引を適用する」といった処理が統一的におこなえていることがわかるでしょう。

　今回は単純な例ですが、季節や顧客のステータスといった外部的なパラメータによって割引パターンを変更したり、それぞれの割引計算がより複雑なものになっても、Commandを実装したクラスを追加するだけで、割引の適用方法は変わらないところに利点があります。

　Commandパターンの一般的なクラス図を示します。先ほどの例に登場したクラスが、クラス図上で何に対応するか、確認してみてください。

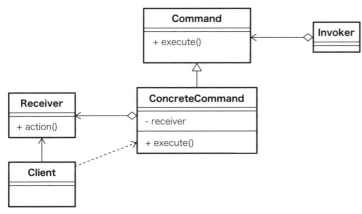

●Commandパターンの一般的なクラス図

Commandパターンを用いることで、処理内容のパターンが多岐にわたる場合や、組み合わせて処理をおこなう場合に、見通しの良いコードを書けるようになります。現場のプログラムでは、「Commandの共通インタフェースと、処理の呼び出しをフレームワーク側で実装し、フレームワークの利用者にCommandクラスを継承した具体的な処理パターンを実装してもらう」という使い方が多いでしょう。

12-4-2 Strategyパターン　～戦略をかんたんに切り替えられるしくみを提供する

Commandパターンの例で、販売サイトでの割引計算を取り上げました。季節や商品の内容によって複数の割引のパターンを使い分けたり、割引した額にさらに割引をおこなったりすることが必要がある場合に、Commandパターンは有効な方法でした。

これを実現するための手段が、もう1つあります。それが、Strategyパターンです。Strategyとは、「戦略」を意味します。戦略とは、かんたんにいうと処理アルゴリズムのことを指します。Commandパターンの例にあてはめると、「割引の計算」「特別割引の計算」が戦略に当たります。Strategyパターンは、処理アルゴリズムをかんたんに切り替えられるようにするパターンで、条件によって、処理のアルゴリズムだけを切り替えて実行したい場合に有効です。

Commandパターンでも利用した販売サイトでの割引計算を例に、Strategyパターンを用いた例を見てみましょう。

● Strategy.java

```java
public interface Strategy {
    void discount(Book book);
}
```

● Book.java

```java
public class Book {
    private double amount;

    public Book(double amount) {
        this.amount = amount;
    }

    public double getAmount() {
        return this.amount;
    }

    public void setAmount(double amount) {
        this.amount = amount;
    }
}
```

● DiscountStrategy.java

```java
public class DiscountStrategy implements Strategy {
```

```java
    @Override
    public void discount(Book book) {
        double amount = book.getAmount();
        book.setAmount(amount * 0.9);
    }
}
```

● **SpecialDiscountStrategy.java**

```java
public class SpecialDiscountStrategy implements Strategy {
    @Override
    public void discount(Book book) {
        double amount = book.getAmount();
        book.setAmount(amount * 0.7);
    }
}
```

● **Shop.java**

```java
public class Shop {
    private Strategy strategy;

    public Shop(Strategy strategy) {
        this.strategy = strategy;
    }

    public void setStrategy(Strategy strategy) {
        this.strategy = strategy;
    }

    public void sell(Book book) {
        this.strategy.discount(book);
    }
}
```

● **SampleMain.java**

```java
public class SampleMain {
    public static void main(String... args) {
        // 500円のコミック
        Book comic = new Book(500);

        // 2500円の技術書
        Book technicalBook = new Book(2500);


        // 割引価格計算用ストラテジー
        Strategy discountStrategy = new DiscountStrategy();

        // 特別割引価格計算用ストラテジー
        Strategy specialDiscountStrategy = new SpecialDiscountStrategy();
```

```
        // コミックに、割引を適用
        Shop shop = new Shop(discountStrategy);
        shop.sell(comic);
        System.out.println("割引後金額は、" + comic.getAmount() + "円");

        // 技術書に、特別割引を適用
        shop.setStrategy(specialDiscountStrategy);
        shop.sell(technicalBook);
        System.out.println("割引後金額は、" + technicalBook.getAmount() + "円");
    }
}
```

　複数の割引パターンをStrategyインタフェースとして実装したクラスとして用意し、実行時にStrategyを切り替えることで、計算アルゴリズムを変更していることがわかると思います。

　Commandパターンと似ているように見えるかもしれません。Commandパターンが「命令」そのものをオブジェクト化し、処理対象を内部に保持しているのに対して、Strategyパターンは「アルゴリズム」をオブジェクト化しているところが違いになります。Commandパターンの例では存在しなかったShopクラスが存在するのも、Strategyを利用するクラスが必要となるからです。

　Strategyパターンの一般的なクラス図を示します。先ほどの例に登場したクラスが、クラス図上で何に対応するか、確認してみてください。

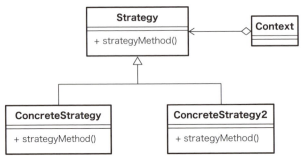

●Strategyパターンの一般的なクラス図

　Strategyパターンを用いることで、複数のアルゴリズムを切り替えて利用する場合に、見通しの良いコードを書くことができるようになります。

　現場では、Strategyインタフェースを実装したアルゴリズムを、パラメータや条件に応じて切り替えて利用することで、処理内容そのものを意識せずに実装できる利点があります。

12-4-3　Iteratorパターン　～保有するインスタンスの各要素に順番にアクセスする方法を提供する

　複数のインスタンスを保有する場合に、各要素に順番にアクセスして処理を実行したいときは、どのように実装すればいいでしょうか。

Javaであれば、for文やfor-each文を用いることでかんたんに実現できますが、実際にfor-each文の中ではどのような処理がおこなわれているか、考えたことがあるでしょうか。

じつは、Javaでfor-each文を実現するために、Iteratorパターンが利用されています。iteratorは「Chapter 4　配列とコレクションを極める」で解説したコレクションでも出てきますが、日本語では「反復子」を意味し、「繰り返しをおこなうもの」を表します。Iteratorパターンは、その名のとおり、複数のインスタンスを保有する場合に、各要素に順番にアクセスする方法を提供するパターンです。

Iteratorパターンは、Javaのコレクション API内で利用されています。複数のインスタンスを保有する場合、普通はJavaのコレクションAPIを利用するため、自分でIteratorパターンを実装することは少ないでしょう。そこで、今回は、Java SE 7のソースコードから、Iteratorパターンを実装している箇所を紹介し、利用例を示します。

● Iterable.java

```java
public interface Iterable<T> {
    Iterator<T> iterator();
}
```

● Iterator.java

```java
public interface Iterator<E> {
    boolean hasNext();

    E next();

    void remove();
}
```

● Collection.java

```java
public interface Collection<E> extends Iterable<E> {
    // 略
}
```

● SampleMain.java

```java
public class SampleMain {
    List<String> list = new ArrayList<>();
    list.add("string1");
    list.add("string2");
    list.add("string3");

    Iterator<String> itr = list.iterator();

    while (itr.hasNext()) {
        String str = itr.next();
        System.out.println(str);
    }
}
```

紙面の都合上、ソースコード中のコメント文や、Iteratorパターンに直接関係しない箇所は割愛しました。

上記のクラスのうち、各要素を走査するためのインタフェースがIteratorです。

コレクションAPIの基点となるCollectionインタフェースは、Iterableインタフェースを継承しています。Collectionインタフェースを実装するクラス（ArrayListクラスや、HashSetクラスなど）は、すべてIteratorインタフェースの実装クラスを保持しており、iteratorメソッドを通じて、Iteratorインタフェースを実装したクラスにアクセスすることができます。つまり、JavaのコレクションAPIはすべて、各要素を走査するためのしくみを持っているわけです。

これを利用して、Listの中身をすべて出力する処理を実装したのがSampleMainクラスです。ListのIteratorを取得し、各要素に順番に出力しています。これがもし、Listではなく、HashSetを利用していたとしても、処理はまったく変わりません。コレクションAPIのクラスは、すべてIteratorが実装されていることが保証されているため、実際の処理内容を意識することなく、同一の方法で各要素を処理することができるわけです。

Iteratorパターンの一般的なクラス図を示します。

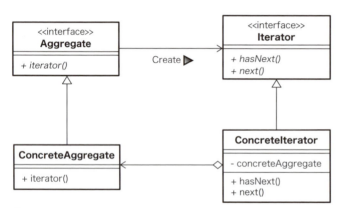

●Iteratorパターンの一般的なクラス図

Iteratorパターンを用いることで、各要素に順番に走査しながら処理をすることができます。現場で実装することはほとんどありませんが、設計の考え方は理解しておきましょう。

12-4-4　Observerパターン　～あるインスタンスの状態が変化した際に、そのインスタンス自身が状態の変化を通知するしくみを提供する

定期的に、もしくは何らかの契機で、状態が変わるインスタンスがあるとします。たとえば、「ほかのシステムからデータを受信した」「ユーザーがボタンを押した」などが状態変化の契機にあたります。このインスタンスの状態が変わったことを検知して、処理をおこなうようなプログラムを作成するには、どうすればいいでしょうか。

状態が変わった際は、必要な処理を呼び出すようにすればいいのですが、単純に実装しようとすると、状態を保持するクラスと呼び出されるクラスが密な関係を持ってしまい、拡張性に乏しいプログラムになってしまいます。状態が変わった際に呼び出されるクラスを増減させたり、状態の変化が発生したりす

るクラスが増減した場合に、大きな変更が必要になってしまうでしょう。

　この問題を解決するための手段が、Observerパターンです。Observerとは、「観察者」を意味します。Observerパターンはその名のとおり、あるインスタンスの状態が変化したことを観察し、そのインスタンス自身が状態の変化を通知するしくみを提供するパターンです。

　Observerパターンを用いた例を見てみましょう。

● Observer.java

```java
public interface Observer {
    void update(Subject subject);
}
```

● Subject.java

```java
public abstract class Subject {
    private List<Observer> observers = new ArrayList<>();

    public void addObserver(Observer observer) {
        this.observers.add(observer);
    }

    public void notifyObservers() {
        for (Observer observer : observers) {
            observer.update(this);
        }
    }

    public abstract void execute();
}
```

● Client.java

```java
public class Client implements Observer {
    @Override
    public void update(Subject subject) {
        System.out.println(" 通知を受信しました。");
    }
}
```

● DataChanger.java

```java
public class DataChanger extends Subject {
    private int status;

    @Override
    public void execute() {
        status++;
        System.out.println(" ステータスが " + status + " に変わりました。");
        notifyObservers();
    }
}
```

371

●SampleMain.java

```java
public class SampleMain {
    public static void main(String... args) {
        Observer observer = new Client();
        Subject dataChanger = new DataChanger();

        dataChanger.addObserver(observer);
        for (int count = 0; count < 10; count++){
            dataChanger.execute();

            try {
                Thread.sleep(500);
            } catch (InterruptedException e) {
                e.printStackTrace();
            }
        }
    }
}
```

　Observerパターンでは、重要な役割を持つクラスが2つ存在します。ObserverとSubjectです。それぞれ、次の役割を持ちます。

・Observerクラス　→　状態の変更を「監視」する
・Subjectクラス　　→　状態の変更を「通知」する

　Subjectは、通知先のObserverを保持し、notifyObserverメソッドが呼ばれると、Observerに通知（updateメソッドの呼び出し）をおこないます。情報を「通知」するしくみがObserverインタフェースとSubject抽象クラスで用意されており、実際の処理はそれぞれを実装、継承したクラスでおこなうところがポイントです。
　上記の例では、DataChangerクラスがClientクラスに状態の変更を「通知」する例になっていますが、ObserverやSubjectを実装／継承したクラスを増やすことによって、通知元／通知先を容易に増減できることがわかるでしょう。
　Observerパターンの一般的なクラス図を示します。先ほどの例に登場したクラスが、クラス図上で何に対応するか、確認してみてください。

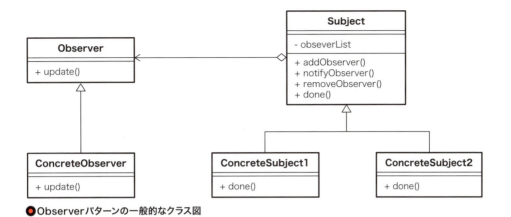
●Observerパターンの一般的なクラス図

　Observerパターンを用いることで、インスタンスの状態の変更に応じて、直接呼び出し関係を持たないクラスに「通知」をおこない、処理を呼び出すことが可能になります。Java APIのjava.util.EventListenerも、Observerパターンを用いて実装されているため、意識せずに利用していることも多いでしょう。現場では、「ユーザーの操作によって値が変更されたことを契機に、何らかの処理を呼び出すことで、表示とバックグラウンドの処理を別々の実装者が担当する」といった切り分けをおこないやすくすることができます。

　本章では、デザインパターンの中でも、現場で実際によく使われるパターン、知っておいたほうがいいパターンに絞って紹介しました。デザインパターンは、Javaに限らず、オブジェクト指向言語全般に応用できるテクニックです。一度身につければ、無駄がなく品質の高い設計をおこなうための参考にすることができるでしょう。ほかのパターンについても、ぜひ調べてみてください。

373

Chapter 13

周辺ツールで品質を上げる

13-1　Mavenでビルドする ──────────────────── 376

13-2　Javadocでドキュメンテーションコメントを記述する ────── 383

13-3　Checkstyleでフォーマットチェックをする ────────── 391

13-4　FindBugsでバグをチェックする ──────────────── 395

13-5　JUnitでテストをする ───────────────────── 398

13-6　Jenkinsで品質レポートを作成する ───────────── 403

13-1 Mavenでビルドする

13-1-1　ビルドとは

　いざ開発が完了して、ほかの人にも自分のプログラムを使ってもらう段階になったら、一般的には「ビルド」と呼ばれる作業が必要になります。ビルドとは、ソースコードをコンパイルなどして最終的な実行ファイルを作成する作業です。Javaでいえば、Javaファイルをコンパイルし、適切な単位でJARファイルにまとめ、場合によっては起動用のスクリプトや設定ファイルを付与し、ほかのマシンで動作可能なファイルのセットを作成する作業です。

　これらの作業は、じつはJDKに入っているコマンドなどを利用すればだれでも実施できる内容です。しかし、これを作業者が何かの手順書をもとに、各々で実施することを想像してみてください。時間の無駄ですし、そもそもちょっとした手順ミスで動作しないファイルができてしまいます。

　このような問題を解決するために、ビルド（自動化）ツールと呼ばれるタイプのソフトウェアがあります。ビルドツールは、「ビルドスクリプト」と呼ばれるビルド手順の書かれたファイルを読み込みつつ、対象となるファイル群を手順どおりにまとめて成果物を作り出すツールです。同じツールと同じビルドスクリプトを使えば、だれでも、同じ内容のビルド成果物を、短時間で得ることができます。ただし、ビルドするマシンに入っているJDKのバージョンが同じであるなど、「ビルド環境」がそろっている必要はあります。

　最近の開発では、ビルド時に、後述するCheckstyleやFindBugsによるコードのチェック、JUnitによる自動試験などもあわせておこない、ビルド対象がビルドするのにふさわしい品質なのか確認することも一般的になっています。そのようなチェック処理をビルドスクリプトに記述しておき、ビルドツールから実行するのです。

　また、これらのビルド処理自体を、こちらも後述するJenkinsなどのCI（継続的インテグレーション）ツールで自動実施し、定期的に適切なビルドができるのか確認することも一般的になっています。Jenkinsで、ビルドした成果物を試験環境に投入する（デプロイといいます）ところまで自動でやっているところも多くなりました。IDEのみでもビルドをおこなえますが、ドキュメント生成やテストの実行などを自動でおこなうためには、IDEに依存しないビルドツールを使う必要があります。

　ビルド自動化ツールの歴史は長く、言語ごとにさまざまなツールが世に送り出されてきましたが、Java関連では次に示すようなツールが有名です。

ツール名	内容
Ant	XMLに記述したビルド設定に従い、コンパイルや依存関係の解決をおこなうツール。現在では、MavenやGradleに取って代わられた
Maven	XMLにビルド設定を記述するところはAntと同じだが、ライブラリの依存関係をルールに基づいてネットワークから取得し、解決する特徴を持つ、Javaベースのツール
Gradle	Groovy（Java VM上で動作するスクリプト言語）で記述し、AntやMavenの特徴を取り入れてできた、後発のビルドツール。Androidの統合開発環境であるAndroid Studioにビルドツールとして採用されている

● Java関連の代表的な3つのツール

　上の表ではビルドツールを上から古い順に並べましたが、本書では技術が枯れており情報が多く、使われているところも多いMavenでの自動ビルド方法について紹介します。

13-1-2　Mavenの基本的な利用方法

　Mavenのインストール方法について説明します。まずは、Mavenプロジェクトのダウンロードページからダウンロードしてきましょう。

https://maven.apache.org/download.cgi

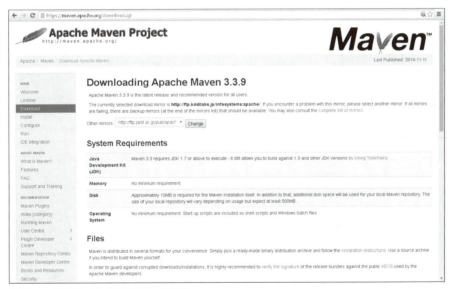

● Mavenプロジェクトのダウンロード画面

　次に、環境変数を設定します。Windowsであればシステムの環境変数設定画面から、Linuxであればbash_profileへ設定するといいでしょう。

環境変数名	設定値
M2_HOME	\<mavenを展開したディレクトリ\> たとえばC:\tool直下に展開した場合は、C:\tool\apache-maven-3.3.9
Path	\<もとからあったPath定義\>;%M2_HOME%\bin

●設定する環境変数例

●システム変数の編集ダイアログ（M2_HOME変数）

●システム変数の編集ダイアログ（Path変数）

コマンドプロンプト／ターミナルを開き、mvn -versionとコマンドを打ってMavenのversionが出力されれば、設定は完了です。

次に、Mavenのビルド対象となるプロジェクトの基本構成を見てみましょう。

実際のファイルは以下にあるので、参考にしてください。

https://github.com/acroquest/javabook-maven-example

```
javabook-maven-example
├── pom.xml
└── src
    ├── main
    │   ├── java
    │   │   └── jp
    │   │       └── co
    │   │           └── acroquest
    │   │               └── javabook
    │   │                   └── maven
    │   │                       └── App.java
    │   └── resources
    │       └── book.properties
    └── test
        ├── java
        │   └── jp
        │       └── co
        │           └── acroquest
        │               └── javabook
        │                   └── maven
        │                       └── AppTest.java
        └── resources
            └── book.properties
```

●対象プロジェクトの基本構成

プロジェクトの top に Maven の設定用ファイル「pom.xml」があり、src/main にプログラム本体を、src/test にテストコードを配置します。pom.xml は、Maven におけるビルド設定を記載する XML ファイルです。

● pom.xml サンプル

```
<project xmlns="http://maven.apache.org/POM/4.0.0" xmlns:xsi="http://www.w3.org/2001/↴
XMLSchema-instance"
  xsi:schemaLocation="http://maven.apache.org/POM/4.0.0 http://maven.apache.org/↴
maven-v4_0_0.xsd">
  <modelVersion>4.0.0</modelVersion>
  <groupId>jp.co.acroquest.javabook</groupId>
  <artifactId>javabook-maven-example</artifactId>
  <packaging>jar</packaging>
  <version>1.0-SNAPSHOT</version>
  <name>javabook-maven-example</name>
  <url>https://github.com/acroquest/javabook-maven-example</url>
  <properties>
      <project.build.sourceEncoding>UTF-8</project.build.sourceEncoding>
      <project.reporting.outputEncoding>UTF-8</project.reporting.outputEncoding>
      <maven.compiler.source>1.8</maven.compiler.source>
      <maven.compiler.target>1.8</maven.compiler.target>
  </properties>
  <dependencies>
    <dependency>
      <groupId>junit</groupId>
      <artifactId>junit</artifactId>
      <version>4.12</version>
      <scope>test</scope>
    </dependency>
  </dependencies>
</project>
```

基本的な要素について、表で説明します。

要素名	設定値
groupId	プロジェクトの識別子。プロジェクトの Root パッケージ名を使うのが一般的
artifactId	出力する成果物の名称に使われる ID
dependencies	依存するライブラリを、子の <dependency> 要素で列挙する
modelVersion	4.0.0固定
packaging	ビルドの成果物の形式。JAR ファイルを生成する場合は jar を指定する
version	ビルド対象のアプリケーションのバージョン

● pom.xml の基本要素

Maven の特徴的な機能として、「依存性解決」があります。

上のディレクトリツリーに書いたような Maven のプロジェクトで、置いてあるソースコードだけでビルドができれば問題ないのですが、実際にはいろいろなライブラリを使って機能を開発することがほとんど

です。たとえば、上に書いたプロジェクトでテストコード（AppTest.java）を実行する場合には、後述するJUnitを使います。

　ここで、ビルドツールを使わない場合、JUnitをインターネットで検索してダウンロードし、ライブラリを置くディレクトリに展開して、中にあるJARファイルをすべてクラスパスに追加してビルドをおこなうことになります。このように、Javaでビルドをしようとしたときに、自分が作っているプログラムから使用しているライブラリ（依存ライブラリ）を含めて、必要なJARファイルをダウンロードしてビルドできるようにするのは大変なことです。

　そこでMavenは、pom.xmlに自分のプログラムが使う依存ライブラリを記述しておくと、それらのライブラリから依存しているライブラリを自動的に解決して、ビルドができるようにしてくれます。これが「依存性解決」です。

　Mavenのpom.xmlでは、先ほど示した<dependencies>要素の中に、依存するライブラリを1つずつ<dependency>要素として記述します。たとえば、JUnitの場合は、上のサンプルのように「JUnitを使う」と書くだけで、そのほかの必要なライブラリをすべてMavenが依存解決し、Mavenのリポジトリ（ライブラリが登録されている場所）からダウンロードしてくれます。

　このpom.xmlのあるディレクトリでmvnコマンドを実行することにより、ビルドがおこなわれます。代表的なコマンドである、package、install、cleanの使い方を見てみましょう。

(1) mvn package

　targetディレクトリ内に成果物ファイルを作成します。実行すると、次のようになります。

```
> mvn package
[INFO] Scanning for projects...
[INFO]
[INFO] ------------------------------------------------------------------------
[INFO] Building javabook-maven-example 1.0-SNAPSHOT
[INFO] ------------------------------------------------------------------------
[INFO]
[INFO] --- maven-resources-plugin:2.6:resources (default-resources) @ javabook-maven-
example ---
...
[INFO] ------------------------------------------------------------------------
[INFO] BUILD SUCCESS
[INFO] ------------------------------------------------------------------------
[INFO] Total time: 1.753 s
[INFO] Finished at: 2017-02-10T21:03:33+09:00
[INFO] Final Memory: 11M/220M
[INFO] ------------------------------------------------------------------------
```

　「BUILD SUCCESSFUL」という表示が出れば、ビルドが成功しています。targetディレクトリ内を見ると、java-book-1.0-SNAPSHOT.jarファイルが生成されていることが確認できます。

(2) mvn install

　作成した成果物をローカルリポジトリにインストールし、ローカルの別プロジェクトから参照できるようにします。

```
> mvn install
[INFO] Scanning for projects...
[INFO]
[INFO] ------------------------------------------------------------------------
[INFO] Building javabook-maven-example 1.0-SNAPSHOT
[INFO] ------------------------------------------------------------------------
[INFO]
[INFO] --- maven-resources-plugin:2.6:resources (default-resources) @ javabook-maven-
example ---
...
[INFO] ------------------------------------------------------------------------
[INFO] BUILD SUCCESS
[INFO] ------------------------------------------------------------------------
[INFO] Total time: 1.753 s
[INFO] Finished at: 2017-02-10T21:03:33+09:00
[INFO] Final Memory: 11M/220M
[INFO] ------------------------------------------------------------------------
```

(3) mvn clean

　targetディレクトリを削除します。ビルド時に、前回ビルドした結果が今回のビルドに影響してしまう可能性があるため、ビルド前にcleanしておくほうがいいでしょう。

　なお、「mvn clean package」を実行することで、cleanとpackageを連続して実行することができます。

```
> mvn clean
[INFO] Scanning for projects...
[INFO]
[INFO] ------------------------------------------------------------------------
[INFO] Building javabook-maven-example 1.0-SNAPSHOT
[INFO] ------------------------------------------------------------------------
[INFO]
[INFO] --- maven-clean-plugin:2.5:clean (default-clean) @ javabook-maven-example ---
...
[INFO] ------------------------------------------------------------------------
[INFO] BUILD SUCCESS
[INFO] ------------------------------------------------------------------------
[INFO] Total time: 1.753 s
[INFO] Finished at: 2017-02-10T21:03:33+09:00
[INFO] Final Memory: 11M/220M
[INFO] ------------------------------------------------------------------------
```

13-1-3 Mavenにプラグインを導入する

Mavenには豊富なプラグインが用意されており、後述するCheckstyleやFindBugsなどもプラグインとしてビルドに組み込むことができます。ここではpom.xmlへの組み込み方について説明します。<plugin>要素内に指定する内容は、プラグインごとにサンプルが用意されていることが多いので、参考にするといいでしょう。

```xml
<?xml version="1.0" encoding="UTF-8"?>
<project xmlns="http://maven.apache.org/POM/4.0.0"
    xmlns:xsi="http://www.w3.org/2001/XMLSchema-instance"
    xsi:schemaLocation="http://maven.apache.org/POM/4.0.0
        http://maven.apache.org/maven-v4_0_0.xsd">
  <groupId>jp.co.acroquest.javabook</groupId>
  <artifactId>javabook-maven-example</artifactId>
…
  <dependencies>
…
  </dependencies>

  <build>
    <plugins>
      <plugin>
…
      </plugin>
      <plugin>
…
      </plugin>
    </plugins>
  </build>
  <reporting>
    <plugins>
      <plugin>
…
      </plugin>
      <plugin>
…
      </plugin>
    </plugins>
  </reporting>

</project>
```

<project><build><plugins> 配下にはビルド時に組み込むプラグインを、<project><reporting><plugins> にはレポート生成時に組み込むプラグインを列挙します。

指定したプラグインやライブラリがローカルにない場合は、groupIdとartifactIdをもとに、ネットワーク上からMavenが取得して、依存性を解決します。

プラグインを指定する具体的な書き方は、次節以降を参照してください。

13-2 Javadocでドキュメンテーションコメントを記述する

13-2-1　なぜJavadocコメントを書いておくのか

　たいていの場合、アプリケーションやライブラリの開発には複数のプログラマが関わることになりますが、そのときにクラスやメソッドについての説明をプログラム上に残しておくのは、ほかのプログラマに対しての重要なマナーとなります。コメントの形式をそろえておけば、書く内容の過不足も減り、理解もスムーズになります。

　Javaのクラスやメソッドに記述したコメントから、HTML形式のAPIドキュメントを生成するツールがJavadocです。そして、そのJavadocが解釈できるように、ソースコードにはJavadoc形式のドキュメンテーションコメントを記述します。以下、本書では簡易的に「Javadocコメント」と表現します。

　まずは、記述例を見てみましょう。

```java
/**
 * 社員情報の登録／変更／削除をおこなう業務ロジッククラス
 *
 * @author S. Tanimoto
 * @version 2.1
 * @since 1.0
 */
public class EmployeeService {

    /** 社員情報にアクセスするための Dao */
    private EmployeeDao employeeDao;

    /**
     * 社員情報を更新する
     *
     * @param employeeId 更新対象の社員 ID
     * @param employeeName 更新後の社員名
     * @return 更新した件数
     * @throws SQLException 更新時にエラーが発生した場合
     */
    public int updateEmployee(int employeeId, String employeeName) throws SQLException {
        Employee employee = new Employee();
        employee.setEmployeeId(employeeId);
        employee.setEmployeeName(employeeName);
        return this.employeeDao.update(employee);
    }
    (後略)
```

通常のコメントは単一行コメントは「//」、複数行コメントは「/*」で開始するのに対し、Javadocコメントは「/**」で開始します。また、タグ（@paramなど）でメタ情報を記述します。

Javadocコメントを書いておくと、次のようなメリットがあります。コードを記述したら、合わせてJavadocコメントも記述するのがいいでしょう。

- Eclipseなどの IDE で、メソッドにマウスカーソルを合わせるだけで、ツールチップでメソッドのJavadocが表示されるため、開発効率が向上する
- javadocコマンド1つでAPIドキュメント（各クラス、各メソッドの説明をHTMLファイルに出力したもの）を作成できる

13-2-2　Javadocの基本的な記述方法

Javadocコメントは、おもに以下の3つの箇所に記述します。

箇所	説明
クラス	クラスがどのような役割を持つのか（データを持つだけなのか、通信をおこなうか、何かのロジックを持つか）を記述する。バージョンや作成者などの情報も記述する
フィールド	そのフィールドが、属するクラスにおいてどんな意味のあるデータを保持するのかを記述する
メソッド	メソッドの入出力を記述する。どのような引数に対して、どのような戻り値を返すか、またはどのような外部処理をするのかを記述する。また、発生する例外についての説明も記述する

●Javadocコメントを記述する箇所と内容

それぞれ、宣言の手前にコメントを記述します。この際、コメントの開始記号は「/**」にします。

● クラスコメント

```
/**
 * 社員情報の登録／変更／削除をおこなう業務ロジッククラス
 */
public class EmployeeService {
```

● フィールドコメント

```
    /** 社員情報にアクセスするための Dao */
    private EmployeeDao employeeDao;
```

● メソッドコメント

```
    /**
     * 社員情報を更新する
     */
    public int updateEmployee(int employeeId, String employeeName) throws SQLException {
```

これだけで、Javadocコメントを記述したことになります。EclipseなどのIDEでは、Javadocコメントを記述したメソッドなどにマウスカーソルを合わせると、記述したJavadocコメントが表示されること

が確認できます。

しかし、これだけではJavadocの魅力を生かしきれていません。Javadocコメントには、次のようなタグを記述することで、対象のクラスやフィールド、メソッドの詳細情報を、構造化された状態で記述することができます。使用できるおもなタグを次に示します。

タグ	説明
@author 名前	クラスやメソッドの作成者を記述する。複数の@authorを記述することで、複数の作成者を表すこともできる
@deprecated 説明	廃止されたクラスやフィールド、メソッドであることを示す
@param 変数名 説明	メソッドの引数やジェネリクスの型についての説明を記述する
@return 説明	メソッドの戻り値についての説明を記述する
@since バージョン	クラスやメソッドが作成されたバージョンを記述する
@throws 例外クラス 説明	メソッドでスローされる例外についての説明を記述する
@version バージョン	クラスやメソッドの現在のバージョンを記述する

●Javadocで使用できるおもなタグ

これらのタグを使用すると、次に示すようなJavadocコメントを記述することができます。

● クラスコメント

```
/**
 * 社員情報の登録／変更／削除を行う業務ロジッククラス
 *
 * @author S. Tanimoto
 * @version 2.1
 * @since 1.0
 */
public class EmployeeService {
```

● メソッドコメント

```
    /**
     * 社員情報を更新する
     *
     * @param employeeId 更新対象の社員 ID
     * @param employeeName 更新後の社員名
     * @return 更新した件数
     * @throws SQLException 更新時にエラーが発生した場合
     */
    public int updateEmployee(int employeeId, String employeeName) throws SQLException {
```

このように記述することで、Eclipseでは次のようにわかりやすくフォーマットされて説明が表示されるようになります。

```
  ● int EmployeeService.updateEmployee(int employeeId, String employeeName) throws SQLException

社員情報を更新する。

Parameters:
      employeeId 更新対象の社員ID
      employeeName 更新後の社員名
Returns:
      更新した件数
Throws:
      SQLException - 更新時にエラーが発生した場合
```

●**Eclipseでフォーマットされた画面**

Note	**Javadocコメントは「ですます調」「である調」のどちら？**

　これは人それぞれ好みの分かれるところではありますが、筆者は少なくとも、不特定多数の人が利用するライブラリやAPI、フレームワークなどのJavadocコメントは、ですます調で記述するのがいいと考えています。これらのJavadocコメントは「マニュアル」に位置するものであり、利用者に説明する文章を記述するためです。家電製品のマニュアルもそうですが、不特定多数の人が利用するものについては、一般的な慣習に則るのが無難です。Java本体のライブラリのJavadocも、ですます調で書かれています。

　逆に、チームの外部にAPIを公開することのないプログラムであれば、である調でも構わないでしょう。

13-2-3　知っておくと便利な記述方法

Javadocコメントを記述するにあたり、便利な記述方法を紹介します。

(1) HTMLタグの使用

　JavadocコメントはIDEやツールにより自動でフォーマットされて表示されますが、任意のフォーマットをおこないたい場合は、HTMLタグを使用して意図的に改行したり、インデントを付けたりすることができます。

```java
/**
 * 社員情報を更新する <br>
 * 指定された社員 ID に該当する社員がいない場合は、何もしない
 *
 * @param employeeId 更新対象の社員 ID
 * @param employeeName 更新後の社員名
 * @return 更新した件数
 * @throws SQLException 更新時にエラーが発生した場合
 */
public int updateEmployee(int employeeId, String employeeName) throws SQLException {
```

表などの複雑なタグを使用することもできますが、多用すると自動フォーマットされた表示がくずれてしまう可能性もあるため、HTMLタグの使用は必要最低限にしましょう。

(2) 記号の使用

（1）とは逆に、<や>などの記号をそのまま文字として使用したい場合があります。その場合は、{@literal}、もしくは{@code} を用いて記述することで、「<」や「>」と記述せずに済みます。

```
/**
 * 社員情報を更新する <br>
 * {@code employeeId < 1} の場合は更新に失敗する
 */
```

なお、{@literal} は通常の文章に、{@code} はコードを記述するときに使用します。

(3) リンク

Javadocコメントの中で、ほかのクラスやメソッドを参照したい場合があります。そのときは、{@link} タグを用います。

```
/**
 * 社員情報を更新する <br>
 * {@link #update(Employee)} と同様の処理をおこなう
 *
 * @param employeeId 更新対象の社員 ID
 * @param employeeName 更新後の社員名
 * @return 更新した件数
 * @throws SQLException 更新時にエラーが発生した場合
 */
public int updateEmployee(int employeeId, String employeeName) throws SQLException {
```

このように記述すると、EclipseなどのIDEでリファクタリング機能を用いて、参照先のクラスやメソッドの名前を変更した際に、Javadocコメントも自動で修正してくれるため、修正漏れを防ぐことができます。

なお、参照の書き方には、次に示す３つのパターンがあります。

・**クラスを参照する場合**
　　→ {@link クラス名 }
　　【例】{@link EmployeeService}

・**自クラスのメソッドを参照する場合（Javadocを記述するクラス内に参照先のメソッドがある場合）**
　　→ {@link #メソッド名（引数の型 , 引数の型 , …）}
　　【例】{@link #updateEmployee(int, String)}

387

・ほかのクラスのメソッドを参照する場合

→ {@link クラス名＃メソッド名（引数の型，引数の型，…）}

【例】{@link EmployeeService#update(Employee)}

(4) 継承

　クラスを継承してメソッドをオーバーライドしている場合、スーパークラスの説明と同じ文章を書くのは手間のため、スーパークラスにあるJavadocコメントの記述をそのまま用いたくなります。そのようなときは、{@inheritDoc}を用いることで、スーパークラスのJavadocコメントの文章を参照させることができます。

　文章を参照させる範囲は、{@inheritDoc}を記述する箇所によって、引数1つからメソッド全体までさまざまです。

◉ {@inheritDoc}で引数1つを参照させる

```java
public class CalcOperator {
    /**
     * 計算をおこなう
     *
     * @param value1 1つ目の値
     * @param value2 2つ目の値
     * @return 計算結果
     */
    public int calculate(int value1, int value2) {
        // （略）
    }
```

```java
public class AddOperator extends CalcOperator {
    /**
     * 加算をおこなう
     *
     * @param value1 {@inheritDoc}（被加算値）
     * @param value2 {@inheritDoc}（加算値）
     * @return {@inheritDoc}
     */
    @Override
    public int calculate(int value1, int value2) {
        // （略）
    }
```

　AddOperatorクラスのcalculateメソッドのJavadocは、次のような文章になります。

```
加算をおこなう
Parameters:
    value1 1つ目の値（被加算値）
    value2 2つ目の値（加算値）
```

```
    Returns:
        計算結果
```

● **{@inheritDoc}で全体を参照させる**

```
public class CalcOperator {
    /**
     * 計算をおこなう
     *
     * @param value1 1つ目の値
     * @param value2 2つ目の値
     * @return 計算結果
     */
    public int calculate(int value1, int value2) {


public class AddOperator extends CalcOperator {
    /**
     * {@inheritDoc}
     */
    @Override
    public int calculate(int value1, int value2) {
```

AddOperatorクラスのcalculateメソッドのJavadocは、次のような文章になります。

```
    計算をおこなう
    Parameters:
        value1 1つ目の値
        value2 2つ目の値
    Returns:
        計算結果
```

13-2-4　APIドキュメントを作成する

Javadocコメントは、EclipseなどのIDE上で閲覧するだけでなく、HTML出力してAPIリファレンスを作成することもできます。リファレンスを作成することで、APIの一覧性が確保され、利用者にとってAPIを利用しやすくなります。Java標準のライブラリも、Javadocを用いてリファレンスが記述されています。

APIリファレンスを作成するには、Mavenのmaven-javadoc-pluginが便利です。Mavenについての詳細は、「13-1　Mavenでビルドする」を参照してください。

pom.xmlに定義するmaven-javadoc-pluginの内容は次のとおりです。

```
<plugin>
  <groupId>org.apache.maven.plugins</groupId>
  <artifactId>maven-javadoc-plugin</artifactId>
  <version>2.10.4</version>
  <configuration>
```

```
    <source>${java.version}</source>
    <encoding>${project.build.sourceEncoding}</encoding>
    <docencoding>UTF-8</docencoding>
    <charset>UTF-8</charset>
  </configuration>
</plugin>
```

上記の内容を、<reporting>の<plugins>の中に記述します。

その状態で「mvn site」を実行すると、target\site\apidocsディレクトリ配下にHTMLファイルが出力されます。出力されたHTMLファイルの中にあるindex.htmlファイルをブラウザで開くと、パッケージやクラスの一覧を確認することができます。

このようにして、Javadocコメントを用いてクラスやメソッドの説明を記述しておくことで、かんたんにリファレンスを作成することができます。

13-3 Checkstyleでフォーマットチェックをする

13-3-1　Checkstyleとは

　初心者の頃は、コードを書いて動かすだけで精一杯で、コードの体裁やメンテナンス性はあまり気にしないことが多いでしょう。しかし、体裁を気にせず書き散らかしたコードは、修正や機能追加をおこなおうとしたときに、そのコードが読みづらさから生産性や品質を落としてしまいます。そのようなことにならないよう、普段から読みやすいコードを記述することが大切です。

　とはいえ、読みやすいコードを書くことを心がけていても、どうしても人の目でのチェックは疎かになったり、抜けたりするものです。そのため、ツールでチェックをおこなえるようにして、品質を高く保てるようにしておくと便利です。Javaのソースコードのフォーマット（体裁）をチェックし、ルールに沿っていない記述に対して警告をおこなってくれるツールがCheckstyleです。

　次に示すコードを見てみましょう。

```java
public int updateEmployee(int employeeId, String employeeName) throws SQLException {
    Employee Emp = new Employee();
    Emp.setEmployeeId(employeeId);
    Emp.setEmployeeName(employeeName);
    return this.employeeDao.update(Emp);
}
```

　一見、問題がわかりづらいですが、このコードに対してCheckstyleを適用すると、次に示すような警告が出力されます。

●Checkstyleの警告画面

　この例では、変数名の最初の文字が小文字になるべきところがEmpと大文字になっている点や、メソッドにJavadocコメントが存在しないことを警告しています。このように、ツールを実行することで警告を出力してくれるため、修正も容易になります。

391

13-3-2 Eclipseによるフォーマットチェック

　Checkstyleは、コーディング中にリアルタイムに適用することが望ましいです。Eclipseで開発をおこなっている場合、Checkstyleプラグインを用いることで、リアルタイムにCheckstyleを実行してフォーマットをチェックすることができます。

　Checkstyleプラグインの利用方法を次に示します。

　（1）Eclipse Marketplaceから、「Checkstyle Plug-in」をインストールします。
　（2）Eclipseのパッケージエクスプローラから、Eclipseプロジェクトを右クリック→「Properties」を選択します。
　（3）開いたウィンドウの左のリストから、「Checkstyle」を選択します。
　（4）右側の画面で「Checkstyle active for this project」にチェックを入れます。
　（5）「OK」ボタンをクリックします。ビルドをするか聞かれるため、「Yes」をクリックします。

　これを実行することで、ソースコードにCheckstyleが適用されます。

　すると、ソースコード上で背景が黄色くなり、左側にルーペアイコンが表示される箇所が出てきます。この部分が、Checkstyleによって問題と判断された箇所になります。

　問題の具体的な内容は、黄色い部分か、ルーペアイコンにマウスカーソルを合わせると表示されます。

● 問題の具体的な内容が表示される

　ここでは、Empという変数名に問題があることが指摘されています。Javaでの変数名は通常、先頭は小文字ですが、今のコードでは先頭が大文字になっていることが問題です。

　そこで、先頭を小文字に修正して保存すると、即座に再度Checkstyleが実行され、問題がなくなったことが確認できます。

```
  EmployeeService.java ☒
 1  import java.sql.SQLException;
 2
 3⊖ /**
 4   * 社員情報の登録／変更／削除を行う業務ロジッククラス
 5   *
 6   * @author S. Tanimoto
 7   * @version 2.1
 8   * @since 1.0
 9   */
10  public class EmployeeService {
11
12      /** 社員情報にアクセスするためのDao */
13      private EmployeeDao employeeDao;
14
15⊖     /**
16       * 社員情報を更新する
17       *
18       * @param employeeId 更新対象の社員ID
19       * @param employeeName 更新後の社員名
20       * @return 更新した件数
21       * @throws SQLException 更新時にエラーが発生した場合
22       */
23⊖     public int updateEmployee(int employeeId, String employeeName) throws SQLExceptio
24          Employee emp = new Employee();
25          emp.setEmployeeId(employeeId);
26          emp.setEmployeeName(employeeName);
27          return this.employeeDao.update(emp);
28      }
29
30  }
31
```

●**変数名を修正することで問題がなくなる**

　このように、問題を修正しながらコーディングを進めることで、整ったソースコードを記述することができます。

　なお、修正は毎日、起きたエラーをコツコツと０件にする活動を続けることをおすすめします。開発の最後にまとめてCheckstyleを実行し、数千件のエラーに見舞われるシーンを業界の中でたまにお見かけしますが、スケジュールも押している中、それでも修正が必要ということになると、かなり大変な作業になります。日ごろからエラーを０件にすることをチームで徹底することで、開発メンバーが問題のない体裁でコードを書くように心がけるようになれば、おのずと新しい指摘も生まれにくくなるものです。このあとに出てくるFindBugsの指摘も含め、日ごろから「指摘数が０件なのが当たり前」であるような状態を目指しましょう。

13-3-3　Mavenによるフォーマットチェック

　Mavenのmaven-checkstyle-pluginを用いることによって、Javadocと同様、HTML形式でCheckstyleの警告一覧を出力することができます。

　pom.xmlに定義するmaven-checkstyle-pluginの内容を次に記載します。

```
<plugin>
  <groupId>org.apache.maven.plugins</groupId>
  <artifactId>maven-checkstyle-plugin</artifactId>
```

```
  <version>2.17</version>
  <configuration>
    <encoding>${project.build.sourceEncoding}</encoding>
    <excludes>src/test/**</excludes>
  </configuration>
</plugin>
```

　上記の内容を、<reporting>の<plugins>の中に記述します。

　その状態で、「mvn clean package site」を実行すると、target\site\ディレクトリ配下にHTMLファイルが生成されます。

　このようにして、Mavenを用いてCheckstyleの問題一覧を出力することで、Eclipseプロジェクト全体の問題をかんたんに確認することができます。また、Mavenを用いることは、単に問題一覧を出力するだけでなく、後述のJenkinsとの連携で恒常的に品質を向上させるしくみを構築するのに役立ちます。

13-4 FindBugsでバグをチェックする

プログラムのバグの種類は千差万別で同じものはないと思われがちですが、じつは「頻出するバグの
パターン」というものが確かに存在します。たとえば、「変数に代入した値が使用されていない」「リソー
スがクローズされていない」などの問題は、よく見かけられる種類のものです。

そのような一定パターンの単純なバグを検出し、プログラムの品質を底上げするのに役立つツールが
FindBugsです。静的にチェックをおこなうので、プログラムを動作させる必要がなく、かんたんに
チェックできるのが特徴です。テストしなくてもバグを減らすことができるため、Javaでプログラムを作
る際は必須のツールです。

13-4-1　Eclipseによるバグチェック

FindBugsは静的チェックツールのため、Checkstyleと同様に、Eclipseプラグインを用いてリアル
タイムに適用します。FindBugsプラグインの利用方法を次に示します。

（1）Eclipse Marketplaceから、「FindBugs Eclipse Plugin」をインストールします。
（2）Eclipseのパッケージエクスプローラから、Eclipseプロジェクトを右クリック→「Properties」
　　を選択します。
（3）開いたウィンドウの左のリストから、「FindBugs」を選択します。
（4）右側の画面で「Enable project specific settings」にチェックを入れます。
（5）「FindBugsを自動的に実行」と「（also on full build）」にもチェックを入れます。
（6）「OK」ボタンをクリックすると、ビルドとともにチェックがおこなわれます。

チェックが終わると、問題箇所のソースコードの左側に赤い虫アイコンが表示されます。この部分が、
FindBugsによって問題と判断された箇所になります。具体的な問題内容は、赤い虫アイコンにマウス
カーソルを合わせると表示されます。次の例では、Stringの変数を「==」で比較しており、正しく比較
できないことをFindBugsが検出しています。

```
J StringPrinter.java 🔀
  1  package acroquest.java.findbugs;
  2
  3  public class StringPrinter {
  4
  5⊖     public void printOnOffByString(String text) {
🐞 6         if (text == "on") {
  7             System.out.println("on");
  8   String パラメータを == や != を使用して比較しています。                    ▲
  9   acroquest.java.findbugs.StringPrinter.printOnOffByString(String) [Troubling(14), High confidence]
 10                                                                    ▼
 11       }                                         ◀         ▶     ⤡
 12
 13  }
 14
```

● 具体的な問題内容が表示される

　表示される内容に従いソースコードを修正して保存すると、再度FindBugsが実行され、問題がなく
なっていれば虫アイコンが消えます。

```
J StringPrinter.java 🔀
  1  package acroquest.java.findbugs;
  2
  3  public class StringPrinter {
  4
  5⊖     public void printOnOffByString(String text) {
  6         if ("on".equals(text)) {
  7             System.out.println("on");
  8         } else {
  9             System.out.println("off");
 10         }
 11     }
 12
 13  }
 14
```

● 比較方法を修正することで問題がなくなる

　一度設定すると、あとはソースコードの保存時（厳密にはビルド時）にFindBugsが実行されるよう
になります。

Note　FindBugsで検出できる問題

　Acroquest Technologyのサイト上で、FindBugsで検出できる問題の一覧を日本語で説明して
います。

http://www.acroquest.co.jp/webworkshop/JavaTroubleshooting/findbugs/

　バージョン2と、1つ前のバージョンのものではありますが、FindBugsで検出できる問題の日本
語情報は少ないため、ぜひ参考にしてください。

13-4-2 Mavenによるバグチェック

　Mavenのfindbugs-maven-pluginプラグインを用いることによって、Checkstyleと同様、HTML形式でFindBugsの警告一覧を出力することができます。

　次に、pom.xmlに定義するfindbugs-maven-pluginの内容を記載します。

```
<plugin>
  <groupId>org.codehaus.mojo</groupId>
  <artifactId>findbugs-maven-plugin</artifactId>
  <version>3.0.4</version>
</plugin>
```

　上記の内容を、<reporting>の<plugins>の中に記述します。

　その状態で、「mvn clean package site」を実行すると、target\site\ディレクトリ配下にHTMLファイルが生成されます。

　このようにして、Mavenを用いてFindBugsの問題一覧を出力することで、Eclipseプロジェクト全体の問題をかんたんに確認することができます。Checkstyleと同様、Mavenを用いることは、単に問題一覧を出力するだけでなく、後述のJenkinsとの連携で恒常的に品質を向上させるしくみを構築するのに役立ちます。

13-5 JUnitでテストをする

13-5-1 なぜ、テスト用プログラムを作って試験をするのか

「プログラムの試験をする」といえば、昔はプログラムの画面や通信部品などから必要な機能を操作し、その内容を確認することでした。ですが今は、「プログラムをテストするためのテスト用プログラムを作り、それを走行させることで試験する」という手法が主流になっています。

「わざわざテスト用プログラムを作って試験するくらいであれば、画面などで試験したほうが手っ取り早いのではないか?」と思うかもしれません。実際、テスト用のプログラムを1つ書くことは、画面から1回操作するより、たいていの場合は時間がかかります。しかし、テスト用プログラムを1回書いてしまえば、「何度でも」「同じ内容の試験が」「自動で」「短時間で」実行できるメリットがあります。そのようなテスト用プログラムをJava上で自動的に実行するためのツールがJUnitです。

昨今のプログラムは巨大化していて、かつ複数のチームが長期にわたって同じコードを改修していくケースも少なくありません。そのようなとき、新しく作ったコードだけでなく、既存の部分も含めて正しく動いているかをチェックするのは、膨大な手間がかかります。しかし、JUnitを利用したテストコード群の蓄積があれば、今まで作ったコードが新しい改修を経ても正常に動作しているかを、かんたんに確認できるのです。

JUnitと後述するJenkinsを組み合わせて使えば、試験を毎日、人の手間を取らずに実行することも可能です。そのようにプログラムが別の修正で壊れていないかを毎日チェックする(自動でチェックさせる)ことは、もはや業界の標準的なスタイルとなっています。

JUnitには、次の特徴があります。

・Javaプログラム本体とテスト実行用プログラムを分離することができ、テストの管理が容易
・Eclipseなどの統合開発環境との連携ができ、ひと目でテストの結果が確認可能

JUnitは、次のサイトからダウンロードできます。ダウンロードしたJARファイルをクラスパスに登録することで、ライブラリを使用できるようになります。

```
http://junit.org/
```

Mavenを使う場合は、pom.xmlの<dependencies>タグ内に次のように定義すると、JUnitが使えるようになります。

```
<dependency>
  <groupId>junit</groupId>
  <artifactId>junit</artifactId>
  <version>4.12</version>
  <scope>test</scope>
</dependency>
```

13-5-2　テストコードを実装する

　時刻に応じた挨拶文を返すメソッド（GreetingクラスのgetMessageメソッド）を例に、テストコードを作ってみましょう。このメソッドは、次のように動作するものです。

- ・5時以降11時未満の場合は「おはようございます」を返す
- ・11時以降17時未満の場合は「こんにちは」を返す
- ・それ以外の時刻の場合は「こんばんは」を返す

　次に示すソースコードには、わざとバグを入れてあります。

```java
package jp.co.acroquest.java.junit;

public class Greeting {
    public String getMessage(int hour) {
        String message;
        if (hour >= 5 && hour < 11) {
            message = " おはようございます ";
        } else if (hour > 11 && hour < 17) {
            message = " こんにちは ";
        } else {
            message = " こんばんは ";
        }
        return message;
    }
}
```

　このgetMessageメソッドが正しく動作するかを、JUnitを用いて検証します。ここでは、次のパターンを試験することにします。

- ・5時には「おはようございます」が返る
- ・11時には「こんにちは」が返る
- ・17時には「こんばんは」が返る

　テストコードを記述するクラス（テストクラス）は、次のようにするのが通例です。

399

・テスト対象のクラスと同じパッケージに配置する

・クラス名は「テスト対象クラス名」＋「Test」とする

　また、筆者はテストメソッドの目的をわかりやすくするために、テストメソッド名には日本語で試験条件を記述するようにしています。

　getMessageメソッドの戻り値が正しいかどうかのチェックは、assertThatメソッドでおこないます。1つ目の引数に実際の値、2つ目の引数に期待する値を記述すると、両者の値が異なる場合にAssertionError例外が発生します。

```java
package jp.co.acroquest.java.junit;

import static org.hamcrest.CoreMatchers.is;
import static org.junit.Assert.assertThat;

import org.junit.Test;

public class GreetingTest {
    private Greeting target = new Greeting();

    @Test
    public void getMessage_朝開始 () {
        // 実行
        String message = this.target.getMessage(5);

        // 検証
        assertThat(message, is(" おはようございます "));
    }

    @Test
    public void getMessage_昼開始 () {
        // 実行
        String message = this.target.getMessage(11);

        // 検証
        assertThat(message, is(" こんにちは "));
    }

    @Test
    public void getMessage_夜開始 () {
        // 実行
        String message = this.target.getMessage(17);

        // 検証
        assertThat(message, is(" こんばんは "));
    }
}
```

400

13-5-3　テストを実行する

Eclipseから、テストを実行してみましょう。テストクラス（GreetingTest）を右クリックし、「Run As」→「JUnit Test」を実行すると、JUnitタブにテスト結果が表示されます。

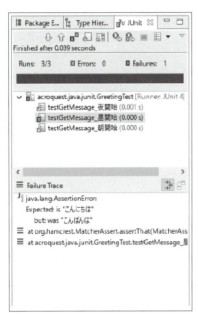

●Eclipseからテストを実行した結果

3つのテストがおこなわれており、「getMessage_朝開始」と「getMessage_夜開始」が成功し、「getMessage_昼開始」が失敗していることが確認できます。

失敗している「getMessage_昼開始」を選択すると、その下にテストが失敗した原因が表示されます。今回の場合、「こんにちは」が取得されることを期待していた箇所で「こんばんは」が取得されていることがわかります。これをもとに、ソースコードの問題箇所を探し、修正します。

今回の例では、getMessageメソッドのelse if文の箇所で、「hour >= 11」とすべきところが「hour > 11」となっているのが問題です。if文の条件式とelse if文の条件式の両方に、同じ「11」という定数を使用して条件を記述していたのが誤りを生みやすい原因となっています。

そこで、同じ定数の使用は1回で済むよう、次のように「こんばんは」を先に判定するようにします。

```java
public String getMessage(int hour) {
    String message;
    if (hour >= 17 || hour < 5) {
        message = "こんばんは";
    } else if (hour < 11) {
        message = "おはようございます";
    } else {
        message = "こんにちは";
    }
```

```
        return message;
    }
```

　正しく修正をおこなえていれば、再度テストコードを実行すると、すべて成功となることが確認できます。

●修正したテストコードの再実行

　このように、テストコードを作成し、テストを実施することで、プログラムの品質を高めることができます。

13-6 Jenkinsで品質レポートを作成する

13-6-1 継続的インテグレーションとJenkins

　その昔、テストやビルドは担当者が手動で実施するものでしたが、最近は自動的かつ頻繁にテストやビルドを実行し、問題の発見を早めることで、短いサイクルで品質改善をおこなっていくプロセスが主流となっています。そのようなやり方は、継続的インテグレーション（CI：Continuous Integration）と呼ばれています。このCIを実現するツールがJenkinsです。

　開発のリーダーがこのJenkinsのレポート結果を毎日チェックし、コードが健全な状況が毎日続くようにすることをおすすめします。そうすることで、開発の最後で品質問題が爆発するようなリスクをなくすことができます。

13-6-2 Jenkinsの環境を準備する

　まずは、Jenkinsを使えるようにしましょう。ここでは、Windowsへのインストールについて説明します（Jenkinsのバージョンは2.7.4）。

　次のURLにアクセスし、メニューで、「Downloads」→「LTS Release」のプルダウンで「Windows」を選択すると、ZIPファイルのダウンロードが始まります。

https://jenkins.io/

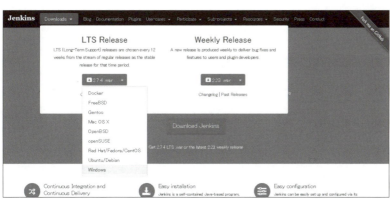

●Jenkinsのダウンロード

　ダウンロードしたZIPファイルを展開し、生成される「jenkins.msi」を実行してください。ウィザー

ドに従って進んでいくと、ブラウザでセキュリティ設定の画面が開くので、画面に表示されているファイル（ここでは「C:\Program Files (x86)\Jenkins\secrets\initialAdminPassword」）をテキストエディタで開いて、中の文字列をブラウザのテキストボックスに貼り付けてください。

●インストール開始

「Continue」をクリックすると、しばらくしてプラグインのインストール選択画面になります。ここでは推奨のプラグインをインストールするために、「Install suggested plugins」をクリックします。

●プラグインのインストール

プラグインのインストールがすべて完了すると、管理者アカウントの設定画面になります。任意のアカウント情報を入力し、「Save and Finish」をクリックします。

●管理者アカウントの設定

これでJenkinsを使う準備ができました。「Start using Jenkins」をクリックします。

●準備完了

これがJenkinsの画面です。今後、ブラウザで

```
http://localhost:8080/
```

にアクセスし、先ほど設定した管理者アカウントでログインすると、この画面になります。

405

●Jenkins起動画面

これで、Jenkinsを使えるようになります。

13-6-3　Jenkinsでビルドを実行する

　Jenkinsで自動ビルドをおこなえるようにしましょう。Jenkins起動画面で「新規ジョブ作成」をクリックします。

　テキストボックスに任意の名前を入力し、「フリースタイル・プロジェクトのビルド」を選択して「OK」をクリックします。

●プロジェクトの指定

　「ソースコード管理」のところで、ソースコードの場所を指定します。

　Jenkinsでは、標準でGitやSubversionといったバージョン管理システムからソースコードを取得するようになっています。ここではGit（GitHub）から、サンプルプログラムを取得するように設定します。「Git」を選択し、「Repository URL」に「https://github.com/acroquest/javabook-junit-example」を

入力します（本章のJUnitの節で紹介したサンプルプログラムです）。

●ソースコードの取得元の設定

　また、Mavenでビルドをおこなうようにします。「ビルド環境」のところで、「Mavenの呼び出し」を
追加し、「ゴール」に「clean package site」を入力します。

●ビルドの設定

　設定を保存したら、ビルドをおこないましょう。「ビルド実行」をクリックします。すると、「ビルド履歴」
にビルドの進捗状況が表示され、成功したら青、失敗したら赤のアイコンで表示されます。

●ビルド

　これで、Jenkins上でビルドができるようになりました。しかし、これだけだとソースコードの品質はコンパイルの可否程度しかわかりません。Jenkinsを使うメリットをより享受できるように、次に説明するレポートの設定をおこないましょう。

13-6-4　Jenkinsでレポートを生成する

　Jenkinsを使用すると、CheckstyleやFindBugsのチェック結果もブラウザ上で確認することができます。ビルドをおこなう前に、いくつかプラグインをインストールします。

- ・Checkstyle Plug-in
- ・FindBugs Plug-in
- ・JaCoCo plugin（JUnitのカバレッジチェック）

　カバレッジとは、ソースコードのどの部分がテストにより実行されたかの割合を示すものです。カバレッジが高いほど、テストがソースコードの多くの部分を網羅していることになり、品質が高くなります。
　プラグインのインストールは、「Jenkinsの管理」メニューの「プラグインの管理」からおこないます。「利用可能」タブをクリックして、インストールしたいプラグインを「フィルター」で絞り込みます。
　プラグインが見つかったら、チェックを付けて「再起動せずにインストール」をクリックしてインストールします。

●プラグインのインストール

　Checkstyle Plug-in、FindBugs Plug-in、JaCoCo pluginのインストールが終わったら、プロジェクトの設定をおこないます。
　先ほど作成したプロジェクトの設定画面の「ビルド後の処理」で、次を追加します。

・Checkstyle警告の集計
・FindBugs警告の集計
・JUnitテスト結果の集計
・JaCoCoカバレッジレポートを記録

　「JUnitテスト結果の集計」の設定は、「テスト結果XML」欄に「target/surefire-reports/*.xml」を入力します。

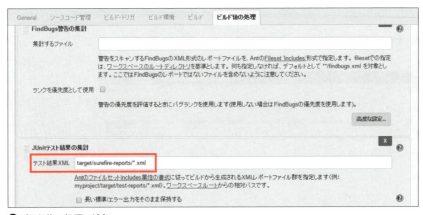

●ビルド後の処理の追加

　設定を保存し、再度「ビルド実行」をおこなうと、レポートが生成されます。プロジェクト画面ではCheckstyleやFindBugsのグラフが見えるようになったり、JUnitの実行結果が一覧で見えるようになったりします。

●プロジェクト画面にグラフが追加される

●Checkstyleの結果が見える

●JUnitの実行結果が見える

●JUnitのカバレッジが見える

　これらの内容を見て、どのような問題があるかチェックし、ソースコードの修正やテストの追加をおこない、日々改善していきます。

　定期的に実行するように設定して保存しておくと、その設定に従ってビルドがおこなわれ、レポートが生成されます。

　このように、人間の手でおこなうことを極力省き、自動化することで、ミスや抜けによる品質低下を防ぐことが可能になります。

Chapter 14

ライブラリで効率を上げる

14-1 再利用可能なコンポーネントを集めた Apache Commons ─────── 414

14-2 CSVで複数のデータを保存する ─────────────────── 421

14-3 JSONで構造のあるデータをシンプルにする ──────────── 424

14-4 Loggerでアプリケーションのログを保存する ─────────── 427

14-1 再利用可能なコンポーネントを集めたApache Commons

プログラムを作っていくと、ある一定パターンのコードがあちこちに出てくることがよくあります。それは文字列の処理だったりコレクションの処理だったりします。気の利いたプログラマは共通のユーティリティクラスを作ることで、チームメンバーが同じ処理を書く労力を減らしてくれますが、それを世界規模でやってくれているのがApache Commonsです。

Apache Commonsは、Javaプログラムを作るうえで共通的に使用できる再利用可能なコンポーネントをまとめたライブラリ群です。オープンソースのソフトウェア開発プロジェクトを支援する非営利団体Apacheソフトウェア財団が提供しています。コレクションや文字列の処理、ファイルの入出力などで頻発する定型の処理をAPIとしてまとめており、それらを利用することでプログラムをかんたん、かつすっきりと書くことができるようになります。

ライブラリ「群」と書いたとおり、Apache Commonsの中にはたくさんのライブラリがあり、その数は40を超えています。このような便利なライブラリをどれだけ知っていて、活用できるかは、プログラムの生産性、ひいては品質に大きく関わってきますので、有名なライブラリのAPIには、ひととおり目を通しておくといいでしょう。ここでは、その中でも特によく利用するライブラリを紹介します。

14-1-1　Commons Lang

Commons Langには、Javaのjava.langパッケージの内容を拡張したユーティリティが含まれます。ファイルは次のサイトからダウンロードできます。

http://commons.apache.org/proper/commons-lang/

ダウンロードしたJARファイルをクラスパスに登録することで、ライブラリを使用できるようになります。
「Chapter 13　周辺ツールで品質を上げる」で紹介したMavenを使う場合は、pom.xmlの<dependencies>タグ内に次のように書くと、ライブラリを使えるようになります。以降で紹介するライブラリのバージョン番号は、URLを見るなどして確認してください。

```
<dependency>
  <groupId>org.apache.commons</groupId>
  <artifactId>commons-lang3</artifactId>
  <version>3.4</version>
</dependency>
```

ここからは、Commons Langの便利なところを紹介していきます。

(1) 空文字の判定

変数に入っている値がnullもしくは空文字の場合は空文字として扱いたい場合、Java標準では、次のように、nullチェックと文字列長チェックの2つの条件を記述する必要があります。

```
String text = null;
if (text == null || text.length == 0) {
    System.out.println("text は空 ");
}
```

このようにnullチェックをおこなうと、記述が冗長になります。

これに対して、Commons LangのStringUtilsクラスのisEmptyメソッドを用いると、次のように記述できます。

```
String text = null;
if (StringUtils.isEmpty(text)) {
    System.out.println("text は空 ");
}
```

if文の中の条件が1つになり、すっきりしました。

同種のメソッドとして、次のものがあります。

・isEmptyメソッドの否定形であるisNotEmptyメソッド
・空白のみの文字列も空として判定するisBlankメソッド

(2) hashCode／equalsの実装

すべてのオブジェクトにはhashCodeメソッドとequalsメソッドが存在し、それによってオブジェクト同士の比較ができます。デフォルトではオブジェクト自体が一致するかどうかの判定になっていますが、フィールドとそのsetter／getterメソッドのみを持つようなEntityクラスのオブジェクトでは、各フィールドの値が一致していることで判定をおこないます。しかし、これをするには、フィールドを1つずつ判定しなければなりません。

また、Eclipseでコードを自動生成しても、途中でEntityクラスのフィールドが増減した場合は再度生成し直さなければならず、それを忘れるとバグとなってしまいます。たとえば、idとnameという2つのフィールドを持つクラスに対して、EclipseでhashCodeメソッドとequalsメソッドを生成すると、次のようになります。

●Eclipseで生成したhashCodeメソッドとequalsメソッド

```
@Override
public int hashCode() {
```

```java
        final int prime = 31;
        int result = 1;
        result = prime * result
                + ((id == null) ? 0 : id.hashCode());
        result = prime * result
                + ((name == null) ? 0 : name.hashCode());
        return result;
    }

    @Override
    public boolean equals(Object obj) {
        if (this == obj)
            return true;
        if (obj == null)
            return false;
        if (getClass() != obj.getClass())
            return false;
        UserInfo other = (UserInfo) obj;
        if (id == null) {
            if (other.id != null)
                return false;
        } else if (!id.equals(other.id))
            return false;
        if (name == null) {
            if (other.name != null)
                return false;
        } else if (!name.equals(other.name))
            return false;
        return true;
    }
```

　この場合、Commons LangのHashCodeBuilderクラスとEqualsBuilderクラスを使うと、次のようにシンプルに記述できます。

```java
    @Override
    public int hashCode() {
        return HashCodeBuilder.reflectionHashCode(this);
    }

    @Override
    public boolean equals(Object obj) {
        return EqualsBuilder.reflectionEquals(this);
    }
```

　しかも、フィールドが増減した場合も、hashCodeメソッドとequalsメソッドは修正がいっさい不要です。

　上記の例では、クラスに定義されているすべてのフィールドが一致していなければ「一致」とみなされ

ませんが、時刻によって変化するフィールドなど、特定のフィールドを比較対象から除外することもできます。除外したフィールドの名称を変更する際は、hashCodeメソッドとequalsメソッドを忘れずに修正してください。

次の例は、「versionNo」フィールドを、ハッシュ値の計算やオブジェクトの一致判定から除外しています。

```java
@Override
public int hashCode() {
    return HashCodeBuilder.reflectionHashCode(this, "versionNo");
}

@Override
public boolean equals(Object obj) {
    return EqualsBuilder.reflectionEquals(this, "versionNo");
}
```

ほかにも、HashCodeBuilderクラスやEqualsBuilderクラスの仲間に、ToStringBuilderクラスというものもあります。こちらは、すべてのフィールド名とその値を文字列に変換できるため、EntityクラスのtoStringメソッドを実装する際に便利です。

14-1-2　Commons BeanUtils

Commons BeanUtilsには、リフレクションを用いたJava Beanの値の設定や取得などの処理をかんたんにするユーティリティが含まれています。次のサイトからダウンロードできます。

```
http://commons.apache.org/proper/commons-beanutils/
```

MavenからCommons BeanUtilsを使う場合、pom.xmlの記述は次のようになります。

```xml
<dependency>
    <groupId>commons-beanutils</groupId>
    <artifactId>commons-beanutils</artifactId>
    <version>1.9.2</version>
</dependency>
```

よく使うメソッドに、BeanUtilsクラスのcopyPropertiesメソッドがあります。Java Beanの値をコピーして別のオブジェクトを作る際、次に示すように、すべてのフィールドの値コピーをする必要があります。

```java
public UserInfo(UserInfo orig) {
    this.id = orig.id;
    this.name = orig.name;
```

```
    this.mail = orig.mail;
}
```

　このように記述する場合、フィールドが増えると、手でUserInfoコンストラクタの代入部分のコードを修正する必要があり、修正が漏れる可能性があります。フィールドの数が多い場合は、そもそも値をコピーするコードだけで10行も20行も記述したくはないですよね。

　これをBeanUtils.copyPropertiesメソッドで置き換えると、次に示すように、1行で記述することができます。

```
public UserInfo(UserInfo orig) {
    BeanUtils.copyProperties(this, orig);
}
```

　かなりすっきりしていますね。このように記述しておくと、フィールドの追加／削除をおこなった際も、コードを修正する必要はありません。

14-1-3　シャローコピーとディープコピー

　Javaのオブジェクトを格納する変数は、すべて「参照」という形で値を持っています。どういうことかというと、オブジェクトの実体はあるメモリ上に存在し、変数にはそのオブジェクトの位置を表す値（参照）が格納されています。

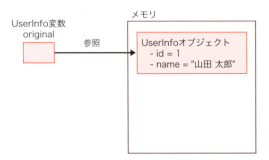

●Javaのオブジェクト（値の実体はあるメモリ上に存在し、メモリの位置を保持）

　参照型の変数を別の変数に代入するだけの場合、代入によって参照のみがコピーされます。そのため、コピー先の変数のプロパティの値を変更しても、オブジェクトの実体はコピー前のオブジェクトと同一のため、コピー元の変数から見えるオブジェクトの値も書き換わってしまいます。このようなコピーの方法を「シャローコピー」と呼びます。

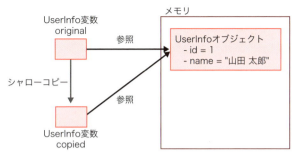

●シャローコピー（別の変数に代入するだけの場合）

```
UserInfo original = new UserInfo();
original.setId(2);
original.setName(" 山田 太郎 ");
original.setAge(30);
UserInfo copied = original;              // 別の変数に代入するだけ
copied.setAge(31);
System.out.println(original.getAge());   //「31」と表示される
```

　コピーして複数の異なるオブジェクトを作成したいのであれば、参照をコピーするのではなく、オブジェクト自体をコピーする必要があります。この方法でコピーすると、コピー先の変数のプロパティの値を変更しても、コピー元の変数から参照されるオブジェクトの値は書き換わりません（実体は別オブジェクトのため）。これを「ディープコピー」と呼びます。

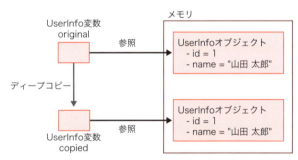

●ディープコピー（複数の異なるオブジェクトを作成したい場合）

　シャローコピーは、コピー処理が高速である反面、どこかで値を書き換えてしまい、予期せぬバグを生む可能性があります。一方、ディープコピーはコピー処理が低速ですが、値を書き換えても他方に影響することがないため、意図しない書き換えによるバグを生むことはありません。用途によって使い分けましょう。

　本書で紹介したBeanUtils.copyPropertiesメソッドでは、基本的にはディープコピーがおこなわれますが、オブジェクトが入れ子（プロパティがさらにオブジェクト）になっている場合、その値はシャローコピーされます。つまり、第1階層のみディープコピー、第2階層以降はシャローコピーとなります。

すべての階層においてディープコピーをする必要がある場合、Apache Commons Langの SerializationUtils.cloneメソッドや、Dozerを使用してください。

http://dozer.sourceforge.net/

MavenからDozerを使う場合、pom.xmlの記述は次のようになります。

```
<dependency>
    <groupId>net.sf.dozer</groupId>
    <artifactId>dozer</artifactId>
    <version>5.5.1</version>
</dependency>
```

14-2 CSVで複数のデータを保存する

14-2-1 CSVとは

　プログラム間でデータをやりとりしたり、プログラムの持っているデータをかんたんに保存するために、ファイルにプログラム内部のデータを書き写しておくことはよくおこなわれます。その際、複数ある同じ構造のデータを保存したい場合は、表形式にするのが適しています。

　項目を半角カンマ（,）で区切って並べた表形式のテキストデータのことをCSV（Comma-Separated Values）と呼びます。CSVでは、1行目に定義項目の名称、2行目以降にデータを記述します。

　各項目は半角カンマで区切られており、項目の中に半角カンマがある場合は、項目をダブルクォーテーション（"）で囲います。Microsoft Excelで開くこともでき、閲覧や編集が容易です。

● employee.csv

```
name,age,birth,email,note
山田 太郎 ,35,1978/4/1,yamada@xxx.co.jp," 所有免許 : 第一種運転免許 , 応用情報技術者 "
鈴木 花子 ,28,1985/10/23,suzuki@xxx.co.jp,
```

14-2-2 Super CSVでCSV変換を効率的におこなう

　CSVデータは項目がカンマで区切られているため、Javaで読み込む際に「カンマを区切り文字として、splitメソッドを実行すればいい」と考えがちです。しかし、実際はそう単純にはいきません。

　たとえば、項目自体にカンマが含まれる場合があり、単純にカンマを区切り文字としてsplitメソッドを実行した場合、1つの項目を2つに分割してしまう可能性があります。その場合、ダブルクォーテーション記号で文字列を囲むのが一般的な対処ですが、そうすると今度は文字列中にダブルクォーテーションが入っているときの対処が必要です。これだけでも面倒ですが、そのほかにも

　・1行目はヘッダ行としたい
　・入っている値が正しいかチェックしたい
　・行ごとの内容をJavaのオブジェクトにそれぞれ詰められるようにしたい
　・書き込みもしたい

などということを考えると、必要なプログラムの量はどんどん増えていきます。CSV処理とは、かんたんに見えて、じつは奥が深いのです。

　そのような考慮もして、正しくデータを読み書きしてくれるライブラリが、Super CSVです。次のサ

イトからダウンロードできます。

```
http://super-csv.github.io/super-csv/index.html
```

MavenからSuper CSVを使う場合、pom.xmlの記述は次のようになります。

```
<dependency>
    <groupId>net.sf.supercsv</groupId>
    <artifactId>super-csv</artifactId>
    <version>2.4.0</version>
</dependency>
```

自分でCSV処理を作るのはいろいろ面倒で、しかもエラーの原因になるので、自分で作らずに、このような便利なライブラリを活用しましょう。

14-2-3　CSVデータを読み込む

Super CSVを用いれば、列を定義するだけで、かんたんにCSVデータを読み込むことができます。ここでは、14-2-1で紹介したemployee.csvファイルを、Employeeオブジェクトとして読み込む例を示します。

●Employeeクラス

```
public class Employee {
    private String   name;
    private Integer  age;
    private Date     birth;
    private String   email;
    private String   note;

    // setter / getter は省略
}
```

●CellProcessorクラス

```
// 項目の制約を定義する
CellProcessor[] processors = new CellProcessor[]{
    new NotNull(),                            // name
    new ParseInt(new NotNull()),              // age
    new ParseDate("yyyy/MM/dd"),              // birth
    new StrRegEx("[a-z0-9¥¥._]+@[a-z0-9¥¥.]+"),  // email
    new Optional()                            // note
};

Path path = Paths.get("employee.csv");
try (ICsvBeanReader beanReader = new CsvBeanReader(Files.newBufferedReader(path), ↴
CsvPreference.STANDARD_PREFERENCE)) {
```

```
    String[] header = beanReader.getHeader(true);
    Employee employee;
    while ((employee = beanReader.read(Employee.class, header, processors)) != null) {
        // employee に対する処理
    }
}
```

まず、CSVデータの各項目の読み込み方法について、CellProcessorクラスを用いて定義します。

次に、CsvBeanReaderオブジェクトを作成し、getHeaderメソッドを呼び出して、1行目を取得します。

そして、CsvBeanReaderオブジェクトのreadメソッドを用いて、1行ずつJavaBeanに変換します。

このとき、header配列で指定された順番に、項目の値がプロパティにセットされます。上記の例では、header配列の0番目の値は「name」であるため、CSVデータのカンマで区切られた最初の項目はnameプロパティの値になります（実際には、setNameメソッドで値がセットされます）。

14-2-4　CSVデータを書き込む

読み込みと同様の書き方で、書き込みも実装できます。書き込みの場合、CellProcessorのコンストラクタに指定するクラスは、CSVデータの解析方法ではなく、値のフォーマット方法を指定することに注意してください。

```
// 保存するデータ
List<Employee> employeeList = Collections.emptyList();

// CSV データのヘッダ
String[] header = new String[]{"name", "age", "birth", "email", "note"};

// 項目の制約を定義する
CellProcessor[] processors = new CellProcessor[]{
    new NotNull(),                  // name
    new NotNull(),                  // age
    new FmtDate("yyyy/MM/dd"),      // birth
    new NotNull(),                  // email
    new Optional()                  // note
};

Path path = Paths.get("employee.csv");
try (ICsvBeanWriter beanWriter = new CsvBeanWriter(Files.newBufferedWriter(path), ⤶
CsvPreference.STANDARD_PREFERENCE)) {
    beanWriter.writeHeader(header);
    for (Employee employee : employeeList) {
        beanWriter.write(employee, header, processors);
    }
}
```

14-3 JSONで構造のあるデータをシンプルにする

14-3-1 JSONとは

「14-2 CSVで複数のデータを保存する」で説明したCSV形式は、表の形式にできるような一定構造のリストを表現するのには適していますが、階層構造を持つデータの表現には不向きです。階層構造を表す形式には「Chapter 8 ファイル操作を極める」で紹介したXMLも有用ですが、開始／終了のタグを必須とする分、記述量がやや多くなる側面があります。

そこで利用されるのが、構造のあるデータをシンプルに記述することができるJSON（JavaScript Object Notation）というデータ形式です。基本的には、項目と値の組み合わせで記述しますが、配列や連想配列（Mapに相当）も表現することができます。

● employee.json

```
{
    "name"     : "山田 太郎",
    "age"      : 35,
    "licenses" : ["第一種運転免許", "応用情報技術者"]
}
```

JSON形式は、XML形式よりもサイズが小さくシンプルであり、ブラウザとサーバの通信でよく使われるほか、サーバ同士の通信でも利用されています。

14-3-2 JacksonでJSONを扱う

JSONをJavaで扱うには、JavaオブジェクトをJSON形式の文字列に変換したり、逆に文字列をJavaオブジェクトに変換したりする必要があります。Java EE 7からは標準でJSONを扱うAPIが提供されるようになりましたが、JSONデータを直接Javaオブジェクトにマッピングできないなど、使いづらい部分があります。

そのような使いづらさを解消してくれるライブラリの1つが、JSON変換ライブラリJacksonです。次のサイトからダウンロードできます。

https://github.com/FasterXML/jackson

MavenからJacksonを使う場合、pom.xmlの記述は次のようになります。

```xml
<dependency>
    <groupId>com.fasterxml.jackson.core</groupId>
    <artifactId>jackson-core</artifactId>
    <version>2.7.4</version>
</dependency>
<dependency>
    <groupId>com.fasterxml.jackson.core</groupId>
    <artifactId>jackson-databind</artifactId>
    <version>2.7.4</version>
</dependency>
```

Jacksonは、Javaで動作するデータ処理ライブラリ群で、JSONデータのほかに、XMLデータなどの解析や生成が可能です。ここではJacksonを用いて、JSONデータとJavaオブジェクトを相互変換する方法を紹介します。

14-3-3　JSONデータを解析する

JSONデータをJavaオブジェクトに変換するには、ObjectMapperクラスを使用します。「14-3-1 JSONとは」で記述した「employee.json」のJSONデータ（employee.jsonファイルに記載されているとします）を、Employeeオブジェクトに変換する例を次に示します。ObjectMapperクラスのreadValueメソッドを用います。

● JSONの値を格納するクラス

```java
public class Employee {
    private String name;
    private Integer age;
    private List<String> licenses;

    // setter ／ getterは省略
}
```

● JSONファイルの読み込み

```java
File file = new File("employee.json");     // 読み込む対象のJSON データファイル
ObjectMapper mapper = new ObjectMapper();
Employee employee = mapper.readValue(file, Employee.class);
```

特定のオブジェクトに変換したくない場合は、Mapに変換することもできます。その場合、readValueメソッドの第2引数にMapクラスを指定すれば、戻り値としてMapオブジェクトが取得できます。JSONデータの構造が変化するなど、Javaの型を決められない場合は、こちらのパターンを使用します。

```java
Map<?, ?> map = mapper.readValue(file, Map.class);
```

Mapオブジェクトで取得すると、次に示すように値を取ることができます。

```
System.out.println(map.get("name"));
System.out.println(map.get("age"));
System.out.println(((List<?>)map.get("licenses")).get(0));
System.out.println(((List<?>)map.get("licenses")).get(1));
```

```
山田 太郎
35
第一種運転免許
応用情報技術者
```

14-3-4　JSONデータを生成する

　先ほどとは逆に、JavaオブジェクトをJSONデータに変換する際にも、ObjectMapperクラスを使用します。EmployeeオブジェクトをJSONデータ（newEmployee.jsonファイル）に出力する例を次に示します。

```
Employee employee = new Employee();
employee.setName("山田 太郎");
employee.setAge(35);
employee.setLicenses(Arrays.asList("第一種運転免許", "応用情報技術者"));

File file = new File("newEmployee.json");     // 書き込む対象のJSONデータファイル
ObjectMapper mapper = new ObjectMapper();
mapper.writeValue(file, employee);
```

　上のコードを実行すると、次に示す内容でnewEmployee.jsonファイルが生成されます。出力されたJSONデータは、スペースや改行がない状態となります。

```
{"name":"山田 太郎","age":35,"licenses":["第一種運転免許","応用情報技術者"]}
```

　また、MapオブジェクトをJSONデータに出力することもできます。

```
Map<String, Object> map = new LinkedHashMap<>();
map.put("name", "山田 太郎");
map.put("age", 35);
map.put("licenses", Arrays.asList("第一種運転免許", "応用情報技術者"));

File file = new File("newEmployee.json");     // 書き込む対象のJSONデータファイル
ObjectMapper mapper = new ObjectMapper();
mapper.writeValue(file, map);
```

　これを実行すると、さきほどのMapオブジェクトによる取得と同じ結果が得られます。

14-4 Loggerでアプリケーションのログを保存する

14-4-1　ログとレベル

アプリケーションの規模が大きくなるほど、アプリケーションの動作が複雑になり、問題も発生しやすくなります。問題が発生した際に調査しやすくするために、アプリケーションには、動作状況をログファイルに出力する処理を入れます。

ただ、「動作状況をログファイルに出力する」といっても、出力する内容によってレベル（重要度）が異なります。たとえば、メソッドが呼ばれた際の引数の値を確認したい場合と、エラーが発生したことを記録する場合では、エラーが発生したことを記録するほうが、よりレベルが高くなります。

このようなレベルを、多くの場合、次の4段階に分けます。

レベル	利用場面	例
ERROR	エラーが発生し、処理が継続できない場合に出力する	必須データの取得不可、外部システムとの通信エラー
WARN	エラーが発生したが、処理は継続できる場合に出力する	設定ファイルがない場合のデフォルト値の使用
INFO	正常動作の中で、状態遷移／処理がおこなわれた場合に出力する	外部システムとの通信開始／終了、一連の業務処理の終了
DEBUG	動作確認のための詳細な値を出力する	データ更新時の値

●4つのレベルと利用場面

場合によっては、次のログレベルを使用することもありますが、ひとまずこの4段階を覚えてください。

- ・ERRORよりもより致命的なエラーを示すFATAL
- ・DEBUGよりも詳細な情報を出力するTRACE

14-4-2　SLF4J＋Logbackでロギングをおこなう

アプリケーションの中ではさまざまなレベルのログを出力するコードを記述することになりますが、アプリケーションの実行場面により、出力するログのレベルを制限することが多いです。たとえば、開発時のデバッグ目的であれば、より詳細な情報を頻繁に出力する必要があるでしょう。逆に、運用時に大量のログが出るようになっていると、重要な情報が埋もれてしまい、問題の検出が難しくなります。また、パフォーマンスの悪化やリソースの消費増大により、アプリケーションの動作自体に影響が出てしまう恐れもあります。これらの用途をふまえて、どのレベルまでログを出力するかを設定によって切り替えられる

ようにしているのが、ロギングライブラリです。

そのロギングライブラリの中で、最近よく使用されているのが、SLF4JとLogbackの組み合わせです。SLF4Jは、さまざまなロギングライブラリをラッピングして、統一的に扱えるようにしたライブラリです。Logbackはロギングライブラリの1つで、今まで一般的だったLog4jの後継に当たります。Log4jよりも高パフォーマンスでリソースが節約されているのが特徴です。

SLF4Jは、次のサイトからダウンロードできます。

```
http://www.slf4j.org/
```

また、Logbackは、次のサイトからダウンロードできます。

```
http://logback.qos.ch/
```

MavenからSLF4jとLogbackを使う場合、pom.xmlの記述は次のようになります。

```xml
<dependency>
    <groupId>org.slf4j</groupId>
    <artifactId>slf4j-api</artifactId>
    <version>1.7.21</version>
</dependency>
<dependency>
    <groupId>ch.qos.logback</groupId>
    <artifactId>logback-classic</artifactId>
    <version>1.1.7</version>
</dependency>
```

14-4-3　SLF4J＋Logbackの基本的な使い方

SLF4J＋Logbackを使用してログを出力するには、次の2つの処理をおこないます。

・設定ファイル（logback.xml）の作成
・ログ出力コードの記述

それぞれについて見ていきましょう。

(1) 設定ファイル（logback.xml）の作成

まず、ログ出力の動作を決める設定ファイルを作成します。

クラスパスがとおったディレクトリ直下に、ファイル名が「logback.xml」であるXMLファイルを作成します。コンソールにログを出力するための設定を次に示します。

```xml
<?xml version="1.0" encoding="UTF-8" ?>

<configuration>

  <appender name="STDOUT" class="ch.qos.logback.core.ConsoleAppender">
    <encoder>
      <pattern>%date [%thread] %-5level %logger{35} - %message%n</pattern>
    </encoder>
  </appender>

  <root level="INFO">
    <appender-ref ref="STDOUT" />
  </root>

</configuration>
```

すべての設定は、configurationタグの中に記述します。

まずappenderタグで、ログを出力する場所を定義します。上記の例ではコンソールに出力する定義をおこなっており、その定義に「STDOUT」という名前を付けています。

patternタグには、出力するログのフォーマットを記述しています。「%d」などの記号は、出力するログの文字列に埋め込むパラメータを表しています。指定できるおもなパラメータを表に示します。

パラメータ	説明
%date	ログを出力した日時
%thread	スレッド名
%level	ログレベル（上記の例では「-5」が入っているが、これはログレベルの出力幅を5文字固定にすることを表す）
%logger	ログを出力したクラス名
%line	ログを出力した行番号
%message	ログを出力するコードで指定したログメッセージ
%n	改行

●patternタグに指定できるおもなパラメータ

そしてrootタグで、出力ログレベルを指定します。上記の例ではINFOレベルを指定しているので、INFO、WARN、ERRORレベルのログが出力され、DEBUGレベルのログは出力されません。

また、appender-refタグで、ログ出力先の設定を関連付けています。

(2) ログ出力コードの記述

ログを出力するには、まずSLF4JのLoggerFactoryのgetLoggerメソッドを使用して、クラスのLoggerオブジェクトを取得します。Loggerにはログレベルに応じたメソッド（error／warn／info／debug／trace）が用意されているので、用途に応じて呼び分けます。

次の例では、INFOレベルでログを出力しています。

```java
package jp.co.acroquest.java.log;

import org.slf4j.Logger;
import org.slf4j.LoggerFactory;

public class LogbackSample {
    private static final Logger logger = LoggerFactory.getLogger(LogbackSample.class);

    public static void main(String[] args) {
        logger.info("アプリケーションを実行しました。");
    }
}
```

```
2016-05-01 12:34:56,789 [main] INFO jp.co.acroquest.java.log.LogbackSample - アプリケー
ションを実行しました。
```

　ログ出力コードをよく見てみると、Logbackのクラスをいっさい使用していないことがわかります。SLF4Jは、クラスパスに存在するロギングライブラリを自動的に関連付けて、ログ出力をおこなってくれます。すなわち、ロギングライブラリを入れ替える（Logbackの代わりにLog4jを用いるなど）場合に、Javaのコードは変更する必要がないのです。そのため、コードは汎用性の高いものになります。

14-4-4　ファイルに出力する

　先ほどの例ではログをコンソールに出力していましたが、コンソールは内容が流れてしまうため、通常はログをファイルに出力します。そのため、先ほどの例を修正し、ログをファイルに出力するようにします。

　ログの出力先を変えるには、logback.xmlのappenderの設定を変更します。

```xml
<?xml version="1.0" encoding="UTF-8" ?>

<configuration>

  <appender name="FILE" class="ch.qos.logback.core.rolling.RollingFileAppender">
    <file>logs/logtest.log</file>
    <rollingPolicy class="ch.qos.logback.core.rolling.TimeBasedRollingPolicy">
      <fileNamePattern>logs/logtest.%d{yyyy-MM-dd}.log</fileNamePattern>
      <maxHistory>30</maxHistory>
    </rollingPolicy>
    <encoder>
      <pattern>%date [%thread] %-5level %logger{35} - %message%n</pattern>
    </encoder>
  </appender>

  <root level="INFO">
    <appender-ref ref="FILE" />
```

```
    </root>

</configuration>
```

この例では、appenderタグで指定していた標準出力の設定（ConsoleAppender）を、ファイル出力の設定（RollingFileAppender）に変更しています。その際、わかりやすくするために、名前も「FILE」に変更しています。

rollingPolicyタグでは、ログファイルが誇大化しないように、出力先となるログファイルを切り替える（ローテートする）ための条件を設定します。上記の設定では、1日ごとに名前に日付がついているファイルにローテートをおこない、最大30世代のログファイルを保存するようにしています。

あとは、appenderの名前を変更したため、appender-refで参照するappenderの名前も変更しています。

この設定を保存し、アプリケーションを実行すると、logsフォルダのlogtest.logファイルに、次の内容が出力されます。

```
2016-05-01 12:34:56,789 [main] INFO jp.co.acroquest.java.log.LogbackSample - アプリケー
ションを実行しました。
```

14-4-5　変数を出力する

ログを出力する際は、あとで状況を追いやすくするために、変数の値を出力することが頻繁にあります。たとえば、データベースにレコードを追加する際には、DEBUGレベルで、追加するレコードの内容をログに出力します。

その際、次に示すように記述してしまうと、パフォーマンスが悪くなってしまう可能性があります。

```
logger.debug("employee=" + employee + ", department=" + department);
```

アプリケーションのログレベルがINFOで動作していた場合、DEBUGレベルのログは出力されません。しかし、その出力レベルの判定は、ライブラリの中でおこなわれます。上記のコードでは、ライブラリの中に入る前に、employeeオブジェクトとdepartmentオブジェクトのtoStringメソッドを実行することになり、toStringメソッドの処理が重いために[1]、アプリケーションのパフォーマンスも悪くなってしまいます。

そうならないよう、今まで（Log4jライブラリを使用していた場合）は、次のようにログレベルを判定するif文を明示的に記述し、運用時はtoStringメソッドが実行されないようにして、パフォーマンスの悪化を防いでいました。

※1　たとえばCommons LangのToStringBuilderクラスを使用していると、リフレクションを用いているため、処理が重くなります。

431

```
if (logger.isDebugEnabled()) {
    logger.debug("employee=" + employee + ", department=" + department);
}
```

ただ、ほぼすべてのdebugメソッド呼び出し箇所にif文を記述するのは手間がかかります。

SLF4Jではこの問題が改善されており、変数を埋め込むプレースホルダーを使用して変数を出力するようになっています。

```
logger.debug("employee={}, department={}", employee, department);
```

ログメッセージの中に{}を記述し、埋め込みたい値をメソッドの引数に追加していくことで、ライブラリ内部でのログ出力時にtoStringメソッドが実行されるようになります。このように実装しておくと、INFOレベルで動作させた場合も、パフォーマンスが悪くなることはありません。

なお、上記の例ではdebugメソッドですが、infoメソッドなど、ほかのメソッドに対しても同様です。

14-4-6　パッケージごとに出力ログレベルを変更する

今までの例では、アプリケーション内のすべての出力ログレベルが同じものでした。しかし実際には、「特定の箇所でのログ出力のみ、出力ログレベルを変更したい」ということがよくあります。

次に示す例では、loggerタグのname属性にパッケージ名を指定し、指定したパッケージ配下で出力されるログの出力ログレベルをDEBUGに変更しています。なお、loggerタグは複数記述できます。

●logback.xml

```
<?xml version="1.0" encoding="UTF-8" ?>

<configuration>

（中略）

  <logger name="jp.co.acroquest.java.log.dao" level="DEBUG" />

  <root level="INFO">
    <appender-ref ref="FILE" />
  </root>

</configuration>
```

14-4-7　動的に設定を変更する

通常の運用では、出力ログレベルをINFOもしくはWARNで設定することが多いですが、そこで何か問題が発生したときなどは、問題の原因を追うために、出力ログレベルをDEBUGにすることが必要になります。ただ、設定を反映させるには、通常アプリケーションの再起動が必要になるため、特に運用

環境ではかんたんに出力ログレベルを変更することができません。

その問題に対応するために、Logbackでは、一定間隔でlogback.xmlを再読み込みするような設定をおこなうことができます。

● **logback.xml**

```
<?xml version="1.0" encoding="UTF-8" ?>

<configuration scan="true" scanPeriod="60 seconds">

（中略）

</configuration>
```

configurationタグのscan属性に「true」を指定し、scanPeriod属性にlogback.xmlを再読み込みするまでの間隔を指定します。これにより、アプリケーションを再起動しなくても、出力ログレベルを変更することが可能になります。

謝辞

　私たちが所属するAcroquest Technology株式会社は、Javaが誕生して間もないころから開発現場でJavaを使っており、今でもメインの開発言語として使っています。Javaとともに、仕事の楽しさや、達成感、そして苦しさなども含めて開発者人生を歩んできましたので、Javaに関する書籍を世に出すことができる機会を得られたことは、本当にうれしく、光栄なことです。

　しかし、出版に至るまでの道のりは決してかんたんなものではありませんでした。実際に、この本の企画がたってから、出版できるまでに、予定・想像していたよりもかなりの時間を、いや、年数を要してしまいました。本書の執筆メンバーは自分の開発業務のかたわらで執筆を進めていたため、なかなか思うように時間が取れず、レビューやサンプルコードの検証、そして日常業務でのサポートなどで、Acroquest Technology株式会社のメンバーに何度も助けてもらいました。中でも鈴木貴典さん、速川徹さん、上田悠介さん、澤毅さんには多くの協力をいただきました。ありがとうございます。

　また、櫻庭祐一さん、きしだなおきさんには、お忙しい中レビューをしていただき、数々の貴重なアドバイスをいただきました。いただいたコメントにどれだけ応えられたか、まだ不十分なところがあるかもしれませんが、お二人の客観的なコメントがなければ、本書は良いものにはならなかったと思います。本当にありがとうございました。

　そして何といっても、技術評論社の傳智之さんは筆の遅い私たちを辛抱強く待ってくださり、時には進捗どうですかと問いかけていただき、本書を執筆するうえでの多くの的確なアドバイスと励ましの言葉をいただきました。傳さんにとっては仕事としての一面もあったかとは思いますが、厚いサポートなしには本書は完成には至らなかったと思います。いろいろとご迷惑もおかけしましたが、最後までお付き合いいただき、本当にありがとうございます。

　最後に、本書を手にとってくださった読者のみなさん。本書に興味を持ってくださりありがとうございます。著者一同、実際の開発の現場で役に立つ本を目指して執筆しました。Javaによるソフトウェア開発がよりいっそう楽しくなり、日頃の開発に少しでもお役に立つことができれば幸いです。

参考文献

本書を執筆するうえで参考にさせていただいた情報や、次に読むことをおすすめする本を紹介します。

● **プログラミング言語Java　第4版**

ケン・アーノルド、ジェームズ・ゴスリン、デビッド・ホームズ 著／柴田芳樹 訳／
東京電機大学出版局 刊／ISBN：978-4501552602

● **Effective Java　第2版**

ジョシュア・ブロック（Joshua Bloch）著／柴田芳樹 訳／
丸善出版 刊／ISBN：978-4621066058

● **増補改訂版 Java言語で学ぶデザインパターン入門**

結城浩 著／SBクリエイティブ 刊／ISBN：978-4797327038

● **増補改訂版 Java言語で学ぶデザインパターン入門 マルチスレッド編**

結城浩 著／SBクリエイティブ 刊／ISBN：978-4797331622

● **Javaパフォーマンス**

スコット・オークス（Scott Oaks）著／アクロクエストテクノロジー（Acroquest Technology）
株式会社、寺田佳央 監訳／牧野聡 訳／ISBN：978-4873117188

● **JUnit実践入門**

渡辺修司 著／技術評論社 刊／ISBN：978-4774153773

● **Java言語で学ぶリファクタリング入門**

結城浩 著／SBクリエイティブ 刊／ISBN：978-4797337990

● **Java逆引きレシピ**

竹添直樹、高橋和也、織田翔、島本多可子 著／翔泳社 刊／ISBN：978-4798122380

● **改訂新版 Jenkins実践入門**

佐藤聖規 著・監修／和田貴久、河村雅人、米沢弘樹 著／山岸啓 著／川口耕介 監修／
技術評論社 刊／ISBN：978-4774174235

● **Javaによる関数型プログラミング ―Java 8ラムダ式とStream**

ヴェンカット・サブラマニアム（Venkat Subramaniam）著／株式会社プログラミングシステム
社 訳／ISBN：978-4873117041

● **現場で使える[最新]Java SE 7/8 速攻入門**

櫻庭祐一 著／技術評論社 刊／ISBN：978-4774177380

● **ひしだま's 技術メモページ Java**

http://www.ne.jp/asahi/hishidama/home/tech/java/index.html

索引

Index

記号・数字

!	34
!=	33
%	32
%=	37
%d	215
%S	215
%s	215
%X	215
&	35
&&	34
&=	37
( )	154
*	32
*=	37
+	32, 37, 204
++	32
+=	37
,	207
-	32
--	32
-=	37
.	50, 51, 207
...	120
/	32, 225
/*	31, 384
/**	384
//	31, 384
/=	37
;	30, 155
<	33
<<	35
<<=	37
<=	33
=	37
==	33, 71, 86
>	33
>=	33
>>	35
>>=	37
>>>	35
>>>=	37
?	34, 104
@Deprecated	56
@FunctionalInterface	161

@Override	56
@SuppressWarnings	56, 57
@Test	57
[ ]	107
\	225
^	35
^=	37
_	58, 59, 65
{ }	30
{@code}	387
{@inheritDoc}	388
{@link}	387
{@literal}	387
|	35
|=	37
||	34
~	35
2分探索	138, 144

A

AbstractFactoryパターン	348
abstractクラス	47
abstract修飾子	47, 80, 82
abstractメソッド	47, 81, 309
Adapterパターン	356
addAllメソッド	123, 140
addメソッド	99, 123, 126, 140, 142, 272, 332
AND	35, 37
Ant	377
Apache Commons	95, 414
Apache Commons Lang	171
APIドキュメント	389
APPEND	233
appendメソッド	94, 203, 235, 296
ArithmeticException	32
arraycopyメソッド	112
ArrayIndexOutOfBoundsException	111, 127
ArrayListクラス	99, 113, 124, 130, 132, 133, 332
Arraysクラス	112, 113, 117, 119, 157
asListメソッド	125
AtomicIntegerクラス	296

AutoCloseableインタフェース	183
averageメソッド	169

B

binarySearchメソッド	117, 119, 128
boolean	31, 38, 63, 68
break	39, 43
BufferedReaderクラス	234, 237
BufferedWriterクラス	235
Builderパターン	351
byte	63, 68
BYTES	68

C

C	49
C++	49
Calendarクラス	269, 272
Calendarクラスの定数	271
catch	178, 180
char	63, 68
charactersメソッド	255
Characterクラス	220
Charsetクラス	236
char型	202
Checkstyle	376, 391
Checkstyle Plug-in	392, 408
CI	376, 403
class	73
ClassCastException	100, 114
clearメソッド	123, 134, 140
Closeableインタフェース	183
closeメソッド	230
codePointCountメソッド	220
Collectionsクラス	127, 128, 133, 145
Collectionインタフェース	370
Collectorsクラスの各メソッドが返す具象クラス	168
collectメソッド	167
Commandパターン	363
Commons BeanUtils	417
Commons Lang	95, 414, 420, 431
Comparableインタフェース	114, 116
Comparator	116

437

Comparatorインタフェース ... 114, 127
Comparatorクラス ... 151
compareToメソッド ... 114, 116
compareメソッド ... 115
compileメソッド ... 212
Compositeパターン ... 359
computeIfAbsentメソッド ... 173
computeIfPresentメソッド ... 173
computeメソッド ... 173
concatメソッド ... 204
ConcurrentHashMapクラス
... 138, 139, 143, 145
ConcurrentModificationException
... 132
containsAllメソッド ... 124, 140
containsKeyメソッド ... 134, 137
containsValueメソッド ... 134, 137
containsメソッド
... 124, 127, 140, 143
copyOfメソッド ... 113
CopyOnWriteArrayListクラス
... 124, 132, 133
copyメソッド ... 112, 240
countメソッド ... 169
CREATE ... 233
createDirectoriesメソッド ... 244
createDirectoryメソッド ... 244
createFileメソッド ... 242
createNewFileメソッド ... 242
createTempDirectoryメソッド ... 246
createTempFileメソッド ... 244, 245
CSV ... 421
CSVデータを書き込む ... 423
CSVデータを読み込む ... 422
CSVファイル ... 250
Cursor API ... 258

D

Date and Time API ... 274
Date and Time APIで日付／時間クラス
と文字列を相互変換する ... 285
DateFormatクラス ... 284
DateTimeException ... 286
DateTimeFormatterクラス
... 285, 286, 289
DateTimeParseException ... 286
Dateクラス ... 268, 272
DateクラスとCalendarクラスの
相互変換をおこなう ... 272
DBMS ... 348
default ... 40

defaultメソッド ... 82
DELETE_ON_CLOSE ... 246
deleteIfExistsメソッド ... 241
deleteOnExitメソッド ... 245
deleteメソッド ... 240, 241
Dequeインタフェース ... 147
DirectoryNotEmptyException ... 241
distinctメソッド ... 164, 165
do … while ... 38, 42
DocumentBuilderクラス ... 255
DOM ... 252
double ... 49, 63, 68
DoubleStreamクラス ... 159
Dozer ... 420

E

Eclipse ... 59, 64, 92, 94, 249, 384,
385, 387, 389, 397, 398, 415
Eclipseによるバグチェック ... 395
Eclipseによるフォーマットチェック ... 392
Eclipseのインストール ... 22
Effective Java 第2版 ... 84, 104
else ... 38
else if ... 38
endDocumentメソッド ... 255
endElementメソッド ... 255
endsWithメソッド ... 227
entrySetメソッド ... 158
enum ... 39, 97, 277
Enumクラス ... 98
equalsメソッド ... 86, 91, 137, 415
Error ... 179
Errorクラス ... 180
Event Iterator API ... 259
EventListener ... 373
Excel ... 251
Exception ... 178
Exceptionクラス ... 195
Exceptionを捕捉するとき ... 193
extends ... 79

F

Factory Methodパターン ... 315
FIFO ... 146
File.separator ... 225
FileAlreadyExistsException ... 242
FileInputStreamクラス
... 230, 234, 239
FileOutputStreamクラス
... 231, 235, 239
FileReaderクラス ... 220

Filesクラス ... 232, 235, 236, 240,
241, 242, 244, 245, 246
FileWriterクラス ... 220
Fileクラス
... 224, 240, 242, 243, 244, 245
filterメソッド ... 164
final ... 45
finally ... 182, 230
final修飾子 ... 47, 78
findAnyメソッド ... 169
FindBugs ... 376, 395
findbugs-maven-plugin ... 397
FindBugs Plug-in ... 408
FindBugsで検出できる問題 ... 396
findFirstメソッド ... 169
flatMapメソッド ... 161, 162
float ... 49, 63, 68
for ... 38, 40, 107, 128, 160, 170,
204, 207, 369
for-each ... 40, 41, 128, 132, 138,
144, 369
forEachメソッド ... 134, 156, 167
formatメソッド ... 216, 282, 285, 331
FQCN ... 74
fromメソッド ... 286
Function ... 161
Futureパターン ... 338, 340

G

getAttributesメソッド ... 254
getBundleメソッド ... 249
getBytesメソッド ... 218, 219
getDayOfMonthメソッド ... 278
getFirstChildメソッド ... 253
getHourメソッド ... 278
getInstanceメソッド ... 270
getMinuteメソッド ... 278
getMonthValueメソッド ... 278
getMonthメソッド ... 278
getNanoメソッド ... 278
getNextSiblingメソッド ... 253
getParentメソッド ... 227
getPropertyメソッド ... 248
getSecondメソッド ... 278
getStringメソッド ... 249
getter ... 52, 415
getTimeメソッド ... 270, 272
getYearメソッド ... 278
getメソッド ... 99, 123, 126, 134, 136
Git ... 406
GoF ... 346

438

Index

Gradle 377
groupingBy メソッド 168

H

hashCode メソッド
.... 87, 91, 93, 137, 415
HashMap クラス
.... 87, 135, 137, 139, 331
HashSet クラス 87, 141, 142, 143
hasNext メソッド 129
HotSpot 17, 334
HP-UX JVM 17
HTML 55, 386
HTTP 70, 72, 98

I

IBM JVM 17
IDE 22, 59, 62, 64, 92, 94, 249,
376, 384, 386, 387, 389
IEEE 754 .... 49, 63
if 38, 43
IllegalFormatConversionException
.... 216
implements 82
incrementAndGet メソッド 296
indexOf メソッド 124, 127, 209
IndexOutOfBoundsException 126
InputStreamReader クラス 234
InputStreamReader コンストラクタ
.... 220
InputStream インタフェース 230
instanceof 33, 85
int 31, 63, 68
Integer クラス 295
interface 82
intern メソッド 221
IntStream 170
IntStream クラス 159
int 型 114
IOException クラス 179
isEmpty メソッド 123, 134, 140
isHighSurrogate メソッド 220
isLowSurrogate メソッド 220
ISO 8601 形式 277
isXxx 59
Iterable 41
Iterable インタフェース 370
iterator 132, 138, 144, 332, 369
Iterator インタフェース 129
Iterator パターン 368
iterator メソッド 124, 140

J

ja 249
Jackson 424
JaCoCo plugin 408
JapaneseDate クラス 288
JapaneseEra クラス 288
JAR ファイル 376, 398, 414
java 18
Java 5.0
.... 71, 97, 100, 112, 113, 250
Java 6 ...... 112, 145, 183, 229, 231,
234, 235, 239, 240, 242, 243,
244, 248, 250
Java 7 .... 65, 93, 100, 151, 170,
183, 185, 207, 226, 231, 232,
235, 236, 240, 241, 242, 243,
245, 248, 309, 317
Java 8 .... 68, 82, 84, 150, 156, 158,
172, 197, 198, 207, 208, 216,
237, 288, 298, 309, 313, 316
Java EE 17, 57
Java ME 17
Java SE 16
Java VM 16, 180, 221, 245, 323,
334, 336
Java VM の種類 17
java.io.IOException 178
java.lang.Boolean 68
java.lang.Byte 68
java.lang.Character 68
java.lang.Double 68
java.lang.Exception クラス 179
java.lang.Float 68
java.lang.Integer 68
java.lang.Long 68
java.lang.NumberFormatException
.... 178
java.lang.Short 68
java.nio.file 226
java.util.List 121
java.util.Map 121
java.util.Scanner 43
java.util.Set 121
javac 18, 63
Javadoc 55, 294, 383
Javadoc コメントを記述する箇所と内容
.... 384
Javadoc で使用できるおもなタグ 385
JavaScript 62
Java が実行される流れ 18
Java 仮想マシン 16

Java の3つのエディション 16
Java のインストール 19
Java の特長 16
Java の文字から任意の文字コードへ
変換する 218
JAXB 262, 333
JDK 17
Jenkins 376, 394, 397, 398, 403
Jenkins でビルドを実行する 406
Jenkins でレポートを生成する 408
Jenkins の環境を準備する 403
JIT 18
joining メソッド 168, 171
join メソッド 208
JRE 17
JRockit 17
JSON 265, 424
JSON データを解析する 425
JSON データを生成する 426
JUnit 57, 376, 380, 398, 409

K

keySet メソッド 134

L

lastIndexOf メソッド 124, 210
length メソッド 66
limit メソッド 164, 165
lines メソッド 237
LinkedHashMap クラス 138, 139
LinkedHashSet クラス 141, 144
LinkedList クラス 124, 131, 133
listIterator メソッド 124
List インターフェースの実装クラスの性能
.... 133
List インタフェース
.... 99, 123, 124, 156
List で全要素に関数を適用するメソッド
.... 172
List の3つの実装クラス 130
List のイテレーション 128
List や Map に対して効率的に処理を
おこなう 172
List を検索する 128
List を作成する 124
List をソートする 127
load メソッド 248
LocalDateTime クラス 38, 275
LocalDateTime クラスのメソッド
.... 278, 280
LocalDate クラス 275, 298

439

LocalDate クラスのメソッド 278, 279
LocalTime クラス 275
LocalTime クラスのメソッド 278, 280
Logback 428
logback.xml 428, 430, 433
long 63, 68, 334
LongStream クラス 159

M

main メソッド 49, 132, 193
Map 265, 424
mapToDouble メソッド 161
mapToInt メソッド 161
mapToLong メソッド 161
mapToObj メソッド 171
Map インターフェースの実装クラス ... 139
Map インタフェース 134
Map から Stream を作成する 158
Map で全要素に関数を適用するメソッド
.... 173
Map と Set の関係 145
Map の 3 つの実装クラス 137
Map の使い方 135
map メソッド 161
Map を作成する 134
Marshaller 333
marshal メソッド 334
Matcher クラス 212
matcher メソッド 212
matches メソッド 212
Maven 377, 398, 407, 417, 420,
                                   422, 424
maven-checkstyle-plugin 393
maven-javadoc-plugin 389
Maven にプラグインを導入する 382
Maven によるバグチェック 397
Maven によるフォーマットチェック ... 393
Maven のインストール 377
MAX_VALUE 68
max メソッド 169
MessageFormat クラス 216
MIME タイプ 226
MIN_VALUE 68
minusDays メソッド 279, 280
minusHours メソッド 280
minusMinutes メソッド 280
minusMonths メソッド 279, 280
minusNanos メソッド 280
minusSeconds メソッド 280
minusWeeks メソッド 279, 280
minusYears メソッド 279, 280

min メソッド 169
mkdirs メソッド 243
mkdir メソッド 243
Month クラスの enum の値 277
mvn clean 381
mvn install 381
mvn package 380
mvn site 390

N

native2ascii 249
native 修飾子 49
nested class 84
new 50, 73, 83, 110, 120, 124,
                                   135, 141
newBufferedReader メソッド 235
newBufferedWriter メソッド 236
newInputStream メソッド 231
newLine メソッド 235
newOutputStream メソッド 232
newSetFromMap メソッド 145
nextLine 43
next メソッド 129
normalize メソッド 227, 228
NoSuchFileException 241, 244
now メソッド 275
null 136, 169, 198
NullPointerException
.... 190, 198, 334
null チェック 68, 70, 101, 198, 415
null リテラル 67

O

Objects.hash メソッド 93
Object クラス 99
Observer パターン 370
offerFirst メソッド 147
offerLast メソッド 147
offer メソッド 146
ofPattern メソッド 285, 286
of メソッド 158, 276
OpenJDK 17, 158
OpenOption 233
Optional 169
Optional が持つおもなメソッド 199
Optional クラス 198
OR 35, 37
OutOfMemoryError 229
OutOfMemoryError クラス 180
OutputStreamWriter クラス 235

OutputStreamWriter コンストラクタ
.... 220
O 記法 138

P

package 74
package private 299
ParseException 284
parseXxx 69
parse メソッド 255, 277, 283, 286
Paths クラス 226
Path クラス 226
Pattern クラス 212
peek メソッド 146
plusDays メソッド 279, 280
plusHours メソッド 280
plusMinutes メソッド 280
plusMonths メソッド 279, 280
plusNanos メソッド 280
plusSeconds メソッド 280
plusWeeks メソッド 279, 280
plusYears メソッド 279, 280
pollFirst メソッド 147
pollLast メソッド 147
poll メソッド 146
pom.xml 379, 389, 393, 397, 414,
                          417, 420, 422, 424
private 76, 98, 299
Properties クラス 248
protected 76, 299
public 76, 82, 299
public abstract 82
public static final 96
public static void main 30
public 修飾子 82
putAll メソッド 134
put メソッド 134, 135, 136, 331

Q

Queue インタフェース 146

R

rangeClosed メソッド 159
range メソッド 159, 171, 175
readLine メソッド 234
readRecursive メソッド 253
read メソッド 230
reduce メソッド 167
register メソッド 227
removeAll メソッド 123, 140
removeIf メソッド 172

440

Index

remove メソッド 123, 127, 134, 136, 140, 143, 332
replaceAll メソッド 172
replace メソッド 208, 295
resolve メソッド 227
ResourceBundle クラス 249
REST 266
retainAll メソッド 123, 140
return 46, 132, 187
Ruby 62
RuntimeException 178, 192
RuntimeException クラス 180, 195

S

SAX 255
setDate 269
setHours 269
setMinutes 269
setMonth 269
setSeconds 269
setter 52, 415
setTime メソッド 269, 273
setYear 269
Set インタフェース 127, 140
Set の3つの実装クラス 143
Set の初期化 141
Set の使い方 142
set メソッド 123, 126, 270
short 63, 68
SimpleDateFormat クラス
.... 282, 283, 284, 331
Singleton パターン 354
SIZE 68
size メソッド
.... 123, 127, 134, 137, 140, 143
SLF4J 428
sorted メソッド 166
sort メソッド 114, 117, 119, 127
split メソッド 206
SQL 170
SQLException クラス 179
startDocument メソッド 255
startElement メソッド 255
startsWith メソッド 227
static 45, 306
static final 45
static イニシャライザ 135
static インポート 310
static 修飾子 47, 77
static メソッド 314, 316
static メンバークラス 84

StAX 257
Strategy パターン 366
Stream API 150, 313
Stream API を使うためのポイント ... 170
Stream API を使った List の初期化
.... 175
Stream API を使ってファイルを読み込む
.... 236
Stream API を用いたストリーム処理の流れ
.... 151
Stream に対する「終端操作」 167
Stream に対する「中間操作」 161
stream メソッド 157, 158
Stream を作成する 157
Stream を用いて配列を作成する ... 176
strictfp 修飾子 49
String 31
StringBuilder クラス 94, 170, 203, 207, 296
StringUtils 171
String クラス 66, 202, 204, 206, 208, 209, 218, 219, 221, 295
String クラスのメソッドで正規表現を使う
.... 213
String コンストラクタ 219
subList メソッド 123
Subversion 406
sum メソッド 169
super 80, 104
Super CSV 421
switch 38, 39, 98
synchronized 修飾子 48, 138, 143, 222, 341, 344
System.err.println メソッド 215
System.in 43
System.out.printf メソッド 218
System.out.println 30
System.out.println メソッド 215
System クラス 112

T

TemporalAccessor インタフェース
.... 286
this 51
throw 183, 187, 191
Throwable クラス 180
throws 179, 180
throws Exception 感染 191
toAbsolutePath メソッド 227
toArray メソッド 123, 140, 167
toFile メソッド 227

toList メソッド 168
toLowerCase メソッド 203
toSet メソッド 168
toString 69
ToStringBuilder クラス 262
toString メソッド ... 93, 113, 227, 262
toUri メソッド 227
transferTo メソッド 239
transient 修飾子 48
TreeMap クラス 138, 139
TreeSet クラス 141, 144
TRUNCATE_EXISTING 233
try-with-resources 183, 231, 232
try〜catch〜finally 181, 194

U

UncheckedIOException 197
Unicode 63
unmarshal メソッド 265
UnmodifiableList クラス 133
unmodifiableList メソッド 133
UnsupportedTemporalTypeException
.... 285
UTF-16 217

V

valueOf メソッド 69, 70, 71
values メソッド 134
void 46, 294
volatile 修飾子 48

W

while 38, 42, 204
WRITE 233
write メソッド 233

X

XML 251, 424
XMLEventReader インタフェース ... 259
XMLStreamReader インタフェース
.... 258
XOR 35, 37
XPath 261

Z

Zing 17

441

あ

アクセサメソッド	338
アクセス修飾子	47, 75, 76, 303
値の集合を扱う	140
アトミック	331, 336
アノテーション	56, 162
アプリケーション例外	195
余り	32, 37
アンダースコア	58, 59, 65
アンボクシング	71, 296

い

委譲	357
異常終了	193, 245
依存性解決	379
一時ファイルを作成する	244, 245
イテレータ	124, 129, 140, 369
イミュータブル	203, 269, 274, 294, 297
イミュータブルオブジェクト	295
インクリメント	32, 33, 329
インスタンス	33, 50, 51, 66, 73
インスタンス化	47
インスタンスが単一であることを保証する	354
インスタンス自身が状態の変化を通知する	370
インスタンスの各要素に順番にアクセスする	368
インスタンスの生成過程を隠ぺい	351
インスタンス変数	303, 304, 309, 337, 338
インスタンスをまとめて生成	348
インタフェース	47, 82, 309, 311, 312
インタフェースに互換性のないクラスどうしを組み合わせる	356
インタフェースのstaticメソッド	314
インタフェースのデフォルト実装	313
インデックス	107, 111, 122
インデント	386

え

エコシステム	16
エスケープ	251
エスケープ文字	225
エラー	178, 179, 427
エラーID	196
エラーコード	187
エンコーディング	219
エンコード	251
演算	70

演算子	32

お

オートボクシング	71, 296
オーバーヘッド	18, 323
オーバーライド	48, 56, 80, 86, 92, 93, 94, 300, 388
オーバーロード	49, 53
オブジェクト	33, 50, 66, 114
オブジェクト指向	16
オブジェクトの等価性	86
オブジェクトの振る舞い	82
オブジェクトのライフサイクル	303
親クラス	79

か

改行	235, 251
階層構造	359
開発環境	17
外部定義化	247
拡張子	249
拡張性	82
加算	37
可視性	299, 300, 303
型	31, 62, 85
型安全	96
型判定	85
型を変換	66
可読性	58, 151
カバレッジ	408
ガベージコレクション	303, 306
可変長引数	119
仮型パラメータ	101
カレンダーフィールド	271
関係演算子	33
関数オブジェクト	164
関数型インタフェース	153, 161
カンマ	207

き

キーと値の組み合わせで値を扱う	134
基数	69
期待していない動作	178
キャスト	66, 86
キャメルケース	58

く

具象クラス	168, 192, 195
組み込み系デバイス	17
クラス	30, 45, 66, 303

クラス定数	78
クラスに指定できるアクセス修飾子	76
クラスの宣言	45
クラスファイル	18
クラス変数	303, 337
クラス名	58
クラスメンバ	77
クラスを定義する	73
繰り返し処理をおこなう終端操作	167
繰り返しの処理	38
グレゴリオ暦	288

け

警告	56
計算量	138, 144
継承	79, 83, 98, 300, 313, 356, 388
継続的インテグレーション	376, 403
桁あふれ	66
結果を1つだけ取り出す終端操作	169
結果をまとめて取り出す終端操作	167
ゲッター	52
検索	122
検査例外	178, 179, 192, 197
減算	37

こ

構造に関するパターン	356
後置演算	33
コールバック	338
コールバック関数	134
コールバックメソッド	258
互換性	313
国際化対応	247, 249
子クラス	79
コメント	30, 383
コレクション	111, 121
コレクションのソート	151
コレクションフレームワーク	121
コレクションをSetに変換する	141
コンストラクタ	52, 98, 219, 224
コンパイル	18
コンパイルエラー	62, 65, 78, 178, 179, 197

さ

差	32
再帰的な構造の取り扱いを容易にする	359
最小値	68
最大値	68

442

Index

再利用性 46
先入れ先出し 146
サブクラス 79
サロゲートペア 220
三項演算子 32
算術演算子 32
算術シフト 35, 37
参照 66, 124, 387, 418
参照型 66, 292

し

ジェネリクス 100
シグネチャ 179, 180
システム例外 195
実行環境 17
実行時例外 178, 180, 192, 197
実装クラス 116, 135
時分割方式 320
シャローコピー 418
集計処理をおこなう終端操作 169
修飾子 45, 46, 47
終端操作 167
商 32
条件演算子 34
条件分岐 38
乗算 37
情報共有 55
初期化 40, 52, 124, 134
初期値 64, 70
除算 37
書式文字列 215
処理の組み合わせを容易にする
.... 363
シリアライズ 48
真偽値 31, 38, 63
真偽値型 63
真偽を反転 34
シンボリックリンク 226

す

数値 39
数値型 63
数値範囲からStreamを作成する 159
スーパークラス 79, 310, 388
スタック 100, 199
スタックトレース 188
ステートレス 337
ステートレスなクラス 306
ストリーム 229
ストリーム処理 150
スネークケース 58, 78

スループット 323, 344
スレッド 48, 132, 137, 180, 193
スレッドセーフ 124, 145, 147, 206,
284, 286, 324, 329

せ

正規化 228
正規表現 206, 211
正規表現を用いて文字列を置換する
.... 213
正規表現を用いて文字列を分割する
.... 212
制御構文 37
生産性 414
整数値 31
生成に関するパターン 348
静的型付け 62, 179
静的チェック 395
正負の符号を反転 32
西暦を和暦に変換する 288
積 32
セッター 52
絶対パス 224, 227
設定ファイル 70
セミコロン 30, 155
線形検索
.... 117, 119, 127, 137, 138, 143
前置演算 33
戦略 366

そ

総称型 100
相対パス 224, 227
挿入ソート 138
ソースコード 18
ソート 116, 122, 138, 144
属性 337
外出し 247

た

代入 37, 59, 70, 418
代入演算子 36, 37, 64
ダイヤモンドオペレータ 100
多態性 308
単項演算子 32, 34, 35
単精度 63

ち

中間操作 161
抽象クラス
.... 80, 83, 309, 310, 311, 365

抽象メソッド 80

つ

通信処理 146
ツリー構造 362

て

ディープコピー 419
定数 45, 58, 78, 83, 96
定数インタフェース 309
ディレクトリ 227
ディレクトリ構造 80
ディレクトリを作成 243
データ構造 137
データベース 72
テキストファイルに書き込む 235, 236
テキストファイルを読み込む
.... 233, 234, 235
デクリメント 32, 33
デザインパターン 338, 346
テスト 301, 306, 380, 395, 398
テストコードを実装する 399
テストを実行する 401
デック 147
デッドロック 325
デバッグ 196, 427
デフォルトエンコーディング 219
デフォルトコンストラクタ 80
デプロイ 376

と

同期化 341, 344
動詞 59
動的型付け 62
ドキュメンテーションコメント 383
独自例外 194
匿名クラス 83, 84, 151
ドット 50, 51, 207

な

名前 31
名前のつけ方 58
波カッコ 30
ナローイング 65, 66

に

二項演算子 32, 37
二分探索 117
任意の文字コードからJavaの文字へ
変換する 219

443

ね

ネイティブなコード	49

は

バージョン管理システム	406
パース	258
倍精度	63
バイト数	68
バイナリサーチ	117
バイナリファイルに書き込む	231
バイナリファイルを読み込む	229
配列	107, 114, 119, 121, 124, 202, 265
配列からStreamを作成する	157
配列の検索	117
配列のサイズを変更する	112
配列のソート	113, 114
配列の要素の一覧を文字列に変換する	113
配列への代入と取り出し	111
配列をSetに変換する	142
配列を初期化する	109
バインド	59
バグ	62, 178, 297, 304, 328, 395
バグチェック	395
パスカルケース	58
パス区切り文字	225
パターン文字	282, 283
パッケージ	73, 315
パッケージごとに出力ログレベルを変更する	432
パッケージの命名	74
パッケージプライベート	76
ハッシュ値	87, 114, 137, 143, 417
ハッシュテーブル	137, 143
バッファ	146
パラメータ	196

ひ

引数	45, 52, 304, 337
引数オブジェクト	294
引数処理	214
非推奨	56
左シフト	35, 37
日付クラスと日付の文字列表現の相互変換	289
日付クラスを任意の形式で文字列出力する	282
日付処理	268
日付文字列	277

ビット演算

ビット演算	37
ビット演算子	34, 35
ビット数	68
ビットを反転	35
標準入力	43
ビルド	376, 406, 411
ビルドスクリプト	376
ビルドツール	376
品質	391, 395, 397, 402, 403, 408, 411, 414
品質レポート	403

ふ

ファイル	72
ファイルシステム	359
ファイル操作	224
ファイルに書き込む	232
ファイルをコピーする	239, 240
ファイルを削除する	240, 241
ファイルを作成する	242
ファイルを読み込む	231
ファクトリクラス	314, 317
ファクトリメソッド	314
フィールド	45, 48, 52, 98, 303
フィールド、メソッドに指定できる アクセス修飾子	76
フィールド名	59
フィボナッチ数列	107, 109
フォーマット	386
フォーマットチェック	391
不吉な匂い	60
符号付き整数値	63
不定	104
浮動小数点数	49, 63
プラットフォーム	16
プリミティブ型	63, 68, 69, 109, 114, 200, 292
プリミティブ型とラッパークラス	68
プリミティブ値	113
プリミティブ変数	334
振る舞いに関するパターン	363
フレームワーク	57, 195, 197, 328, 359
プログラムの実行	27
ブロック	30, 38, 181, 303
プロパティファイル	247
文	30
分岐	37

へ

並列実行	197

変数

変数	31, 45, 58, 64, 85, 304, 418
変数名	59

ほ

ポインタ	66
保守性	58
ポリモーフィズム	308

ま

丸括弧	154
マルチキャッチ	184
マルチスレッド	48, 147, 303, 304, 320
マルチスレッドにするメリット	321
マルチスレッドの問題	323, 328

み

右シフト	35, 37
ミュータブル	296

む

無限ループ	328, 331, 341

め

名詞	59
命名ルール	58
命令	363
メソッド	30, 45, 98, 119, 304
メソッド参照	156, 161
メソッドチェイン形式	94
メソッドチェーン	157
メソッドのオーバーロード	49
メソッドの宣言	45
メタデータ	56, 226
メンテナンス	196
メンバー	47

も

文字型	63
文字コード	217, 234, 235, 236
文字コードを作る	218
文字数のカウント	220
文字化け	219
文字リテラル	221
文字列	31, 39, 66, 69, 202
文字列で表現された日付をDateクラスに 変換する	283
文字列で表現された日付を日付／時間クラス に変換する	286
文字列リテラル	67
文字列を結合する	37, 94, 203

Index

文字列を検索する 209
文字列を出力する 215
文字列を置換する 208
文字列を分割する 206
文字列を連結する 207
モック化 301, 306, 312, 313
戻り値 46, 294

ゆ
ユーティリティ 414, 417
ユーティリティクラス 226, 306

よ
要素を置き換える中間操作 161
要素を絞り込む中間操作 164
要素を並べ替える中間操作 166

ら
ライフサイクル 303, 304
ライブラリ 414
ラッパークラス 68, 69
ラッパークラスの代表的な定数 68
ラムダ式 84, 151, 161, 164, 197
ラムダ式の基本文法 154

り
リスト 124, 134, 140
リソースの解放漏れ 182
リテラル 31, 64
リファクタリング 302, 387
リフレクション 302, 417, 431
両端キュー 147

る
ループ 43, 107, 124, 132, 138,
144, 204, 298

れ
例外 178, 327
例外処理でつまずかないためのポイント
.... 187
例外の3つの種類 178
例外の処理 194
例外のトレンド 197
例外を表す3つのクラス 179
例外をもみ消さない 187
レスポンスタイム 323
列挙型 97
連想配列 265, 424

ろ
ローカルクラス 84
ローカル変数 303, 304
ロギングライブラリ 428
ログ 180, 185, 188, 196, 214,
229, 323
ログファイルを切り替える 431
ログレベル 427, 431
ログをファイルに出力する 430
ロケール 249, 289
ロック 342
論理演算子 34
論理シフト 35, 37

わ
和 32
ワイドニング 65
和暦 288, 289

■著者略歴

谷本 心（たにもと しん）

トラブルシューティングおよびプラットフォーム開発に従事。

その一方で Java のコミュニティ活動をおこなっており、関西 Java エンジニアの会の立ち上げや、日本 Java ユーザーグループ（JJUG）の幹事を務めるほか、サンフランシスコで開催された JavaOne 2013、2015 にてトラブルシュートについて講演。

好きな Java API は、javax.management。

阪本 雄一郎（さかもと ゆういちろう）

BCI を用いた Java のコア部分の操作から、SpringBoot を用いた Web システムの開発、Hadoop ／ Spark を用いたリアルタイムレコメンドシステム開発まで、幅広い開発経験を持ち、とにかく何でもこなす。

最近では、IoT 基盤プラットフォーム開発のプロジェクトリーダを務める。

好きな Java API は、java.nio。

岡田 拓也（おかだ たくや）

開発マネジメントや、OSS プロダクトの調査／検証を経験。

技術者としての仕事の傍ら、10 年以上に渡って、母校の東工大にて大学生を対象にした無料 Java セミナーを開催。IT エンジニアの裾野を広げるべく、活動してきた。

2014 年からは、ミャンマー支社の Acroquest Myanmar Technology にて、技術指導や支社運営に従事。現地のエンジニアが最新技術を勉強できる土壌を作るべく、コミュニティを立ち上げようと奮闘している。

好きな Java API は、java.time。

秋葉 誠（あきば まこと）

Java によるミッションクリティカルな集中監視システムのフレームワーク開発から、データベース、ネットワークなどに触れて、インフラ方面に興味を持つようになる。

現在は、環境構築から運用、DevOps に向けて「開発もできるインフラエンジニア」を目指して活動している。

好きな Java API は、javax.sql。

村田 賢一郎（むらた けんいちろう）

Java によるミッションクリティカルな集中監視システムのフレームワーク開発、システム開発に長らく携わる。興味の中心は非同期処理、メッセージング。

最近では自然言語処理を活用したプロジェクトのマネジメントをしており、自然言語処理の実案件での活用にのめり込んでいる。

好きな Java API は、java.util.concurrent。

■監修者略歴

Acroquest Technology 株式会社（アクロクエストテクノロジー）

1991 年 3 月創業。プラットフォームとして UNIX をいち早く採用した集中監視制御システムの開発を中心に、ミッションクリティカルな分野で事業を展開。早期から Java ／オブジェクト指向を開発現場に本格導入。

2004 年からはシステムダウン、メモリリークなどのシステム障害を根本解決する Java 障害解決サービス「Java Troubleshooting Service」を提供しており、2017 年 1 月現在すべての障害を解決している。

大規模システム開発や、Java Troubleshooting Service 以外にも、2016 年 4 月にはリアルタイムでの検索・分析・可視化を提供するオランダの Elasticsearch 株式会社と OEM パートナー契約を締結し、データ活用のニーズに対応する事業を展開。

Elastic 製品の代理販売・導入コンサルティングや、Elastic 製品を基盤としたデータ分析・可視化をおこなう次のような製品を提供している。

・IoT プラットフォーム「AcroMUSASHI Torrentio」
・データ分析からビジネス改善を促進する「ENdoSnipe BVM」
・ユーザー体験を可視化する「ENdoSnipe UXM」
・アプリケーションパフォーマンス管理をする「ENdoSnipe APM」

2015 年、2016 年と 2 年連続で、Great Place to Work の調査による「働きがいのある会社」ランキングの第 1 位（従業員数 99 名以下の部）に選出される。

また、人を大切にする経営学会による「日本でいちばん大切にしたい会社大賞」の審査委員会特別賞を受賞。

◆装丁：石間 淳
◆本文デザイン：SeaGrape
◆本文レイアウト：野田 玲奈（株式会社トップスタジオ）
◆編集：傳 智之

Java本格入門
～モダンスタイルによる基礎からオブジェクト指向・実用ライブラリまで

| 2017年　5月　1日　初　版　第1刷発行 |
| 2021年　4月17日　初　版　第4刷発行 |

著　者	谷本 心、阪本 雄一郎、岡田 拓也、秋葉 誠、村田 賢一郎
監修者	Acroquest Technology 株式会社
発行者	片岡 巌
発行所	株式会社技術評論社
	東京都新宿区市谷左内町 21-13
	電話　03-3513-6150　販売促進部
	03-3513-6166　書籍編集部
製本／印刷	株式会社加藤文明社

定価はカバーに印刷してあります

本書の一部または全部を著作権法の定める範囲を越え、無断で複写、複製、転載、テープ化、ファイルに落とすことを禁じます。

© 2017　Acroquest Technology 株式会社

造本には細心の注意を払っておりますが、万一、乱丁（ページの乱れ）や落丁（ページの抜け）がございましたら、小社販売促進部までお送りください。送料小社負担にてお取り替えいたします。

ISBN978-4-7741-8909-3　C3055
Printed in Japan

●問い合わせについて

　本書に関するご質問は、FAXか書面でお願いいたします。電話での直接のお問い合わせにはお答えできませんので、あらかじめご了承ください。また、下記のWebサイトでも質問用フォームを用意しておりますので、ご利用ください。

　ご質問の際には、書籍名と質問される該当ページ、返信先を明記してください。e-mailをお使いになられる方は、メールアドレスの併記をお願いいたします。ご質問の際に記載いただいた個人情報は質問の返答以外の目的には使用いたしません。

　お送りいただいたご質問には、できる限り迅速にお答えするよう努力しておりますが、場合によってはお時間をいただくこともございます。なお、ご質問は、本書に記載されている内容に関するもののみとさせていただきます。

◆問い合わせ先

〒162-0846
東京都新宿区市谷左内町 21-13
株式会社技術評論社　書籍編集部
「Java本格入門」係
FAX：03-3513-6183
Web：https://gihyo.jp/book/2017/
　　　978-4-7741-8909-3